21世纪高等学校计算机教育实用规划教材

C语言程序设计案例教程

张丽华　主编
梁　田　殷联甫　副主编

U0248349

清华大学出版社
北京

内 容 简 介

C语言不仅是目前应用最为广泛的一种高级程序设计语言,也是高等学校程序设计课程的首选入门语言。本书共分为10章,主要内容包括 C 语言概述、程序与算法、数据类型和表达式、程序控制结构、数组、函数、结构体与共用体、文件、位运算、综合实例等。本书采用任务驱动的方式,通过引例引出基本概念和基本方法,并以综合实例为主线,贯穿各主要章节。全书案例丰富、阐述清晰、分析透彻、层次分明,注重培养读者分析问题和解决问题的能力。

本书可作为高等学校理工类专业 C 语言程序设计课程的教学用书,也可作为计算机二级考试的培训或自学教材。为配合教学,本书配有 PPT 教学课件,各章实例源程序,习题参考答案,并有配套的《C 语言程序设计实验指导》供读者参考。

图书在版编目(CIP)数据

C语言程序设计案例教程/张丽华主编. —北京:清华大学出版社,2015(2017.8 重印)
(21 世纪高等学校计算机教育实用规划教材)
ISBN 978-7-302-38798-5

Ⅰ. ①C… Ⅱ. ①张… Ⅲ. ①C 语言－程序设计－高等学校－教材 Ⅳ. ①TP312

中国版本图书馆 CIP 数据核字(2014)第 296312 号

责任编辑:黄 芝 薛 阳
封面设计:常雪影
责任校对:梁 毅
责任印制:沈 露

出版发行:清华大学出版社
　　　　网　　　址:http://www.tup.com.cn,http://www.wqbook.com
　　　　地　　　址:北京清华大学学研大厦 A 座　　　　邮　　编:100084
　　　　社 总 机:010-62770175　　　　　　　　　　　邮　　购:010-62786544
　　　　投稿与读者服务:010-62776969,c-service@tup.tsinghua.edu.cn
　　　　质量反馈:010-62772015,zhiliang@tup.tsinghua.edu.cn
　　　　课件下载:http://www.tup.com.cn,010-62795954
印 装 者:北京九州迅驰传媒文化有限公司
经　　销:全国新华书店
开　　本:185mm×260mm　　　印　　张:18.75　　　字　　数:467 千字
版　　次:2015 年 2 月第 1 版　　　　　　　　　　印　　次:2017 年 8 月第 3 次印刷
印　　数:3501～3700
定　　价:39.00 元

产品编号:061737-01

出 版 说 明

随着我国高等教育规模的扩大以及产业结构调整的进一步完善,社会对高层次应用型人才的需求将更加迫切。各地高校紧密结合地方经济建设发展需要,科学运用市场调节机制,合理调整和配置教育资源,在改革和改造传统学科专业的基础上,加强工程型和应用型学科专业建设,积极设置主要面向地方支柱产业、高新技术产业、服务业的工程型和应用型学科专业,积极为地方经济建设输送各类应用型人才。各高校加大了使用信息科学等现代科学技术提升、改造传统学科专业的力度,从而实现传统学科专业向工程型和应用型学科专业的发展与转变。在发挥传统学科专业师资力量强、办学经验丰富、教学资源充裕等优势的同时,不断更新教学内容、改革课程体系,使工程型和应用型学科专业教育与经济建设相适应。计算机课程教学在从传统学科向工程型和应用型学科转变中起着至关重要的作用,工程型和应用型学科专业中的计算机课程设置、内容体系和教学手段及方法等也具有不同于传统学科的鲜明特点。

为了配合高校工程型和应用型学科专业的建设和发展,急需出版一批内容新、体系新、方法新、手段新的高水平计算机课程教材。目前,工程型和应用型学科专业计算机课程教材的建设工作仍滞后于教学改革的实践,如现有的计算机教材中有不少内容陈旧(依然用传统专业计算机教材代替工程型和应用型学科专业教材),重理论、轻实践,不能满足新的教学计划、课程设置的需要;一些课程的教材可供选择的品种太少;一些基础课的教材虽然品种较多,但低水平重复严重;有些教材内容庞杂,书越编越厚;专业课教材、教学辅助教材及教学参考书短缺,等等,都不利于学生能力的提高和素质的培养。为此,在教育部相关教学指导委员会专家的指导和建议下,清华大学出版社组织出版本系列教材,以满足工程型和应用型学科专业计算机课程教学的需要。本系列教材在规划过程中体现了如下一些基本原则和特点。

(1) 面向工程型与应用型学科专业,强调计算机在各专业中的应用。教材内容坚持基本理论适度,反映基本理论和原理的综合应用,强调实践和应用环节。

(2) 反映教学需要,促进教学发展。教材规划以新的工程型和应用型专业目录为依据。教材要适应多样化的教学需要,正确把握教学内容和课程体系的改革方向,在选择教材内容和编写体系时注意体现素质教育、创新能力与实践能力的培养,为学生知识、能力、素质协调发展创造条件。

(3) 实施精品战略,突出重点,保证质量。规划教材建设仍然把重点放在公共基础课和专业基础课的教材建设上;特别注意选择并安排一部分原来基础比较好的优秀教材或讲义修订再版,逐步形成精品教材;提倡并鼓励编写体现工程型和应用型专业教学内容和课程体系改革成果的教材。

（4）主张一纲多本，合理配套。基础课和专业基础课教材要配套，同一门课程可以有多本具有不同内容特点的教材。处理好教材统一性与多样化，基本教材与辅助教材，教学参考书，文字教材与软件教材的关系，实现教材系列资源配套。

（5）依靠专家，择优选用。在制订教材规划时要依靠各课程专家在调查研究本课程教材建设现状的基础上提出规划选题。在落实主编人选时，要引入竞争机制，通过申报、评审确定主编。书稿完成后要认真实行审稿程序，确保出书质量。

繁荣教材出版事业，提高教材质量的关键是教师。建立一支高水平的以老带新的教材编写队伍才能保证教材的编写质量和建设力度，希望有志于教材建设的教师能够加入到我们的编写队伍中来。

21 世纪高等学校计算机教育实用规划教材编委会

联系人：魏江江 weijj@tup.tsinghua.edu.cn

前　言

C语言既是目前应用最为广泛的一种高级程序设计语言,也是一种非常优秀的程序设计入门语言。读者一旦掌握了C语言,再学习其他语言就轻而易举了。本书的主要特点如下。

(1) 主要章节的内容采用任务驱动的方式,通过引例引出基本概念和基本方法,内容叙述自然,顺理成章。

(2) 将指针及其相关内容分布于各章节,而不单独设置一章。从指针的概念引入到指针变量的应用,讲解由浅入深、层层推进,便于读者理解和掌握。

(3) 以综合实例为主线,贯穿各主要章节。帮助读者在应用中加深对C语言基本语法和程序设计方法的理解,培养分析、解决实际问题的基本思路和方法。

本书共分为10章内容,第1章介绍C程序的结构及其特点;第2章介绍算法及其结构化程序设计;第3章是数据类型和表达式,介绍C语言常用的数据类型及运算符号;第4章是程序控制结构,即顺序结构、选择结构和循环结构及其应用;第5章是数组及其应用,主要介绍一维数组、二维数组和字符数组的定义、初始化和应用,重点对指针变量访问数组进行了详细解说;第6章是函数及其应用,介绍函数的定义和调用、变量的作用域与生存期、编译预处理命令等,重点介绍了指针作为函数参数的使用;第7章介绍结构体与共用体的定义和引用,并举例说明了单链表的操作;第8章是文件的应用,介绍文件的打开、关闭与读写操作;第9章介绍位运算操作;第10章是综合实例,系统地介绍了利用C语言进行完整的应用程序设计及其实现的过程。

《C语言程序设计案例教程》具有通俗易懂、分析透彻、开拓思路的特点,有利于读者自学。教材中所有实例的源程序代码均在Visual C++6.0集成环境中调试通过。本教材推荐使用时间为一学期(64学时或80学时,含实验32学时)。通过循序渐进地系统学习,帮助读者较好地掌握C语言程序设计方法和技巧,为后续的学习打下扎实的基础。

程序设计课程是一门实践性较强的课程,实践环节特别重要。为了更好地培养学生的编程能力,本书写作组的老师们编写了《C语言程序设计学习指导》作为配套辅助教材,为课堂教学、实验教学和读者自学提供全方位的支持。

本书的作者均是多年从事C语言程序设计教学、具有丰富实践教学经验的高校教师。本书是他们在多年教学基础上的经验总结,希望能对广大读者有所帮助。

　　本书由张丽华任主编，梁田、殷联甫任副主编，参与编写的人员还有刘小军、宋柱芹和张彬，在此表示感谢。

　　对支持本书出版的清华大学出版社表示感谢！

　　由于编者水平有限，不足与疏漏之处在所难免，敬请读者及同仁不吝赐教。

编　者

2014 年 9 月

目　录

第1章

C 语言概述

主要知识点：

◆ C 语言程序结构

◆ C 语言的发展

◆ C 语言程序的运行过程

从 1946 年世界上第一台电子计算机诞生到现在，计算机的发展经历了 4 个阶段。迄今为止，在计算机中仍然采用计算机之父"冯·诺依曼"的思想——存储程序的原理，即计算机要想做任何事情，都要按照一定的"程序"去做，也就是先编写好程序，然后输入到计算机中，计算机才能按照"程序"的要求去完成。因此要想做一个能够驾驭计算机的高手，那么就一定要掌握用计算机语言编程的本领，而 C 语言是目前国际上广泛流行的计算机语言，它也是步入程序设计殿堂的敲门砖，也是学好计算机相关专业后续课程的专业基础课，目前很多计算机游戏、杀毒病毒、工具软件、控制软件等都是用它编写的。

那么 C 语言能干什么？用 C 语言又如何编写程序呢？下面通过实例来了解。

1.1　C 语言程序结构

在了解 C 语言程序之前，先通过几个实例对 C 语言程序结构有一个初步认识。本节主要介绍 C 语言程序的基本结构。

1.1.1　简单的 C 语言程序

"程序"是计算机完成确定任务的具体步骤。

【实例 1-1】　在屏幕上输出"I am a student !"。

```
/* 实例 1-1 */              /* 注释语句 */
# include < stdio. h >       /* 预处理命令 */
void main()                  /* 主函数 */
{
    printf("I am a student !\n");   /* 输出字符串 "I am a student !" */
}
```

分析说明：C 程序最大的特点就是所有的程序都是用函数来装配的。通常情况下，函数的命名是没有限制的，但是 main 函数是一个特殊的函数，称为主函数，是所有程序运行的入口。每个 C 语言程序中有且只有一个 main 函数。

以上程序只用到输出库函数 printf()，因此在程序开头一定要有 # include < stdio. h >

预处理命令,此命令的功能是将"stdio.h"包含在当前 C 源程序中,因为库函数 printf()属于"stdio.h"文件的一部分,换句话说就是建立了头文件"stdio.h"与当前 C 程序的链接。

程序运行结果如图 1-1 所示。

图 1-1 在屏幕上输出"I am a student !"

【实例 1-2】 求两个整数之和。

```
/*实例 1-2*/              /*注释语句*/
#include<stdio.h>
void main()
{
int  a,b,sum;            /*定义整型变量 a,b,sum*/
a = 110;
b = 120;                 /*对变量 a,b 赋值*/
sum = a + b;             /*计算 sum 的值*/
printf("sum = %d\n",sum); /*将结果 sum 以整型的方式输出*/
}
```

分析说明:程序中如"/*定义整型变量 a,b,sum*/"是对程序的注释,包含在/*与*/之间的内容将被编译器忽略。程序的注释一般在某行的最末尾或另起一行。注释的作用是使程序更易于理解。

在 C 语言中,变量必须先声明后使用。声明通常放在函数的起始处,在任何可执行语句之前。声明用于说明变量的属性。如"int a,b,sum;"说明了 a,b,sum 三个变量都为整型变量。

程序中的语句:

```
a = 110;
b = 120;
sum = a + b;
```

它们分别为变量 a,b,sum 赋值。各条语句以分号";"结束。

程序运行结果如图 1-2 所示。

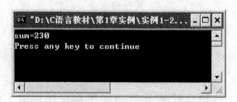

图 1-2 求两个整数之和

在实例 1-2 中,变量 a、b 的值是通过赋值语句得到的,如果要通过键盘输入 a、b 的值,该如何编写程序呢? 请看实例 1-3。

【实例 1-3】 从键盘输入两个整数的值,并求它们的和。

```
/*实例 1-3 */                    /*注释语句 */
#include<stdio.h>
void main()
{
int   a,b,sum;                   /*定义整型变量 a,b,sum */
printf("Enter first integer:");  /*提示信息 */
scanf("%d",&a);                  /*从键盘输入 a 的值 */
printf("Enter second integer:"); /*提示信息 */
scanf("%d",&b);                  /*从键盘输入 b 的值 */
sum = a+b;                       /*计算 sum 的值 */
printf("sum=%d\n",sum);          /*将结果 sum 以整型的方式输出 */
}
```

分析说明:程序中 scanf()函数的功能是执行格式化输入。程序语句:

```
scanf("%d",&a);
```

作用为从键盘输入 a 的值,&a 为变量 a 的地址,即从键盘输入的内容存放到变量 a 所在的地址中。%d 是对输入参数的格式化说明,即要求输入的 a 的值为整型。有关输入输出的格式说明,请参考第 3 章中的相关内容。

程序运行结果如图 1-3 所示。

图 1-3 从键盘输入两个整数并求它们的和

【实例 1-4】 求两个数中的最大数。

```
/* 实例 1-4 */
#include<stdio.h>
void main()                                /*主函数 */
{
  int x,y,t;                               /*说明部分,定义整型变量 x,y,t */
  int max(int,int);                        /*函数声明 */
  printf ("Please input x,y: \n");         /*在屏幕上显示字符串 "Please input x,y: " */
                                           /*然后换行 */
  scanf ("%d,%d",&x,&y);                   /*输入 x,y 的值 */
  t = max(x,y);                            /*函数调用语句,调用后将返回值赋给变量 t */
  printf("x=%d,y=%d,max=%d\n",x,y,t);      /*输出 x,y,t 的值 */
  }
  int max(int a,int b)                     /*函数 max */
  {
    if(a>b)                                /*条件语句 */
      return a;                            /*条件成立,返回值 a */
```

```
        else
            return b;                              /* 条件不成立,返回值 b */
        }
```

程序运行结果如图 1-4 所示。

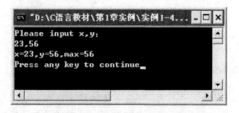

图 1-4   求两个数中的最大数

分析说明：实例 1-4 是由两个函数组成，一个是主函数 void main()，一个是 int max(int a,int b)函数。void 是函数的类型，表示此函数执行后不会返回函数值。int max()函数是求 a,b 两个数中最大者，函数返回值是整型的。

这里使用的函数如 printf()、scanf()等都是函数库中提供的函数。除此之外，还可以自己动手来编写一些函数。如本例中 max 函数的作用就是返回两数中的较大值。main 也是函数，不过身份有些特殊，首先它是程序的入口；其次 main 函数调用 max 函数完成任务。

虽然程序的第一行不是 main 函数，但是程序仍从 main 函数开始执行，因为 main 函数为程序的入口。进入 main 函数后，按顺序执行程序，运行至语句：

t = max(x,y);

调用函数 max，并将 x,y 的值传递给 a,b，若从键盘输入 12,30，则 a,b 的值为 12,30。max 函数中的计算结果通过 return 语句返回给 main 函数。

程序语句：

scanf(" % d, % d",&x,&y);

作用为从键盘输入 x 和 y 的值，＆x 为 x 的地址，即从键盘输入的内容存放到 x 和 y 所在的地址中。输入两个数时用逗号分隔。

1.1.2   C 语言程序结构

以上几个程序都是 C 语言的"源程序"。可以看出 C 语言程序的结构特点如下。

(1) C 语言程序主要由函数构成，C 语言程序中有主函数 main()、开发系统提供的库函数(如 printf()、scanf()等)以及程序员自己设计的自定义函数(如 max()等)等三种类型的函数。

函数由两部分组成：函数首部和函数体。实例 1-3 中的 void main()、int max(int a,int b)都是函数首部，它包括函数的返回值类型、函数名、函数参数的类型、参数名等内容。

例如，max 函数的首部为：

int	max	(	int	a,	int	b)
↑	↑		↑	↑	↑	↑
返回值类型	函数名		参数的类型	函数参数	参数的类型	函数参数

max 的首部表示函数 max 返回值是整型 int ,并且有两个整型参数 a 和 b。

大括号{}中是函数的内容,也称函数体。函数体由一系列语句组成。

(2) 一个程序总是从主函数(main()函数)开始执行的,无论主函数写在程序的什么位置。

(3) C 语言没有输入输出语句,在 C 语言中输入输出操作是由函数实现的。

(4) C 语言程序中可以有预处理命令(如♯include 命令),预处理命令通常放在源文件或源程序的最前面。

(5) 每一条语句都必须以分号结尾。除此之外,预处理命令、函数头及大括号}之后不能加分号。

(6) C 语言程序中可通过/ * …… * /对程序语句进行注释,注释内容被编译器忽略。读者为了方便阅读可以对复杂的程序加上必要的注释,对初学者来说加上注释将更有利于自己的阅读。

1.1.3 C 语言程序的书写风格

为了使书写的程序便于阅读、理解和维护,在书写程序时应注意遵循以下原则。

(1) 每个语句和函数声明的最后必须有分号,分号是 C 语句的标志,语句后是不可缺少的。但大括号{}、预处理命令、函数首部之后不能加分号。

(2) 关键字必须有一个空格来分隔。若已有明显的分隔符如逗号、分号等,也可不再加空格间隔。

(3) C 程序书写格式较自由,一行可以写一个语句,也可以写几个语句,也可以将一个语句写在多行上。

(4) 低一层次的语句或说明可比高一层次的语句或说明缩进若干格后书写,同一个层次的语句左对齐,以便看起来更加清晰,增加程序的可读性。

(5) 可以用/ * …… * /的形式对 C 程序中的任何部分做解释,以增强程序的可读性。

1.2 C 语言的发展

计算机语言是随着电子计算机的发展而逐步成熟的。计算机语言经历了从机器语言、汇编语言到高级语言的发展过程,如图 1-5 所示。

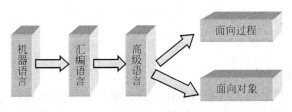

图 1-5 计算机语言的发展

1. 机器语言

计算机硬件系统只能执行由 0 和 1 二进制代码构成的操作指令。每一台计算机都有一套指令系统,指令系统中的每一条指令称为机器指令。每一种类的计算机都有它特有的机器指令系统,这样的机器指令集合称为机器语言。用机器语言编写的程序,称为机器语言程序。计算机可以直接识别并执行机器语言程序。

机器语言也称"低级语言",是能够唯一被计算机直接执行的指令代码,它由一系列 0、1 序列构成,如 00000100 00001111 等。其特点是难记、易出错。

2. 汇编语言

为了方便记忆和编写程序,人们用一些符号和简单的语法来表示二进制形式的机器指令。汇编语言编写的程序称为汇编语言源程序。这种程序计算机是不能直接识别和执行的,必须通过一个专门的程序(汇编程序)将这些符号翻译成二进制数的机器语言才能执行。"汇编程序"是汇编语言的翻译程序。

例如,用符号 ADD 表示加法,用符号 SUB 表示减法。与机器语言相比,汇编语言仅改进了指令表示方法,比机器语言易记、易读、易写。汇编语言和机器语言都是面向机器的程序设计语言,一般称为"低级语言"。

3. 高级语言

高级语言既接近于数学语言,又符合自然语言的书写规律。其特点是语句功能强、可读性较好、编程效率高、可移植性好,因此与前两种计算机语言相比最受人们的青睐。目前有几十种高级语言,不同的高级语言有不同的应用特点。C 语言是高级语言的一种,它是面向过程的语言,在它的基础上发展起来的 C++、Java 语言,也是目前世界上较流行的面向对象的计算机语言。

高级语言使用接近人类习惯的自然语言来编写计算机程序,如 FORTRAN 语言、C 语言等。例如,下列 C 语言程序段:

```
if(x>y)
   max = x;
else
   max = y;
```

表示"如果 x 大于 y,则 max＝x,否则 max＝y"。对于稍稍有点英语基础的人都很容易理解语句的含义,也便于记忆。

由于高级语言与具体的计算机指令系统无关,因而高级语言是一种面向操作者(用户)的语言。用高级语言编写的程序能在不同类型的计算机上运行,通用性好,极大地促进了计算机的广泛应用。用高级语言编写的程序称为高级语言源程序。计算机不能直接识别和执行这种程序,必须经过翻译,才能将其转换成机器语言程序执行。

1.2.1　C 语言的发展

随着计算机应用的迅速发展,各种功能强大使用方便的高级语言相继出现,高级语言使用方便,可移植性好。但高级语言一般难以实现低级语言能够直接操作计算机硬件的特点(如对内存地址的操作等)。在这样的情况下,人们希望有一种语言既有高级语言使用方便的优点,又有低级语言能够直接操作计算机硬件的优点,在这种情况下,C 语言就应运而生了。

C 语言的发展过程大致经历了三个阶段:诞生(1970—1973 年)、发展(1973—1988 年)、成熟(1988 年后)。

C 语言是在 B 语言的基础上发展起来的。1970 年,美国贝尔实验室的 Ken Thompson 设计出了很简单且很接近硬件的 B 语言,并用 B 语言编写了第一个 UNIX 操作系统,在 PDP-7 机器上得以实现。1972—1973 年间,贝尔实验室的 D. M. Ritchie 在 B 语言的基础上设计出了 C 语言。C 语言既保持了 B 语言的精练、接近硬件的特点,又克服了过于简单、数据无类型等缺点。

1973 年后,Ken Thompson 和 D. M. Ritchie 合作把 UNIX 的 90% 以上的代码用 C 语言改写,发布了 UNIX 的第 5 版。之后,C 语言又做了多次改进,但主要还是在贝尔实验室内部使用。直到 1975 年 UNIX 的第 6 版发布后,C 语言的突出优点才引起人们的普遍关注。

1977 年出现了不依赖具体机器硬件的 C 语言编译文本——《可移植 C 语言编译程序》,使 C 语言能够方便地移植到其他机器上去,与此同时也推动了 UNIX 操作系统迅速在各种机器上的应用,后来随着 UNIX 的广泛流行,C 语言也逐渐风靡世界,成为 DOS 环境下最受欢迎的计算机程序设计语言。

1978 年,C 语言先后移植到大、中、小、微型计算机上,并逐渐独立于 UNIX 操作系统和 PDP 计算机。1978 年,Brian W. Kernighan 和 D. M. Ritchie 以 UNIX 第 7 版中的 C 语言编译程序为基础,合著了影响深远的经典著作 *The C Programming Language*,此书的出版也成为 C 语言广泛应用与发展的里程碑。

随着 C 语言的广泛应用,适合不同操作系统、不同机型的 C 语言版本相继问世,种类多达几十种。由于没有统一的标准,C 语言之间出现了不一致的地方。为了改变这种状况,1983 年,美国国家标准化协会(American National Standards Institute,ANSI)根据 C 语言的各种版本对 C 语言进行了发展和扩充,制定了新的标准,称为 ANSI C。比原来的标准 C 有了很大的发展。1987 年,ANSI 又公布了 C 语言的新标准——87 ANSI C。

1988 年,美国国家标准化协会 ANSI 在综合各种 C 语言版本的基础上制定了 C 语言文本标准,称为 ANSI C 标准。ANSI C 标准实现了 C 语言的规范化和统一化。Brian W. Kernighan 和 D. M. Ritchie 按照 ANSI C 标准重写了 *The C Programming Language* 一书,于 1990 年正式发表了 *The C Programming Language Second Edition*。

1990 年,国际标准化组织 ISO 公布了以 ANSI C 为基础制定的 C 语言的国际标准 ISO C,即人们通称的标准 C。

C 标准的制定标志着 C 语言的成熟,1988 年以后推出的各种 C 语言版本与标准 C 都是兼容的。1994 年,ISO 修订了 C 语言标准。目前流行的各种 C 语言编译系统的版本多是以 ANSI C 标准为基础开发的,但不同版本之间语言功能与语法规则略有差别,详细情况可以查阅有关使用手册。本书的叙述基本上是以 ANSI C 为基础的。

1.2.2　C 语言的特点

C 语言之所以有如此强的生命力,它与其他计算机语言相比,具有如下特点。

(1) C 语言简洁灵活,使用方便。C 语言共有 32 个关键字、9 种控制语句,程序书写形式自由,语句组成精练、简洁,而且使用方便。

(2) 具有丰富的运算符和数据结构。C 语言把括号、赋值数据类型转换都作为运算符处理,使得 C 语言的运算类型极其丰富,表达式类型多样化。

（3）C 语言兼有高级语言和低级语言的特点。它可以直接访问物理地址，能进行位（bit）操作，实现汇编语言的大部分功能，既可以用来编写系统程序，又可以编写用户程序，是计算机较理想的高级语言。

（4）生成目标代码质量高。对一个应用程序来说，如果生成的目标代码质量低，则系统开销就大，无实用性。许多实验表明，针对同一个问题用 C 语言编写程序，其生成的效率仅比汇编语言编写的代码低 10%～20%，但编程却相对容易，而且程序可读性好，易于调试、修改和移植，运行速度快。

（5）可移植性好。所谓移植性是从一个系统环境下不加或稍加修改就可移到另一个完全不同的系统环境中运行。C 语言的编译程序的大部分代码都是公共的，基本上可以不做任何修改，就能运行于各种不同型号的计算机和各种操作系统环境中，因此受到广大程序员的青睐。

（6）语法限制不太严格，程序设计自由度很大。这是 C 语言不同于其他计算机语言之处，但同时又是 C 语言的缺点，因它的语法较灵活，编译程序又可以容纳某些错误发生，会给编程带来不便。如对数组下标越界不做检查、整型数据与字符型数据可以通用等，对一个不成熟的程序员来说，往往容易出错。

1.3　C 语言程序的运行过程

编写好源程序后，如何进行上机运行？C 程序的运行要经过哪几个调试步骤呢？

C 语言是编译型的程序设计语言，运行一个 C 程序要经过编辑、编译、连接和运行几个步骤，如图 1-6 所示。

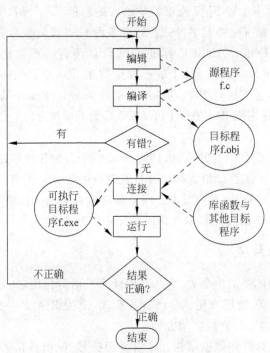

图 1-6　C 语言程序的运行过程

可以用不同的编译系统对 C 程序进行操作,常用的编译系统有 Visual C++ 6.0、C-free5.0 等,它们都可在 Windows 操作系统下使用,可以利用鼠标进行操作。

习　　题

1. 填空题

(1) 构成 C 语言程序的基本单位是_____。

(2) 一个 C 语言程序至少包含一个_____函数。

(3) C 语言中语句是由_____号结束的。

(4) C 语言程序的每行可以写_____条语句。

(5) C 语言本身没有输入输出语句,输入输出操作由_____完成。

(6) C 语言程序的开发和运行步骤包括编辑、_____、_____、_____等。

2. 编程题

(1) 编写一个 C 语言程序,在屏幕上输出如下内容。

* *

This is my first C Program !

* *

(2) 求两个数值的积,例如:$3 \times 5 = 15$。

第 2 章　　程序与算法

主要知识点：

◆ 程序与算法概述

◆ 算法的描述

◆ 结构化程序设计

虽然计算机可以完成许多极其复杂的工作，但实际上这些工作都是按照人们事先编好的程序来进行的，也就是按照程序一步一步实现，而程序的灵魂是算法，只有了解程序与算法的关系，弄清算法的基本概念，才能设计出高质量的计算机程序。

2.1　程序与算法概述

在进行程序设计前，先要弄清楚程序的算法，本节主要介绍程序与算法之间的关系以及算法的一些基本概念和特性。

2.1.1　算法的概念

一个计算机程序应该包括以下两方面的内容。

(1) 对数据的描述：在程序中要指定数据的类型和数据的组织形式，即数据结构。

(2) 对数据操作的描述，即操作步骤，就是算法。

数据是操作的对象，操作的目的是对数据进行加工处理，以得到期望的结果。作为程序设计人员，必须认真考虑和设计数据结构及操作步骤（即算法）。因此，瑞士著名计算机科学家沃思（Nicklaus Wirth）在 1976 年提出了一个公式：

程序＝数据结构＋算法

实际上，一个程序除了以上两个主要要素之外，还应当采用结构化程序设计方法进行程序设计，并且用某一种计算机语言表示。因此，可以这样表示：

程序＝算法＋数据结构＋程序设计方法＋语言工具和环境

在这 4 个方面中，算法是灵魂，数据结构是加工对象，语言是工具，编程需要采用合适的算法。算法是解决"做什么"和"怎么做"的问题。

编写一个程序的关键就是合理地组织数据和设计算法。所谓算法，就是一个有穷规则的集合，其中规则确定了解决某一个特定类型问题的运算序列。广义地说，算法是指为解决一个问题而采取的方法和步骤。

下面举几个简单的算法例子。

(1) 求 $1+2+3+4+5+6+\cdots+100$ 的和。

可以设两个变量 s 和 i，s 的初值为 1，i 的初值为 2，算法可以表示如下：

S1：s=1;

S2：i=2;

S3：s=s+i;

S4：i=i+1;

S5：如果 i≤100，转到 S3 继续执行；否则，算法结束。

最后得到的 s 值就是 $1+2+3+4+5+6+\cdots+100$ 的和。

上面的 S1，S2…代表步骤 1，步骤 2…，S 是 Step（步骤）的缩写，这是写算法的习惯用法。

(2) 求 $1\times3\times5\times7\times9\times11\times\cdots\times99$ 的积。

可以设两个变量 p 和 i，p 的初值为 1，i 的初值为 3，算法可以表示如下：

S1：p=1;

S2：i=3;

S3：p=p×i;

S4：i=i+2;

S5：如果 i≤99，转到 S3 继续执行；否则，算法结束。

最后得到的 p 值就是 $1\times3\times5\times7\times9\times11\times\cdots\times99$ 的积。

(3) 有 50 个学生，要求将他们之中成绩在 80 分以上者打印出来。用 n 表示学号，n1 代表第一个学生学号，ni 代表第 i 个学生学号。用 g 代表学生成绩，gi 代表第 i 个学生成绩。算法可表示如下：

S1：i=1;

S2：读入学号 ni 和成绩 gi;

S3：如果 gi≥80，则打印 ni 和 gi，否则不打印;

S4：i=i+1;

S5：如果 i≤50，转到 S2 继续执行；否则，算法结束。

(4) 输入三个数，求出其中的最大数。假设输入的三个数分别为 x、y、z，求出的最大数最后存入变量 max 中。算法如下：

S1：输入 x,y,z;

S2：如果 x>y，则 max=x，否则 max=y;

S3：如果 max<z，则 max=z;

S4：输出 max;

S5：算法结束。

(5) 求多项式 $1-1/2+1/3-1/4+\cdots+1/99-1/100$ 的值。算法如下：

S1：sign=1;

S2：sum=1;

S3：deno＝2；

S4：sign＝(−1)×sign；

S5：term＝sign×(1/deno)；

S6：sum＝sum+term；

S7：deno＝deno+1；

S8：若 deno≤100 转到 S4 继续执行；否则算法结束。

在上述算法中，sign 表示当前项的符号，deno 表示当前项的分母，term 表示当前项的值，最后得到的 sum 值就是多项式的值。

2.1.2 算法的组成要素

算法含有两大要素：操作和控制结构。

计算机算法要由计算机实现，组成它的操作集是计算机所能进行的操作，而这些操作的描述与程序设计语言的级别有关。在高级语言中所描述的操作主要包括算术运算(＋、−、＊、/)，逻辑运算("与"、"或"、"非")、关系运算(＝＝、＞＝、＜＝、＞、＜、！＝)、函数运算、位运算、I/O 操作等。

算法的另一要素是其控制结构。每一个算法都要由一系列的操作组成，同一操作序列，按不同的顺序执行，就会得出不同的结果。控制结构就是如何控制组成算法的各操作的执行顺序。结构化程序设计方法要求：一个程序只能由三种基本控制结构(或由它们派生出来的结构)组成。1966 年，Bohm 和 Jacopini 证明，由这三种基本结构可以组成任何结构的算法，解决任何问题。这三种基本结构是：顺序结构、选择结构和循环结构，2.3 节将详细说明这三种结构。

2.1.3 算法的特性

算法具有如下特性。

(1) 有穷性。一个算法必须总是在执行有限步后结束。有穷性也称有限性，就是指算法的操作步骤是有限的，每一步骤在合理的时间范围内完成，如果计算机执行一个算法要几百年才结束，这虽然是有穷的，但是超过了合理的限度，也不能视为有效算法。

(2) 确定性。算法中每条含义必须明确，不允许有歧义性。例如，如果规定输入值大于 0，则输出正值；如果输入值小于 0，则输出负值，但是没有规定输入 0 值时的输出。执行时，如果输入 0 值，就会产生不确定性。

(3) 有效性。有效性也称为可行性，算法中的每一个操作步骤都能有效地执行，且得到确定的结果。例如，对一个负数取对数就是一个无效的步骤。

(4) 输入。一个算法有零个或多个输入。即执行算法有时需要从外界输入数据，有时不需要从外界输入数据。如果算法是计算整数 1 到 n 的累加和，n 是不确定的，就要由外界输入 n 的值。如果算法是计算整数 1 到 100 的累加和，就不需要由外界输入数据。

(5) 输出。一个算法有一个或多个输出。算法的目的就是为了求"解"。无任何输出的算法是没有任何意义的。

2.2 算法的描述

算法可以用多种描述工具来描述。常用的描述工具有自然语言、传统流程图、N-S 结构化流程图和伪代码等。

2.2.1 自然语言表示法

自然语言是人们日常生活中使用的语言,可以是汉语,也可以是英语和数学符号等,它比较符合人们日常的思维习惯,通俗易懂,但文字冗长,不易直接转化为程序,容易产生歧义性。除了很简单的问题以外,一般不用自然语言描述算法。

【实例 2-1】 用自然语言描述求 n!的算法。

问题分析:考虑 $n!=1\times2\times3\times4\times\cdots\times n$,因此 n! 可以用乘法运算来实现,每次在原有结果的基础上再乘上一个数,而这个数是从 1 变化到 n 的,用自然语言描述该算法如下。

(1) 输入 n 的值,如果 n≤0,则输出"输入有错",转去执行(7);

(2) 将变量 fact(存放结果),i(循环变量)初始化:fact=1,i=1;

(3) 进行累乘 fact= fact×i;

(4) 循环变量 i 增 1,即 i= i+1;

(5) 如果 i≤n,转去执行(3);

(6) 输出 fact 的值;

(7) 算法结束。

2.2.2 传统流程图表示法

流程图是一个描述程序的控制流程和指令执行情况的有向图,它是描述算法最常用的工具。流程图用一些图框表示各种操作,用图形表示算法,直观形象,易于理解。美国国家标准化协会(American National Standards Institute,ANSI)规定了一些常用的流程图符号,如图 2-1 所示。

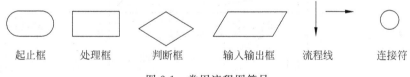

| 起止框 | 处理框 | 判断框 | 输入输出框 | 流程线 | 连接符 |

图 2-1　常用流程图符号

用传统的流程图描述算法的优点是形象直观,各种操作一目了然,不会产生歧义性,便于理解,算法出错时容易发现,并可以直接转化为程序。缺点是所占篇幅较大,由于允许使用流程线,过于灵活,不受约束,使用者可以使流程任意转移,从而造成阅读与修改程序的困难,不利于结构化程序设计。

下面是求 n! 的流程图,如图 2-2 所示。

【实例 2-2】 从键盘输入两个数,输出其中较大的数,该算法的流程图描述如图 2-3 所示。

14

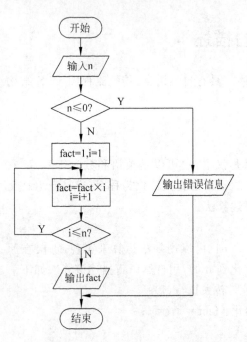

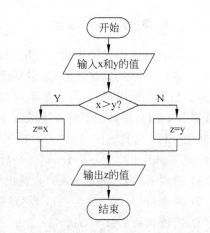

图 2-2　计算 n! 的传统流程图　　　　　　图 2-3　求两个输入数据中较大数算法的流程图描述

2.2.3　N-S 结构化流程图表示法

　　N-S 结构化流程图是 1973 年美国学者 I. Nassi 和 B. Shneiderman 提出的一种新的流程图形式,它是去掉流程线的流程图。N-S 是以两位学者名字的首字母命名的,它的特点是取消了流程线,全部算法集中在一个矩形框内,这样算法只能从上到下顺序执行,从而避免了算法流程的任意转向,保证了程序的质量。另外,N-S 图形直观,节省篇幅,尤其适合于结构化程序设计,用 N-S 图描述求 n! 的算法如图 2-4 所示。

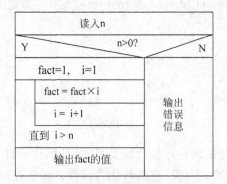

图 2-4　N-S 图描述求 n! 的算法

2.2.4　伪代码表示法

　　伪代码是用介于自然语言和计算机语言之间的文字和符号来描述算法。它如同一篇文章,自上而下地写下来。每一行(或几行)表示一个基本操作。它不用图形符号,因此书写方便、格式紧凑,比较好懂,便于向程序过渡。

例如,2.1.1节中的第三个小例子,用伪代码表示的算法如下:

```
BEGIN(算法开始)
1 => i
While i <= 50
    {
        input ni and gi
        if gi >= 80 print ni and gi
        i + 1 => i
    }
END(算法结束)
```

由此看来,伪代码书写格式比较自由,容易表达出设计者的思想。且伪代码表示算法容易修改,但不如流程图直观,有时可能出现逻辑上的错误,所以这种方法平时用得不多。

以上介绍了表示算法的几种方法。在程序设计中读者可以根据需要和习惯任意选用。

有了算法,就可以根据算法,用计算机语言编写程序了,因此,可以说程序是算法在计算机上的实现。

2.3 结构化程序设计

编写程序的目的是使用计算机解决实际问题,使用计算机解决一个实际问题时,通常需要经过提出问题、确定数据结构和算法,并据此编写程序,直至程序调试通过得到正确的运行结果。这一整个过程就称为程序设计。到目前为止,程序设计方法先后经历了非结构化程序设计、结构化程序设计和面向对象程序设计三个主要阶段。

2.3.1 结构化程序设计的特点与方法

结构化程序设计(Structured Programming,SP)是由荷兰学者 E. W. Dijkstra 提出来的,目的是提高程序设计的质量。结构化程序设计是一种程序设计的原则和方法,按照这种原则和方法设计出来的程序的特点是结构清晰、容易阅读、容易修改、容易验证。

结构化程序设计的核心思想主要包括以下两个方面。

(1)任何程序均由顺序结构、选择结构和循环结构三种基本结构组成。

(2)程序的开发过程应当采取"自顶向下,逐步细化,模块化"的方法。

在开发一个大型的应用软件的过程中,应该采用"自顶向下,逐步细化,模块化"的设计方法。即将大型任务从上向下分解为多个功能模块,每个模块又可以分解为若干个子模块,然后分别进行各模块程序的编写,每个模块程序都只能由三种基本结构组成,并通过计算机语言的结构化语句实现。

2.3.2 结构化程序的基本结构

按照结构化程序设计方法的要求,结构化程序由三种基本控制结构组成:顺序程序结构、选择程序结构和循环程序结构。

1. 顺序程序结构

顺序程序结构是一种最简单的基本程序结构,可以由赋值语句、输入、输出语句构成,当执行由这些语句构成的程序时,将按这些语句在程序中出现的先后顺序逐条执行,没有分支,没有转移。顺序程序结构可用下面的流程图表示,如图 2-5 所示。

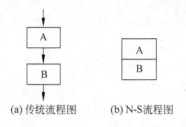

(a) 传统流程图　　　(b) N-S 流程图

图 2-5　顺序程序结构的流程图

2. 选择程序结构

选择程序结构也称为分支程序结构,当执行该结构中的语句时,程序将根据不同的条件执行不同分支中的语句。如图 2-6 所示,程序流程根据判断条件 p 的成立与否,选择执行其中的一路分支。

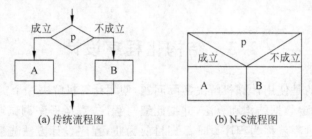

(a) 传统流程图　　　　　　(b) N-S 流程图

图 2-6　选择结构序结构的流程图

3. 循环程序结构

循环程序结构是指根据各自的条件,使同一组语句重复执行多次或一次也不执行。循环结构有两种形式:当型循环与直到型循环。

(1) 当型循环,先判断给定的条件 p,当条件 p 成立时,则重复执行循环体 A,否则不执行循环体,如图 2-7 所示。

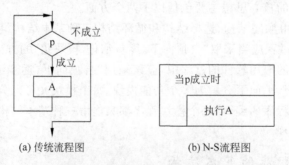

(a) 传统流程图　　　　　　(b) N-S 流程图

图 2-7　当型循环程序结构的流程图

(2) 直到型循环,先执行循环体 A,然后判断给定的条件 p 是否成立,如果条件不成立再执行循环体 A,……,如此反复直到条件成立为止,这时退出循环,如图 2-8 所示。

以上三种程序基本结构是组成结构化程序的核心,任何形式程序的结构都是由这三种

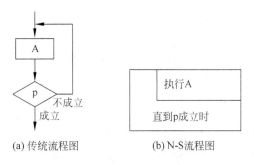

(a) 传统流程图　　　　(b) N-S流程图

图 2-8　直到型循环程序结构的流程图

基本结构组合而成。

2.3.3　结构化程序设计的过程

下面举例说明用结构化程序设计方法进行程序设计的过程。

【实例 2-3】　求三个数中的最大数。

解决此问题的方法分为以下三步。

(1) 首先给出程序的总体设计算法。

① 给定或输入三个数 a,b,c;

② 在 a,b,c 中找出最大数赋给 max;

③ 输出 max。

(2) 对(1)中的②需进一步细化,即求出最大数的方法,算法设计如下。

① 从 a,b 中取较大数赋给 max;

② 用 max 与 c 进行比较,再取较大数赋给 max。

第(1)步与第(2)步用流程图描述如图 2-9 所示。

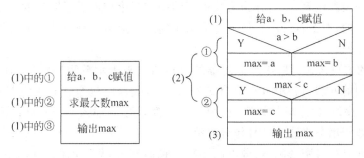

图 2-9　求三个数中的最大数(1)、(2)步的 N-S 图

(3) 用 C 语言实现算法。

```
/*实例 2-3*/
# include <stdio.h>
void main()
{
  int a,b,c,max;
  a = 3; b = 7;c = 5;          /*  (1),也可以使用 scanf()给 a,b,c 赋值  */
  if (a>b)                     /*  (2)中的 ①  */
```

```
    max = a;
  else
    max = b;
  if (max < c)                        /*    (2)中的②    */
  max = c;
  printf("max = % d\n",max);          /*    (3)    */
}
```

将"自顶向下,逐步细化"方法得到的小问题或子问题编写出一个功能上相对独立的程序块,这个程序块被称为模块。模块化程序设计方法是指在程序设计中将一个复杂的算法(或任务)分解成若干个相对独立、功能单一的模块。C语言中,模块通常是以函数的形式出现,是一个可供调用的相对独立的程序段,如实例 1-3 中的 max() 函数,就是一个求两个数中较大值的模块(或子问题),而每个模块都是由三种基本结构组成。

2.3.4 程序设计的原则

为了设计出既可靠又容易维护的高质量程序,程序员要养成良好的编程风格,进行程序设计时应遵守以下原则。

1. 源程序文档化

"软件＝程序＋文档"。文档说明是程序的重要组成部分。它主要包括选择的标识符命名(变量、标号、文件的名字),程序注释以及程序的视觉组织等。

(1)标识符的命名。标识符命名主要指模块名、变量名、常量名、标号名、函数名以及文件名等。这些名字的命名要既能反映它所代表的实际内容,应有一定的意义,即见名知意,又助于程序功能的理解和增强程序的可读性。如 max 表示最大数,sum 表示求和,average 表示平均值等。

(2)程序的注释。程序中的注释是程序员与程序阅读者之间沟通的桥梁。程序中适当的注释能够帮助读者理解程序,并为后续程序的测试与维护提供了明确的指导信息。因此,注释是十分重要的,大多数程序设计语言提供了使用自然语言来写注释的环境,为程序阅读者带来很大的方便。

(3)标准的书写格式。应用统一规范的书写格式来表示源程序清单,有助于改善程序的可读性。常用的方法有:用分层缩进的写法显示嵌套结构层次;在注释段周围加上边框;注释段与程序段、程序段与程序段、图示与程序段之间插入空行;每行只写一个语句;书写表达式时适当用空格或圆括号作分隔符等。

一个程序如果写得密密麻麻,分不出层次结构时别人很难读懂。利用空格、空行、缩进技巧实现程序之间的分隔,能够突出程序的优先性,避免发生运算的错误,增强可读性。

(4)不滥用语言技巧。使用表达式的自然形式,利用括号排除歧义、分解复杂的算法,使用＋＋、－－此类运算时要便于读者的阅读理解等。

2. 数据说明

为了便于日后程序的理解与维护,编程时的数据说明很重要,数据说明包括以下 3 点。

(1)数据说明的次序应规范。规范的数据说明次序有利于程序的测试、排错和维护。说明的先后次序最好是固定的,如常量的说明、简单变量的说明、数组的说明、公用数据块的说明、文件的说明等。

（2）变量的排列顺序。当一个语句说明多个变量名时，应当对这些变量按字母的顺序排列。

（3）通过注释增加数据结构的理解能力。对于比较复杂的数据结构，如结构体类型、枚举类型等数据结构，应利用注释说明向读者解释数据结构的特点。

3. 语句结构

为了确保源程序的清晰可读，应避免使用容易引起混淆的结构和语句。

（1）使用结构化程序设计方法，避免使用空的 else 语句，不宜使用过多的 goto 语句。

（2）数据结构要有利于程序的简化，尽可能使用库函数。

（3）程序结构尽可能简单明了，避免使用过多的循环嵌套和条件嵌套。模块功能尽可能单一化，模块间的耦合能够清晰可见，对递归定义的数据结构尽量使用递归过程，不要一味追求代码的复用。

4. 输入输出

输入输出的方式与格式应当尽量做到对用户友好，尽可能方便用户使用，要避免因设计不当给用户带来的不便。应考虑如下原则。

（1）输入数据进行检验。对所有的输入数据都进行检验，避免错误的输入，保证每个数据的有效性。

（2）输入格式和过程要简单明了。使得输入的步骤和操作尽可能简单，并保持简单的输入格式，应允许缺省值。输入一批数据时，最好使用输入结束标志，而不要由用户指定输入数据数目。在以交互式输入输出进行操作时，要在屏幕上显示提示信息，明确提示交互输入输出的信息，指明可使用选择项的种类与取值范围。

（3）输出尽可能表格化。应给所有的输出加注释，并尽可能设计表格形式输出，以便用户的阅读与理解。

习　　题

1. 填空题

（1）程序流程图中带有箭头的线段表示的是_____。

（2）结构化程序设计的基本原则包括_____等。

（3）算法的有穷性是指_____。

（4）结构化程序由顺序、分支和_____三种基本结构组成。

2. 用传统的流程图表示解决如下问题的算法。

（1）从键盘输入 10 个数，求出其中的最大值。

（2）求 1+3+5+…+99 的值。

（3）判断一个数 n 能否同时被 3 和 5 整除。

3. 什么是算法？

4. 什么是结构化程序设计？它的主要内容是什么？

第 3 章 数据类型和表达式

主要知识点：

◆ 基本字符和标识符

◆ 常量与变量

◆ 数据类型

◆ 运算符与表达式

◆ 数据类型转换

◆ 常用的输入输出函数

◆ 语句类型

C 语言源程序是由一系列的字符组成的。编译器根据 C 语言语法规则来检查程序中的语言元素是否合法，编译器无法翻译有任何语法错误的程序，因此必须学会正确地编写代码。本章将为此打下基础。

3.1 基本字符和标识符

基本字符是 C 语言源程序最基本的元素，基本字符可用于构成标识符和表达式等，最终形成源程序。

3.1.1 基本字符

C 语言的基本字符包括：字母、数字、空白符、标点和特殊字符。

(1) 字母：小写字母 a~z 共 26 个，大写字母 A~Z 共 26 个。

(2) 数字：0~9 共 10 个。

(3) 空白符：空格符、水平制表符和换行符等统称为空白符。空白符只在字符常量和字符串常量中起作用，在其他地方出现时只起间隔作用，编译程序对它们忽略不计。因此，在源程序中使用空白符与否，对程序的编译不产生影响，但在程序中适当的地方使用空白符可以增加程序的清晰性和可读性，形成良好的编程风格。

(4) 标点和特殊字符：主要有，. ; : ? ' " ! | /\ ~ _ $ % & ^ * - + < > { } ( ) [ ] ♯ 等。

3.1.2 关键字

C 语言的关键字就是明确保留的标记，它们具有严格的特定含义。虽然有些编译器还会使用其他一些关键字,但 ANSI C 只规定了以下 32 个关键字,所有关键字都必须小写,参见附录 B C 语言中的关键字。

1. 数据类型关键字 20 个

(1) 基本数据类型:void、char、int、float 和 double。

(2) 类型修饰关键字:short、long、signed 和 unsigned。

(3) 复杂类型关键字:struct、union、enum、typedef 和 sizeof。

(4) 存储级别关键字:auto、static、register、extern、const 和 volatile。

2. 流程控制关键字 12 个

(1) 跳转结构:return、continue、break 和 goto。

(2) 分支结构:if、else、switch、case 和 default。

(3) 循环结构:for、do 和 while。

3.1.3 标识符

C 语言的标识符有预定义标识符和用户定义标识符两类。

预定义标识符是 C 语言中预先定义并具有特殊含义的标识符。预定义标识符包括系统标准库函数名、编译预处理命令、头文件中定义的标识符等。例如:printf、scanf、main、include 等都属于预定义的标识符。预定义标识符允许用户对它们重新定义,但重新定义后会用新定义的含义替换它们原来的含义。

用户定义标识符常简称为标识符,指的是用户根据需要而自定义的变量名、函数名、数组名、数据类型名及宏名等。命名用户定义标识符时须遵守下面的命名规则:

(1) 标识符只能由英文字母、下划线(_)以及数字组成。不能包含空白字符(即换行符、空格和制表符等)。

(2) 标识符的第一个字符必须是英文字母或者下划线,而不能是数字。操作系统和 C 语言标准库里的标识符一般约定俗成以下划线开头,所以应避免用下划线作为自己定义的标识符的开头。

(3) 标识符中的英文字母区分大小写。例如:Score 和 score 是两个不同的标识符。

(4) 不能用关键字来给自定义的标识符命名。如果不是需要重新定义,就不要用预定义标识符来给自定义的标识符命名。

(5) 不同的 C 编译系统所能识别的标识符长度不同。ANSI C 可以识别标识符的前 31 个字符。

小提示:为标识符取直观且有意义的名称是提高程序可读性的重要方法。如果一个标识符由几个单词组成,可以用下划线来分隔这些单词,也可以使用大写单词首字母等方式。例如:tax_rate,TaxRate。如果标识符过长,可以根据一定的缩写规则来简化。例如:较短的单词可通过去掉"元音"形成缩写;较长的单词可取单词的前几个字母形成缩写。无论程序选用什么规则,对程序中所使用的缩写规则或约定,特别是特殊的缩写,都应该在源程序的开始处,进行必要的注释说明。

数据类型和表达式

3.2 常量与变量

数据有两种基本表示形式,在程序中以常量和变量出现。

3.2.1 常量

C语言的常量是指在程序运行过程中,其值不会发生变化的量。C语言支持多种类型的常量,其类型根据常量的书写形式识别。

1. 整型常量

整型常量由数值和常量后缀(L或l表示长整型数、U或u表示无符号整型数)构成,C语言的整型常量有八进制、十六进制和十进制三种表现形式。

十进制整型常量:数值部分由数字0~9组成。例如:110、−139L、769U、12345ul等。

八进制整型常量:数值部分以0开头,由数字0~7组成。例如:037、010L等,八进制整型常量一般不使用负数。

十六进制整型常量:数值部分以0x或0X开头,由数字0~9、a~z或A~Z组成。例如:0x1a5、0XA等,十六进制整型常量一般也不使用负数。

【实例 3-1】 整型常量的三种表现形式。

```
# include < stdio. h>
void main()
{
    printf(" % d, % d, % d\n",20,020,0x20);
    printf(" % d, % o, % x\n",20,020,0x20);
}
```

程序运行结果如图 3-1 所示。

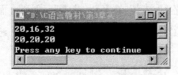

图 3-1 整型常量的三种表现形式

程序分析:

printf("%d,%d,%d\n",20,020,0x20);的含义是用十进制整数的形式在屏幕上输出20、020 和 0x20 三个常量,三个常量间用逗号分开。

printf("%d,%o,%x\n",20,020,0x20);的含义是分别用十进制、八进制和十六进制形式在屏幕上输出 20、020 和 0x20 三个常量,三个常量间用逗号分开。

2. 实型常量

实型常量也称为实数或浮点数。实型常量由数字、小数点和常量后缀构成。在C语言中规定实数只采用十进制,且都按双精度 double 型处理。但是,常量后缀 f 或 F 用于强制转换为单精度实数,而 l 或 L 则明确指定为双精度实数。(具体请参考 3.3.2 节)

实型常量有两种表示形式:十进制小数形式和指数形式。

(1) 十进制小数形式：由数字 0～9 和小数点组成，如 0.0、25.0、5.789L、-0.13、23.4F、6.7f 等均为合法的实数。特别地，31.0 可以表示为 31.，0.31 可以表示为.31。而 31 则不是合法的实数，因为它既没有小数点也没有实数后缀，所以它只是一个整型常量。

(2) 指数形式：数学表达式 $a \times 10^n$ 的 C 语言表达式为 aEn 或 aen。其中，a 为尾数，它是一个十进制数；e 或 E 为指数标志；n 为指数，且只能为十进制整数，可以带符号。例如：2.1E5 即 2.1×10^5，3.7E-2 即 3.7×10^{-2}。指数形式的实型常量具体书写规则如下。

① 有且仅有一个字母 E 或 e，其左侧为尾数部分，右侧为指数部分。

② 指数与尾数部分都不可为空。例如：E-6 不是合法的指数形式实数，因为 E 的左边没有尾数部分。

③ 尾数部分可以是整数，也可以是小数。

④ 指数部分只能是整数。

⑤ 不能包含空格。例如：3.25□E□3 不是合法的指数形式，因为 E 的左右两边加了空格(本章约定在必要的位置用"□"来表示所在位置为空格字符)。

小提示：

(1) 数学意义上的常量在程序中不一定是常量，如 1/2、π、e(自然数)、23% 等。在程序中 1/2 是一个值为 0 的整型表达式，π 是非法符号，e 是普通变量，23% 也是一个非法形式，表示 23% 可以用 0.23、.23 或 2.3e-1 等。

(2) 实型常量默认为双精度型，有效位为 15 或 16 位，超出部分进行四舍五入。

【实例 3-2】 实型常量。

```
# include < stdio.h >
void main()
{
    printf(" % f\n",1000);
    printf(" % f\n",1000.0f);
    printf(" % f\n",1000.0L);
    printf(" % f\n",1000.0);
    printf(" % e\n",1000.0);
}
```

程序运行结果如图 3-2 所示。

图 3-2　实型常量

程序分析：

(1) 语句 printf("%f\n",1000);的含义是用实型中的十进制小数形式在屏幕上输出整型常量 1000 的值。因为整型和实型在内存中的存储格式不同，所以不能正确地输出 1000。"%f"形式默认输出 6 位小数。

（2）语句 printf("％f\n",1000.0f);与 printf("％f\n",1000.0L);的含义分别是用实型中的十进制小数形式在屏幕上输出单、双精度实型常量 1000.0 的值。

（3）因为默认为双精度，所以 1000.0 与 1000.0L 的含义是相同的。

（4）语句 printf("％e\n",1000.0);的含义是用实型中的指数形式在屏幕上输出实型常量 1000.0 的值。

3. 字符常量

1）一般字符常量

一般字符常量就是单个可显示的字符，程序中字符常量写在一对单引号内（单引号'为字符常量的定界符）。

例如：'＊'、'a'、'7'、'□'（两个单引号之间为空格字符）等。

思考：'7'和 7 是相同的常量吗？

2）特殊字符常量

特殊字符常量包括不可显示字符和在 C 语言中具有特殊意义的字符。为了表示这些特殊字符，C 语言提供了转义字符来表示它们。

转义字符的定界符也是单引号，单引号内包括反斜线和被转义的字符。例如，'\n'将 n 转义为不可显示的换行字符。'\''将定界符'转义为普通的单引号字符。它们都被当作单个字符，所以也是字符常量。常用的转义字符如表 3-1 所示。

表 3-1 常用的转义字符表

转 义 字 符	名　　　称	转 义 字 符	名　　　称
\n	换行符	\'	单引号
\t	水平制表符	\''	双引号
\b	退格	\\	反斜线
\r	回车符,不换行	\ddd	八进制 ASCII 码值(0～377)
\f	换页符	\xdd	十六进制 ASCII 码值(0～F9)

3）以 ASCII 码值表示字符常量

如表 3-1 中的后两项所示，用相应的八进制或十六进制 ASCII 码值表示字符常量，是字符常量的另外两种表示形式。例如：'\t'也可以表示为'\11'或'\x09'（Tab 的 ASCII 码八进制为 11，十六进制为 9）。

4）字符常量的存储

虽然程序中字符常量写在一对定界符单引号内，但在内存中不存储定界符，只存储定界符内的字符对应的 ASCII 码值（参见附录 C），每个字符占一个字节。例如：字符'a'的 ASCII 码是 97，在内存中存储'a'实际上只需一个字节，这一个字节用来存储十进制的 97，即二进制形式的 01100001。

5）字符常量的操作

在 C 语言中允许字符以 ASCII 码值参与算术运算。例如：

printf("％d", 'A'+3);的输出结果为 68。本语句的含义是先求出'A'的 ASCII 码加上 3 之后的值，即先求出 65+3 的值 68，再按十进制整型格式在屏幕上输出 68。

printf("％c", 'A'+3);的输出结果为 D。先求出'A'的 ASCII 码加上 3 之后的值，即

先求出 65+3 的值 68,再将 68 按字符型格式在屏幕上输出,即输出 ASCII 码为 68 的字符'D'。

4. 字符串常量

字符串常量是用定界符双引号括起来的 0 个或多个字符序列(可以包括任意转义字符)。

例如,"hello"和"Hello! \n What can I do for you? "都是合法的字符串常量。

当双引号中只包含 0 个字符时,""称为空串。

字符常量占一个字节的内存空间。字符串常量占的内存字节数(也称为字符串的长度,或简称串长)等于字符串中的字符个数加 1。增加的一个字节用来存放字符'\0'(ASCII 码为 0),它是编译系统自动为字符串添加的结束标志。

思考:

(1) 请分别从常量类型和存储方式两个方面比较'a'和"a"的不同之处。

(2) 请分析只包含 1 个空格字符的字符串"□"与空串""的区别。

【实例 3-3】 字符常量。

```
# include < stdio. h >
void main( )
{
    printf(" % c\n", 'a');
    printf(" % s\n", "a");
    printf(" % s\t % d\n", "\x63\t\n\143", sizeof("\x63\t\n\143"));
}
```

程序运行结果如图 3-3 所示。

图 3-3　实例 3-3 运行结果

程序分析:

(1) printf("%c\n", 'a');语句的含义是在屏幕上输出字符'a'。

(2) printf("%s\n", "a");语句的含义是在屏幕上输出字符串"a"。

(3) 运算符 sizeof 可以求一个对象在内存中所需的字节数。sizeof("\x63\t\n\141")的含义是求字符串"\x63\t\n\141"在内存中所需的字节数,即串长。

(4) printf("%s\t%d\n", "\x63\t\n\143", sizeof("\x63\t\n\143"));语句的含义是在屏幕上依次输出字符串"\x63\t\n\143"、字符 Tab、字符串"\x63\t\n\143"的串长值。

5. 符号常量

C 语言中,可以用一个标识符来代表一个常量,称为符号常量。符号常量在使用之前要先定义,定义格式如下:

　　# define 符号常量名 常量

第 3 章

数据类型和表达式

其中,符号常量名为用户自定义标识符,习惯上用大写字母;常量可以是数字常量,也可以是字符常量。这实际上是一条宏定义命令,它将常量定义为一个符号常量,编译器先将符号常量名用所定义的常量替换后再对程序进行编译。

采用符号常量具有以下几个好处:

(1) 使用符号常量可以将复杂的常量定义为简明的符号常量,使得书写简单,而且不易出错。例如在第 4 章中的实例 4-1 中有:

```
#define  PI  3.1415926
```

符号常量 PI 被定义为 3.1415926,在程序中书写 PI,显然比书写 3.1415926 要简明。

(2) 采用符号常量会给修改程序带来方便。例如,在一个程序中使用了某个符号常量共 10 次,若需要对这一常量值进行修改,只需在宏定义命令中对定义的常量值进行一次修改,而无须在程序中出现这一常量的 10 处都进行修改。

(3) 增加可读性和移植性。符号常量通常具有明确的含义。例如,在前面的宏定义命令中,很明显 PI 表示圆周率。使用符号常量可将程序中影响环境系统的参数,如字长等,定义在一个可被包含的文件中,在不同的环境系统下,通过修改包含文件中符号常量的定义值来达到兼容的目的,便于提高程序的移植性。

小提示:C语言中,符号常量习惯用大写字母表示,而一般的变量名则用小写字母表示,以示区别。

3.2.2 变量

1. 变量

通俗地讲,变量就是在程序运行过程中其值可能发生变化的量。实质上,变量就是数据的存储空间,之所以变量的值可以改变,是因为该变量对应的存储空间中的数据是可以更改的。

根据变量的类型不同,系统为每一个变量在内存中分配相应的存储空间,每个变量都有一个名字,通过变量名可以对其存储空间中的内容进行改变或引用,而其存储空间的具体物理地址表示方式为"& 变量名",其中,& 为取地址符。

变量名属于用户自定义标识符,变量名的命名规则须遵守标识符的命名规则。

2. 变量定义

变量需先定义后使用。所谓变量定义,也叫变量声明或变量说明,就是说明变量类型。其功能是为说明的每一个变量按类型开辟存储空间(编译系统在对程序进行编译时,根据变量定义的类型为其分配逻辑空间,运行时分配物理的内存空间)。变量的类型决定了其存储数据的范围、精度和参与运算的种类等。

变量定义的一般格式如下:

类型标识符   变量名表;

其中,类型标识符是指 C 语言允许使用的有效类型(具体请参考表 3-2 和表 3-3),变量名表由一个或多个变量名组成,若定义多个变量,则变量之间用逗号分隔。

【**实例 3-4**】 变量定义。

```
# include < stdio.h>
void main()
{
    int a,b;
    char c;
    float f;
    printf("%d,%d\n",&a,&b);
    printf("%d\n",&c);
    printf("%d\n",&f);
    printf("%d,%d,%d\n",sizeof(int),sizeof(c),sizeof(f));
}
```

程序在 Visual C++6.0 中运行结果如图 3-4 所示。

程序分析:

(1) int a,b;语句定义了两个名字分别为 a 和 b 的变量,这两个变量的类型均为 int 类型。

(2) char c;语句定义了一个名字为 c 的变量,这个变量的类型为 char 类型。

(3) float f;语句定义了一个名字为 f 的变量,这个变量的类型为 float 类型。

(4) 本程序没有给所定义的变量赋初值,编译器可能会给出一个警告,先暂时忽略它,后面章节将会介绍给变量赋初值的方法。

(5) printf("%d,%d\n",&a,&b);语句的含义是在屏幕上依次输出变量 a 和 b 分得的物理内存空间的首地址(简称地址)的十进制整数形式。

(6) printf("%d,%d,%d\n",sizeof(int),sizeof(c),sizeof(f));语句的含义是在屏幕上用十进制整数的形式依次输出 int 类型在内存中所需字节数(也就是变量 a 或 b 所需的字节数)、变量 c 和 f 在内存中所需的字节数。

(7) 在 Visual C++6.0 中,本次程序运行时 4 个变量在内存中所占的内存如图 3-5 所示。根据运行结果和语句含义可以得出,这 4 个变量是按定义的顺序在内存中依次存放,地址由大到小,即伸展方向是由高地址向低地址扩展的。

图 3-4 变量定义   图 3-5 内存示意

第 3 章

数据类型和表达式

3. 变量初值

在程序中经常需要对变量赋初值,一般可以用赋值运算符=来为变量赋初值。

(1) 先定义变量,再用赋值语句来为变量赋初值。一般格式为:

变量 = 算术表达式;(注:其中的 = 称为赋值号,而不是数学意义上的等号)

赋值语句的操作过程为先计算赋值号=右侧的表达式的值,然后将计算结果存储在左侧的变量中。

例如:在实例 3-4 中定义变量 a,b,c,f 之后,可以加上以下赋值语句为变量 a,b,c,f 赋初值。

```
a = 8;                      /* 为变量 a 赋值为整数 8 */
b = a + 2;                  /* 为变量 b 赋值为整型表达式 a + 2 的值,即 10 */
c = 'a';                    /* 为变量 c 赋值为字符'a' */
f = 0.618;                  /* 为变量 f 赋值为实数 0.618 */
```

(2) 在定义变量的同时,还可以对其中全部或部分的变量赋初始值。例如:

```
int a,b = 1;               /* 定义变量 a 和 b,并且只为变量 b 赋初值 1 */
int x = 1,y = 1;           /* 定义变量 x 和 y,并且 x 和 y 均赋初值 1 */
```

小提示:变量必须"先定义再引用"。

【实例 3-5】 变量赋初值和引用。

```
#include < stdio.h >
void main()
{
    int a = 2,b;
    printf(" % d\n",a);
    printf(" % d\n",b);
    a = a * 2;
    b = a + 3;
    printf(" % d\n",a);
    printf(" % d\n",b);
}
```

程序运行结果如图 3-6 所示。

图 3-6 变量赋初值和引用

程序分析:

int a=2,b;语句的作用是定义两个 int 类型的变量 a 和 b,并且为 a 赋初值 2,但 b 没有赋初值。所以其后的语句 printf("%d\n",b);输出的 b 的值是-858993460,它是一个随机数。而执行 b=a+3;后再执行 printf("%d\n",b);输出的 b 是正确值 7。

3.3 数 据 类 型

3.3.1 概述

数据类型是按被定义变量的性质、表示形式、占据存储空间的多少、构造特点等来划分的。在 C 语言中,数据类型可分为基本数据类型、构造数据类型和自定义类型。基本数据类型最主要的特点是其值不可以再分解为其他类型,它包括整型、实型、字符型和 void 类型。构造数据类型是根据已定义的一个或多个数据类型用构造的方法来定义的。也就是说,一个构造类型的值可以分解成若干个成员或元素,每个成员都是一个基本数据类型或又是一个构造类型。构造数据类型包括数组、结构体、共用体、枚举和指针等。

数据类型决定了数据的存储空间的大小和存储方式,进而决定了该类数据的取值范围和精度;另外,数据类型还决定了数据运算(操作)的规则。

3.3.2 基本数据类型

基本数据类型包括整型、实型、字符型和 void 类型。

1. 整型

为了控制取值范围和存储空间,C 语言有三种类型的整型:short int、int 和 long int,且都具有有符号和无符号两种形式。int 型为基本整型,short int 表示相对较小的整型,long int 表示相对较大的整型。无符号整型是用所有位来表示数字的,且总为正数。将整型定义为 long 或 unsigned 可以增大所表示的取值范围。修饰符 signed 可以省略,整型默认为有符号形式,且以补码表示。

C 语言没有具体规定各类整型数据所占内存的字节数,只要求 short 型所占的字节数不能大于 int 型,而 int 型所占的字节数不能大于 long 型。具体某个整型数据所占的字节数及取值范围取决于特定的计算机和编译器。通常,基本整型(即 int 型)占用一个字的存储空间。例如:如果是 16 位的字长,基本整型用 16 位来表示,用其中的最高位表示符号位,另外的 15 位表示数值。

整型数据在取值范围内都是精确存储,常见的整型所占字节数和取值范围如表 3-2 所示。下面以 unsigned short 和 short 为例说明整型数据在内存中的存储方式。

表 3-2　常见的整型及其所占字节数和取值范围表

名　　称		数据类型	所占字节数	取值范围
有符号整型	基本	[signed] int	2(16 位编译器)	$-32\,768 \sim 32\,767(-2^{15} \sim 2^{15}-1)$
			4(32 位编译器)	$-2\,147\,483\,648 \sim 2\,147\,483\,647(-2^{31} \sim 2^{31}-1)$
	短	short [int]	2	$-32\,768 \sim 32\,767(-2^{15} \sim 2^{15}-1)$
	长	[signed] long [int]	4	$-2\,147\,483\,648 \sim 2\,147\,483\,647(-2^{31} \sim 2^{31}-1)$
无符号整型	基本	unsigned [int]	2(16 位编译器)	$0 \sim 65\,535(0 \sim 2^{16}-1)$
			4(32 位编译器)	$0 \sim 4\,294\,967\,295(0 \sim 2^{32}-1)$
	短	unsigned short [int]	2	$0 \sim 65\,535(0 \sim 2^{16}-1)$
	长	unsigned long [int]	4	$0 \sim 4\,294\,967\,295(0 \sim 2^{32}-1)$

(1) unsigned short 类型数据占 2 字节,16 位全部存储数值,例如:

1	0	0	0	0	0	0	0	0	0	0	0	0	0	1	1

表示 $2^{15}+2^1+2^0=32\,768+2+1=32\,771$。

(2) short 类型数据以补码形式存放,占 2 字节,最高位存储符号,0 表示正数,1 表示负数。例如:

0	0	0	0	0	0	0	0	0	0	0	0	0	0	1	1

表示正数 $2^1+2^0=3$。

而改变符号位后:

1	0	0	0	0	0	0	0	0	0	0	0	0	0	1	1

表示的是 $-32\,765$。

小提示:补码的求法如下:

正数的补码和原码(最高位为符号位,0 表示正数,1 表示负数)相同。

负数的补码:符号位保持为 1,原码的其他位取反后得反码,反码加 1 得补码。

例如,求 $-32\,765$ 的补码:

$-32\,765$ 的原码($32\,765=2^{15}-3$):

1	1	1	1	1	1	1	1	1	1	1	1	1	1	0	1

$-32\,765$ 的反码:

1	0	0	0	0	0	0	0	0	0	0	0	0	0	1	0

$-32\,765$ 的补码:

1	0	0	0	0	0	0	0	0	0	0	0	0	0	1	1

2. 实型

实型也称浮点类型。一般情况下,实型采用单精度类型(float)和双精度类型(double)两种形式来存储。

无论是 float 型还是 double 型在内存中存储时都分为以下三个部分。

(1) 符号位:0 代表正,1 代表负。

(2) 指数部分:用于存储指数形式中的指数数据。

(3) 尾数部分:用于存储指数形式中的尾数部分。

尾数部分和指数部分所占位数的多少由各 C 语言编译系统自定。尾数部分占的位数越多,有效数字的位数也就越多,精度也就越高;指数部分占的位数越多,则能表示的取值范围就越大。表 3-3 给出了常见的实型所占字节数及取值范围。

表 3-3　常见的实型所占字节数及取值范围表

名　称	数据类型	所占字节数	取值范围
单精度实型	float	4	约为 $-3.4E38 \sim 3.4E38$
双精度实型	double	8	约为 $-1.7E308 \sim 1.7E308$

小提示：

（1）当变量的值大于或小于其数据类型所能存储的值时，就会发生数据溢出问题。

（2）当发生数据溢出时，一些高级程序设计语言输出的结果以 ∗ 代表，提示程序设计人员改写程序中的数据类型。而 C 语言不检查数据是否溢出。例如：在 32 位编译器下执行语句"printf("%d",2147483648);"，输出为 −2 147 483 648，没有任何提示。显然输出的结果与真实结果完全背离。因此在编程时一定要认真分析实际问题中数据可能的范围，并依此来选择所需的数据类型。

3. 字符型

ANSI C 提供了三种字符类型：char、unsigned char 和 signed char，普通的 char 类型相当于 unsigned char 还是 signed char 则取决于编译器。但三种字符类型都是按照一个字节存储的，在内存中存储其 ASCII 值。

4. void 类型

void 类型没有数值，它通常用于指定函数的返回类型。有一类函数，调用后不需要向调用者返回函数值，这种函数可以定义为"空类型"，其类型说明符为 void。

【实例 3-6】 void 类型。

```
# include <stdio.h>
void printastar()
{
    printf(" * \n");
}
void main()
{
    printastar();
}
```

程序运行结果如图 3-7 所示。

图 3-7　void 类型

3.3.3　指针类型

指针类型是一种特殊的，同时又具有重要作用的数据类型。指针类型的值用来表示某个内存地址。由于计算机内存是保存程序指令和数据的地方，所以可用指针来访问和操作存储在内存中的数据，C 语言的指针是一个功能强大的工具。

（1）在处理数据和数据表时，指针更高效。

（2）通过作为函数参数，指针可用来从函数中返回多个值。

（3）指针允许引用函数，因而便于把函数作为参数传递给其他函数。

（4）使用指向字符串的指针数组，可节省内存的数据存储空间。

（5）指针使得 C 语言支持动态内存管理。

（6）指针为操作动态数据结构（如结构、链表、队列、栈和树等）提供了有效的工具。

（7）指针可减少程序的长度和复杂度。

（8）指针可提供程序的运行速度，从而减少程序的运行时间。

关于指针的应用会在后续章节陆续介绍，本节只介绍指针变量最简单的用法。

1. 指针变量的概念

地址就是内存单元的编号，每个内存单元都有这样一个地址（或编号），而且该地址（或编号）在 C 程序的运行过程中不会改变。因为地址总是对应某个内存单元，所以通常也将地址形象化地称为指针（Pointer），即指针实际上是某个内存单元的地址。

由于变量常常会占用多个内存单元，对应着多个单元的地址，通常把这些地址中的起始地址作为该变量的地址。在使用该变量时，除了根据变量名来访问该变量外，还可根据该变量的地址及变量的类型相结合来访问该变量的值。如图 3-5 中变量 a 的地址值 &a 为 1 638 212，a 的类型为 int 型（占 4 个字节），就可通过以 1 638 212 为起始单元的相邻 4 个单元来访问变量 a 的内容（当然，实例 3-4 中还没有对变量赋初值）。通常将通过变量名来访问变量内容的方式称为直接访问方式，而通过变量的地址来访问变量内容的方式称为间接访问方式。

要使用间接访问方式首先需要找到变量的地址，用来保存其他变量的地址的变量称为指针变量，也常简称为指针。

2. 指针变量的定义

和其他类型的变量类似，要保存一个变量的地址，首先需要定义一个表示地址类型的变量，而根据前面的描述，变量的地址需要与变量的类型相结合。

定义指针变量的一般形式为：

数据类型 * 变量名;

例如：语句 int * p;的作用是把变量 p 定义为一个指针类型的变量，它指向一个 int 数据类型。具体包括以下三个含义。

（1）符号 * 说明变量 p 是一个指针变量；

（2）变量 p 需要一个内存地址作为它的值；

（3）变量 p 是指向 int 类型的一个指针变量，也就是说，它可以接收一个 int 类型变量的地址。

语句 int * p;使编译器为指针变量 p 分配存储空间。由于此时没有赋给 p 任何值，因而指针变量 p 中包含的是未知的值，此时它指向的也是未知的地址。

小提示：

（1）在定义指针变量时，数据类型、*、变量名三个元素均不能省略，如将语句 int * p;写为 int p;时，变量 p 就成了一个整型变量，而不是指针变量了。

（2）在定义指针变量时，* 的位置并不重要，如 int * p;和 int * p;是同一条语句，但至少要在 * 前或 * 后添加一个空格，即不能写成 int*p;。

（3）int * pA; int * pB;也可以合并为一条语句：int * pA, * pB;。注意指针变量 pB 前的 * 不能省略。语句 int * pA, pB;相当于 int * pA; int pB;即 pA 为一个指针变量，而 pB 只是一个整型变量。

3. 指针变量的初始化

把变量的地址赋给指针变量的过程称为指针变量的初始化。如前所述,所有未初始化的指针变量的值为未知的,这些值同样会被解释为内存地址。它们可能是有效地址,也可能是错误的值。由于编译器不会检测这类错误,因而含有未初始化指针的程序会产生错误的结果。因此,在使用指针之前,对它们进行初始化非常重要。

指针变量一旦定义,就可以使用赋值运算符来初始化该变量。

【实例 3-7】 指针变量的初始化。

```
# include < stdio. h>
void main()
{
    int a;
    int * p;
    printf("p 的值为: %d\n", p);
    p = &a;
    printf("a 的地址为: %d\n", &a);
    printf("p 的值为: %d\n", p);
    printf("p 的地址为: %d\n", &p);
}
```

程序运行结果如图 3-8 所示。

图 3-8 指针变量的初始化

程序分析:

(1) 语句 int * p;定义了一个指针变量 p,它指向 int 类型,也就是说它可以保存一个 int 类型变量的地址。

(2) 语句 printf("p 的值为:%d\n", p);输出未初始化时 p 的值。因 p 未初始化就使用,在有些编译器中可能会在编译时产生一个警告,但程序仍可以运行。此次运行结果中输出的值: −858 993 460,显然,这不是正确的变量地址值。

(3) 执行语句 p = &a;时先求出 int 类型的变量 a 的地址值,把这个地址值赋值给指针变量 p,也就是对指针变量 p 进行初始化。初始化之后,p 才是指向变量 a 的指针。

(4) 语句 printf("a 的地址为:%d\n", &a);和 printf("p 的值为:%d\n", p);的输出都是 1 638 212,证明初始化之后,指针变量 p 的值确实是变量 a 的地址。

也可以把初始化和定义组合在一起。例如以下三条语句:

```
int a;
int * p;
p = &a;
```

与以下两条语句的作用是相同的:

数据类型和表达式

```
int a;
int * p = &a;
```

还可以直接用一条语句表示：int a，* p = &a；

小提示 1：

在用变量的地址对指针进行初始化时，必须已对变量定义过。

例如：int * p = &a，a；和 int * p = &a；int a；都不正确。因为变量 a 被"先使用后定义"，这在 C 语言中是非法的。

小提示 2：

必须确保指针变量指向相应的数据类型。

例如：

```
float a;
int * p;
p = &a;
```

是错误的。

小提示 3：可以在同一条语句中同时进行数据变量的定义、指针变量的定义以及指针变量的赋值。

例如：float a，b，* pa = &a，* pb=&b；

小提示 4：可以在定义指针变量时赋初始值 0，但不可以用其他常量来为指针变量赋值。例如：int * p=0；是合法的，它表示指针变量 p 暂时不指向任何变量，而 int * p= 2000；是非法的。

思考：可以在不同语句中使用同一指针先后指向不同的数据变量吗？可以使用不同的指针指向同一数据变量吗？

4. 通过指针访问变量

把变量地址赋值给指针变量之后，就可以使用一元运算符 * 来用指针间接访问变量的值了。* 的作用是获取某个指针所指向的变量，在使用时其后需要紧跟这个指针变量的名称。

【实例 3-8】 通过指针访问变量。

```
# include < stdio. h>
void main()
{
int a, b, * p = &a, * q = &b;
a = 1;
b = 2;
printf("a 的值为：% d\n", a);
printf("指针变量 p 所指的变量值为：% d\n", * p);   //* p 表示指针变量 p 所指的变量
printf("指针变量 q 所指的变量值为：% d\n", * q);   //* q 表示指针变量 q 所指的变量
p = &b;                  //把另一个变量 b 的地址赋给指针变量 p,此时 p 和 q 同时指向变量 b
* q = * p * 3;              //给指针变量 p 所指的变量的值乘上 3 然后再赋值给 q 所指的变量
printf("b 的值为：% d\n", b);
printf("指针变量 p 所指的变量值为：% d\n", * p);
printf("指针变量 q 所指的变量值为：% d\n", * q);
}
```

程序运行结果如图 3-9 所示。

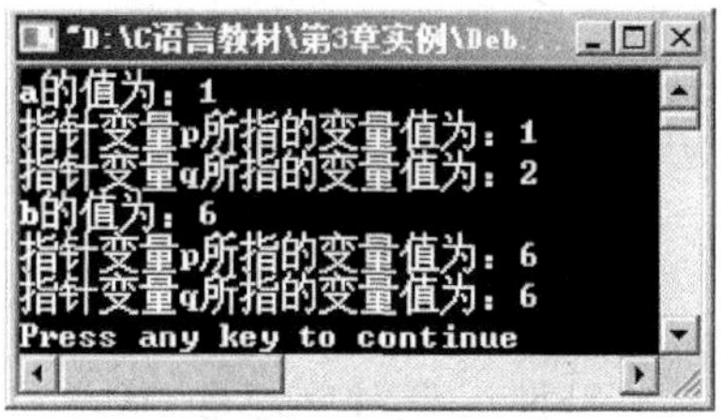

图 3-9　通过指针访问变量

需要注意的是,取内容运算符"*"和表示指针变量"*"的作用是不同的,在程序中可根据"*"前是否有数据类型来判断它们。例如:float *p = &ave; *p = 3.5;。

(1) float *p = &ave;语句中的"*"前有 float 表示单精度实型,此时的"*"表示 p 是一个指针变量。

(2) *p = 3.5;语句中的"*"前没有表示数据类型的关键字,此时的"*"表示取指针 p 所指向的内容,即 p 所指向的变量。

(3) 不能出现如 float *p; *p = 3.5;类型的程序段,因为程序段中并未写出指针 p 指向哪个变量,而 *p 的作用却正是要取这个变量,所以此时执行 *p 是非法的。

(4) 已知程序段 double sum = 3.1415; double *p = ∑则"&*p"的值为 p,"*&sum"的值为 sum,因为"&"和"*"的运算优先级相同,且均为右结合性,故在计算"&*p"时先执行"*p"得到 sum,再求"&sum",得到 p;同理,"*&sum"的值为 sum。

3.4　运算符与表达式

C 语言的表达式是由运算符将各种类型的变量、常量、函数等运算对象按一定的语法规则连接而成的式子。编译器能够按照运算符的运算规则完成相应的运算处理,求出运算结果,这个结果就是表达式的值。

C 语言支持丰富的运算符。按照操作对象的个数运算符可以分为单目运算符、双目运算符和三目运算符;按照功能可以分为算术运算符、关系运算符、逻辑运算符、条件运算符和逗号运算符等。在表达式中,各运算对象参与运算的先后顺序不仅要遵守运算符优先级别的规定,还要受运算符结合性的制约,以便确定是自左向右进行运算还是自右向左进行运算,参见附录 A 运算符的优先级与结合性。

3.4.1　算术运算符与算术表达式

1. 基本算术运算符

1) 单目算术运算符

单目算术运算符有两个:+和-,分别是求正和求负运算符。它们只有一个运算对象,并且运算符写在运算对象的左面,结合性是自右向左。

2) 双目算术运算符

双目算术运算符是指需要两个运算对象的运算符,C 语言中有以下 5 个双目算术运算符。

＋：加法运算符

－：减法运算符

＊：乘法运算符

/：除法运算符

％：求余运算符、模运算符

说明：

（1）C语言限定求余运算只对整型运算对象进行，求余运算的结果等于两数相除后的余数，整除时结果为0。例如：7％5的运算结果为2。不能对float或double类型的运算对象应用求余运算。

（2）除法运算的运算对象均为整型时，结果也为整型，舍去小数；如果运算量中有一个是实型，则结果为双精度实型。例如：4/5的运算结果为0，4.0/5的运算结果为0.8。

（3）双目算术运算符的结合性都是自左向右。

（4）＊、/和％三个运算符的优先级相同，＋和－两个运算符的优先级相同，＊、/和％优先级高于＋和－。

2. 自增自减运算符

自增运算符＋＋的功能是使变量的值自增1，自减运算符－－的功能是使变量的值自减1。自增自减运算符的运算对象只能是变量，它们的运算优先级高于双目的基本算术运算符，其结合性为自右向左。

自增自减运算符有以下4个基本形式。

（1）＋＋i；变量自增1后再参与运算。

（2）i＋＋；变量参与运算后，再自增1。

（3）－－i；变量自减1后再参与运算。

（4）i－－；变量参与运算后，再自减1。

【实例3-9】 自增自减运算符。

```c
# include < stdio. h>
void main()
{
    int a, i = 1;
    a = ++i;
    printf("a = % d, i = % d\n",a,i);
    a = i--;
    printf("a = % d, i = % d\n",a,i);
    printf("% d\n",i++);
    printf("% d\n",i);
    printf("% d\n", -- i);
    printf("% d\n",i);
}
```

程序运行结果如图3-10所示。

小提示：一般不要在一个表达式中对同一个变量进行多次自增或自减运算，以免造成错误的理解或得到错误的运算结果。

图 3-10　自增自减运算符

3. 算术表达式

用基本算术运算符、自加自减运算符和圆括号将运算对象（常量、变量、函数等）连接起来的式子称为算术表达式。单个的常量、变量、函数可以看作是表达式的特例。

每个表达式有一个值及其类型，即计算表达式所得结果的值和类型。

表达式求值按运算符的优先级和规定的结合方向进行（参见附录 A）。基本算术运算符按先乘除后加减的规则。例如：3＋6＊5 结果为 33，而（3＋6）＊5 结果为 45。

表达式类型规则有以下两条。

（1）同类型数据运算结果类型不变，如整数与整数运算的结果一定是整数，舍去小数。所以，4/5 的运算结果为 0。

（2）C 语言支持不同类型数据的混合运算，运算结果类型由参与运算的数据决定。不同类型的数据进行运算时，运算结果取高一级的数据类型。具体参见 3.5 节。

思考：表达式 1/2＊2.22 的值是什么？表达式 1.0/2＊2.22 或 2.22/2 的值是什么？

小提示 2：

（1）算术表达式类似数学上的公式，但不能把算术表达式误写成对应的数学公式。例如：3x＋2y 因为少了乘号 ＊ 而不是合法的 C 语言算术表达式。

（2）表达式 a＋b/c＊d 与（a＋b）/（c＊d）的意义完全不同。要注意圆括号的使用方法，即使需要多层括号也一律使用圆括号，而不能用中括号或大括号代替。

（3）C 语言基本字符集之外的字符不能出现在表达式中，如 π、β、ξ 等。

（4）程序中将 e 视为变量，而不是数学领域认为的"自然数"；在程序中可以用函数调用 exp(1)表示自然数 e。

（5）利用圆括号可改变运算的优先级，但有时即使无须改变运算的优先级也可利用括号使算术表达式的运算次序清晰直观。例如：表达式 A/B/C，就不如 A/（B＊C）更容易理解。

（6）C 语言支持不同类型数据的混合运算，但计算机在计算时要将低精度的类型转换为高精度后才运算。考虑到运行效率，应尽可能地减少这种转换。例如：float a,b＝3；a＝b/2；就不如 float a,b＝3.0；a＝b/2.0；效率高。

3.4.2　赋值运算符与赋值表达式

1. 基本赋值运算符和赋值表达式

基本赋值运算符为＝，由＝连接的表达式称为赋值表达式。其一般形式为：

变量 ＝ 表达式

赋值表达式的功能是先计算赋值号右边的表达式的值再赋给左边的变量。例如:表达式 c＝a＋b 的功能是先计算 a＋b 的值,再把该值赋给变量 c。

赋值运算符具有右结合性。例如:a＝b＝c＝5 可理解为 a＝(b＝(c＝5))。

在 C 中,凡是表达式可以出现的地方均可出现赋值表达式。例如:x＝(a＝5)＋(b＝8) 是合法的。它的意义是把 5 赋给 a,8 赋给 b,再把 a,b 相加,和赋给 x,故 x 应等于 13。当然,这样的表达式降低了程序的可读性。

按照 C 语言规定,任何表达式在其末尾加上分号就构成为语句。例如:x＝8;a＝b＝c＝5;都是赋值语句。

小提示:

(1) 赋值运算符不是数学中的等号,而是进行赋值操作。例如:表达式 a＝a＋10 的含义是求出 a＋10 的值,再把该值赋给变量 a。

(2) 赋值运算符的左侧只能是变量,不能是常量或表达式。例如:a＋10＝a＊2 不是合法的表达式。

(3) 在程序中可以多次给一个变量赋值,每赋一次值,相应的存储单元中的数据就被更新一次。

2. 复合赋值运算符及复合赋值表达式

在赋值运算符之前加上其他运算符可以构成复合赋值运算符。在 C 语言中共有 10 种复合赋值运算符,其中算术类的复合赋值运算符有:＋＝、－＝、＊＝、/＝。赋值运算符的两个符号之间不能有空格。复合赋值运算符与基本赋值运算符的优先级相同,结合性是右结合。

由复合赋值运算符连接的式子称为复合赋值表达式。其一般形式为:

变量　复合赋值运算符　表达式

它的求值过程为:

(1) 求出右边表达式的值;

(2) 右边表达式的值与左边的变量值进行运算;

(3) 将(2)中的运算结果赋给左边的变量。

例如:x＊＝y＋1 相当于:x＝x＊(y+1)而不是 x＝x＊y＋1。x＋＝x－＝x 相当于:x＝x＋(x＝x－x)。

小提示:复合赋值运算符有利于提高编译效率并产生质量较高的目标代码。

3.4.3　关系运算符与关系表达式

1. 关系运算符

在程序中经常需要比较两个量的大小关系,以决定程序下一步的工作。比较两个量的运算符称为关系运算符。在 C 语言中有以下 6 个关系运算符。

＜:小于

＜＝:小于或等于

＞:大于

＞＝:大于或等于

＝＝:等于

!＝：不等于

关系运算符都是双目运算符,其结合性均为左结合。关系运算符的优先级低于算术运算符,高于赋值运算符。在 6 个关系运算符中,＜、＜＝、＞和＞＝的优先级相同,它们的优先级高于＝＝和!＝,＝＝和!＝的优先级相同。

2. 关系表达式

关系表达式的一般形式为:

表达式 1　关系运算符　表达式 2

例如:a ＋ b＞c－d 和'a' ＋ 1 ＜ c 都是合法的关系表达式,由于表达式 1 和表达式 2 也可以又是关系表达式,因此也允许出现嵌套的情况,例如:a＞(b＞c)和 a!＝(c＝＝d)等。关系表达式的值是 0 和 1 中的一个。1 表示"真",0 表示"假"。

例如,若有语句 int a ＝ 1,b ＝ 2,c ＝ 3;则:

表达式 a ＋ b ＜＝ c ＋ 8 相当于(a ＋ b) ＜＝ (c ＋ 8),其值为 1。

表达式 a ＝ 8 ＞＝ a ＋ b ＋ (c ＝ 6)相当于 a ＝ (8 ＞＝ a ＋ b ＋ (c ＝ 6)),先求出表达 8 ＞＝ a ＋ b ＋ (c ＝ 6)的值为 1,再把结果 1 赋值给变量 a。

表达式 10 ＜ a ＜ 20 相当于(10 ＜ a) ＜ 20,10 ＜ a 的值为 0,0＜ 20 的值为 1,所以表达式 10 ＜ a ＜ 20 的值为 1。显然,C 语言中 10 ＜ a ＜ 20 与数学表达式 10 ＜ a ＜ 20 的含义截然不同。

小提示:一般而言,在 C 程序中可以对实型数据进行大小的比较,但通常不对实型数据进行是否相等的判断。因为实型数据在内存中不是精确存放,有一定的误差,如果一定要判断两个实型数据是否相等,可以用它们的差的绝对值与一个很小的数相比,如果小于此数,就认为它们是相等的。例如:可以用类似 fabs(x－y) ＜ 1e－5 的表达式来判断实型数据 x 与 y 是否相等。

3.4.4　逻辑运算符与逻辑表达式

1. 逻辑运算符

C 语言中提供了三种逻辑运算符 &&(与运算)、||(或运算)、!(非运算)。与运算符 && 和或运算符|| 均为双目运算符。具有左结合性。非运算符! 为单目运算符,具有右结合性。逻辑运算的结果只有 1 和 0。逻辑运算符的运算规则如表 3-4 所示。

表 3-4　逻辑运算符的运算规则表

a	b	a&&b	a||b	!a
0	0	0	0	1
0	非 0	0	1	1
非 0	0	0	1	0
非 0	非 0	1	1	0

(1) 与运算 && 参与运算的两个运算对象都为非 0 时,结果才为 1,否则为 0。例如,5＞0 && 4＞2,由于 5＞0 为 1,4＞2 也为 1,相与的结果也为 1。

(2) 或运算|| 参与运算的两个运算对象只要有一个为非 0,结果就为 1。只有当两个运算对象都为 0 时,结果才为 0。例如:5＞0||5＞8,由于 5＞0 为 1,相或的结果为 1。

(3) 参与非运算！的运算对象为非 0 时,结果为 0; 运算对象为 0 时,结果为 1。例如:
!(5>0)的结果为 0。

小提示:在判断一个表达式的逻辑值时,非 0 的数值都作为 1。例如:由于 5 和 3 均为非 0,所以 5&&3 即为 1&&1,结果为 1。

2. 逻辑表达式

逻辑表达式的一般形式为:

[表达式 1]　逻辑运算符　表达式 2

说明:

(1) 当逻辑运算符为！时,须省略表达式 1。！具有右结合性,要写在运算对象的左边,并且仅对紧跟其后的运算对象进行逻辑非运算。例如:！a+b>c 相当于(！a)+b>c,而不是!(a+b)>c。

(2) 其中的表达式 1 和表达式 2 可以又是逻辑表达式,从而组成嵌套的情形。例如:(a&&b)&&c。逻辑表达式的值是式中所有逻辑运算的最后值。

(3) && 和||具有左结合性,要严格按照从左到右的顺序依次运算。但在逻辑表达式的求解过程中,如果计算到某个逻辑运算符时就已经可以确定整个表达式的最终结果,系统不再对其后的表达式求值。例如:假定 a=1,b=1,c=1,d=1,m=10,n=10,计算表达式(m=a>b)&&(n=c>d))的值时需先求出(m=a>b)的值,即求出 a>b 为 0,把 0 赋值给 m,(m=a>b)作为逻辑表达式其值为 0。此时已可确定整个表达式(m=a>b)&&(n=c>d))的值为 0,所以不再执行给 n 赋值的操作。

【实例 3-10】 逻辑表达式。

```c
#include <stdio.h>
void main()
{
    char c = 'k';
    int i = 1, j = 2, k = 3;
    double x = 3e + 5, y = 0.85;
    printf("%d,%d\n",!x * !y,!!!x); printf("%d,%d\n",x||i&&j-3,i<j&&x<y);
    printf("%d,%d\n",i==5&&c&&(j=8),x+y||i+j+k);
}
```

程序运行结果如图 3-11 所示。

图 3-11　逻辑表达式

程序分析:本例中！x 和！y 都为 0,！x * ！y 也为 0,故其输出值为 0。由于 x 为非 0,故!!! x 的逻辑值为 0。对于 x|| i && j-3,先计算 j-3 的值为非 0,再求 i && j-3 的逻辑值为 1,故 x||i&&j-3 的逻辑值为 1。对于 i<j&&x<y,由于 i<j 的值为 1,而 x<y 为

0,故表达式的值为1和0相与,最后为0。对于 i＝＝5&&c&&(j=8),由于 i＝＝5 为假,即值为0,该表达式由两个与运算组成,所以整个表达式的值为0,而不需继续计算。对于 x＋y||i＋j＋k,由于 x＋y 的值为非0,故整个表达式的值为1。

3.4.5　条件运算符与条件表达式

如果在条件语句中,只执行单个的赋值语句时,常可使用条件表达式来实现。不但使程序简洁,也可提高运行效率。

1. 条件运算符

条件运算符由"?"和":"构成,它是唯一的三目运算符,即需三个运算对象。

2. 条件表达式

由条件运算符和运算对象连接而成的表达式称为条件表达式。

条件表达式的一般形式为:

表达式 1?表达式 2：表达式 3

条件表达式的求值规则为:如果表达式1为真(非0),则以表达式2的值作为整个条件表达式的值,否则以表达式3的值作为整个条件表达式的值。条件表达式通常用于赋值语句之中。

例如,语句 max=(a>b)? a:b;的含义是:如果 a>b 成立,则把 a 的值赋值给 max,否则把 b 的值赋值给 max。

说明:

(1) 条件运算符的运算优先级低于关系运算符和算术运算符,但高于赋值运算符和逗号运算符。因此 max=(a>b)? a:b 可以去掉括号而写为 max=a>b? a:b。

(2) 条件运算符? 和:是一对运算符,不能分开单独使用。

(3) 条件运算符具有右结合性。当一个表达式中出现多个条件运算符时,应该将位于最右边的问号与距它最近的冒号匹配,并按这一原则正确区分各条件运算符的运算对象。例如:a>b? a:c>d? c:d 应理解为 a>b? a:(c>d? c:d)这也就是条件表达式嵌套的情形,这里的表达式 3 又是一个条件表达式。

3.4.6　逗号运算符与逗号表达式

在 C 语言中逗号","也是一种运算符,称为逗号运算符。逗号运算符的优先级是所有运算符中最低的,结合性为左结合。

用逗号表达式将两个或多个表达式连接起来组成一个表达式,称为逗号表达式。其一般形式为:

表达式 1,表达式 2,……,表达式 n

逗号表达式的求值过程是:先求表达式 1 的值,再求表达式 2 的值,以此类推,最后求表达式 n 的值。把表达式 n 的值作为整个逗号表达式的值。

【实例 3-11】　逗号运算符举例。

```
#include<stdio.h>
```

数据类型和表达式

```
void main()
{
    int a = 1, b = 2;
    a = (a = a + b, a = a * b, ++a);
    printf("a = % d\n", a);
}
```

程序运行结果如图 3-12 所示。

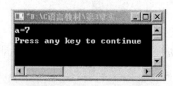

图 3-12　逗号运算符

说明：

(1) 程序中使用逗号表达式,通常是要分别求逗号表达式内各表达式的值,并不一定要求整个逗号表达式的值。例如：假设变量 a、b 和 c 的值分别是 1、2 和 3,执行语句 a=a*2,b=b*2,c=c*2;的结果是分别给变量 a、b 和 c 重新赋值为 2、4 和 6。其中的逗号表达式 a=a*2, b=b*2, c=c*2 的值虽然求出是 6,但语句执行完之后,这个值也被丢弃。

(2) 并不是在所有出现逗号的地方都组成逗号表达式,如在变量说明语句(例如：int a, b,c;)中和函数参数表(例如：pow(20,3))中逗号只是用作各变量之间的间隔符。

3.4.7　其他运算符与表达式

1. 取地址运算符 &

取地址运算符 & 是单目运算符,用它构成表达式的一般形式是：

& 变量名

取地址运算符 & 的运算对象只能是变量,运算结果是变量在内存中第一个字节的地址,即变量的首地址,简称变量的地址。使用时要注意 & 与变量名之间不要有空格。

【实例 3-12】　用指针来求两个整数中的较大数。

```
# include < stdio. h>
void main()
{
    int a, b, * pmax = 0;
    a = 3;
    b = 4;
    pmax = a > b ? &a : &b;
    printf(" % d\n ", * pmax);
}
```

程序运行结果如图 3-13 所示。

程序分析：

(1) pmax=a>b? &a:&b;语句的含义是如果 a>b,则把变量 a 的地址赋值给指针变量 pmax,也就是让指针变量 pmax 指向变量 a,否则让指针变量 pmax 指向变量 b。

图 3-13 求两个整数中的较大数

(2) printf("%d\n", * pmax);语句中的 * pmax 的含义是指针变量 pmax 指向的变量的内容,也就是所指向的变量的值。

2. 长度运算符 sizeof

长度运算符 sizeof 也是单目运算符,它用于确定一个对象所需的存储空间的大小,即存储该对象所需的内存字节数。用它构成的表达式的一般形式为:

sizeof(数据类型名)或 sizeof(变量名)

【**实例 3-13**】 以下程序可以显示在一台特定的机器和编译器上各种基本类型所需的存储空间。

```
# include < stdio. h >
void main()
{
printf("sizeof(char) = % d\n",sizeof(char));
printf("sizeof(short) = % d\nsizeof(int) = % d\nsizeof(long) = % d\n",sizeof(short),sizeof
(int),sizeof(long));
printf("sizeof(signed) = % d\nsizeof(unsigned) = % d\n",sizeof(signed),sizeof(unsigned));
printf("sizeof(float) = % d\nsizeof(double) = % d \n",sizeof(float),sizeof(double));
printf("sizeof(void) = % d\n",sizeof(void));
}
```

在 Visual C++6.0 中程序运行结果图 3-14 所示。

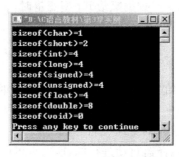

图 3-14 实例 3-13 程序运行结果

由于 C 语言在基本类型的存储方面非常灵活,可能因不同的机器和编译器而不同。但是可以保证:

```
sizeof(char) = 1
sizeof(char) <= sizeof(short) <= sizeof(int) <= sizeof(long)
sizeof(signed) = sizeof(unsigned) = sizeof(int)
```

```
sizeof(float) <= sizeof(double)
```

小提示：虽然使用 sizeof()这种函数式的写法,但 sizeof 不是函数,而是操作符。

3.5 数据类型转换

在 C 语言的表达式中,允许对不同类型的数值型数据进行运算。当对不同类型的数据进行运算时,应当首先将其转换成相同的数据类型,然后进行运算。数据类型转换有赋值类型转换、自动类型转换和强制类型转换。

3.5.1 赋值类型转换

当赋值运算符两边的运算对象类型不同时,编译器自动将赋值运算符右侧表达式的类型转换为左侧变量的类型。具体转换规则如下。

1. 实型与整型

将实型数据(单、双精度)赋值给整型变量时,舍弃实型的小数部分,只保留整数部分。例如:执行语句 int a=5.9;变量 a 得到的是整数 5。

将整型数据赋值给实型变量时,整型数据的数值大小不变,只是把形式改为实型形式,即小数点后加若干个 0,然后赋值。

2. 单、双精度实型

float 型数据赋值给 double 型变量时只是在尾部加 0 延长为 double 型数据,然后赋值。double 型数据赋值给 float 型变量时,通过截尾数来实现,截断前要进行四舍五入操作。

3. char 型与 int 型

int 型数据赋给 char 型变量时,只保留其最低 8 位,舍弃其他位。

char 型数据赋给 int 型变量时,通常 int 型变量得到的是其 ASCII 码值,而有一些编译程序在转换时,若 char 型数据的 ASCII 码值大于 127,就作为负数处理。

4. int 型与 1ong 型

假定 int 型占两个字节,long 型数据赋值给 int 型变量时,将低 16 位值赋值给 int 型变量,而将高 16 位截断舍弃。将 int 型数据赋值给 long 型变量时,其数值大小不变,只是把形式改为 long 型再赋值。

5. 无符号整数

将一个 unsigned 型数据赋给一个长度相同的整型变量时,原值照赋,内部的存储方式不变,但外部值却可能改变。将一个非 unsigned 整型数据赋给长度相同的 unsigned 型变量时,内部存储形式不变,但外部表示时总是无符号的。

小提示：赋值类型转换是编译器自动进行的,所以也可归入自动类型转换。

3.5.2 自动类型转换

自动类型转换在编译时由编译程序按照一定规则自动完成,不需人为干预。C 语言要求同一运算的运算对象的数据类型必须相同。因此,在表达式中如果有不同类型的数据参与同一运算时,编译器就在编译时自动按照规定的规则将其转换为相同的数据类型。转换规则如图 3-15 所示。

```
┌────────┐      ┌────────┐
高精度    │ double │ ◄──── │ float  │
 ▲        └────────┘      └────────┘
 │            ▲
 │        ┌────────┐
 │        │  long  │
 │        └────────┘
 │            ▲
 │        ┌──────────┐
 │        │ unsigned │
 │        └──────────┘
 │            ▲
 │        ┌────────┐      ┌────────────┐
低精度    │  int   │ ◄──── │ char, short│
          └────────┘      └────────────┘
```

图 3-15　常见的类型转换规则

说明：

（1）图中横向箭头表示必须进行的转换，如两个 float 型数参加运算，虽然它们类型相同，但仍要先转成 double 型再进行运算，结果也为 double 型。

（2）纵向箭头表示当运算符两边的运算数为不同类型时的转换，如一个 long 型数据与一个 int 型数据一起运算，先自动将 int 型数据转换为 long 型，然后两者再进行运算，结果为 long 型。

（3）如果一个运算符两边的运算对象类型不同，较低类型需转换为较高类型，然后再参加运算，这样不会降低运算的精度。

（4）当较低类型的数据转换为较高类型时，一般只是形式上有所改变，而不影响数据的大小。

【实例 3-14】　自动类型转换与赋值类型转换。

```c
# include < stdio. h >
void main( )
{
    int a = 1;
    float b = 2.9;
    double c = 3.8;
    a = a + b + c;
    printf("a = % d\n",a);
}
```

程序运行结果如图 3-16 所示。

图 3-16　自动类型转换与赋值类型转换

程序分析：

（1）在 Visual C++6.0 中编译时语句 float b＝2.9;会产生一个警告："'initializing'：truncation from 'const double ' to 'float '"。这是因为常量 2.9 是一个实型常量，对于没有加后缀 f 或 F 的实型常量，C 语言是按 double 的形式来处理的。把 double 型的常量赋值给 float 型的变量时编译器需自动进行数据类型转换，为了避免转换过程中出现精度降低的情况，给出这个警告。

（2）在 Visual C++ 6.0 中编译语句 a＝a＋b＋c;时也会产生一个警告：" '=' : conversion from 'double ' to 'int ', possible loss of data"。这是因为表达式 a＋b＋c 的值的类型为 double,而把一个 double 的值赋给一个 int 型的变量 a 时,会丢弃小数部分。

（3）语句 a＝a＋b＋c;的执行过程：

① 首先取 int 型的变量 a 的值 1,把 int 型的 1 转换为 double 类型的 1.0。

② 再取 float 型的变量 b 的值 2.9,把 float 型的 2.9 转换为 double 类型的 2.9。

③ 然后求出转换后的两个 double 型的运算对象 1.0 与 2.9 的和,结果也为 double 型的 3.9。

④ double 型的 3.9 再和 double 型的变量 c 的值 3.8 相加,得出最后 double 型的结果 7.7。

⑤ 最后丢弃 double 型的结果 7.7 的小数部分,只把其整数部分 7 赋值给 int 的变量 a。

小提示：参与运算的某个变量如果需要自动类型转换,这个转换只是在该运算的过程中发生,并不会改变该变量自身的类型和值。所以执行语句 a＝a＋b＋c;时,变量 a 和 b 的类型仍然分别是 int 和 float 型。

3.5.3 强制类型转换

强制类型转换的方法是在被转换对象(或表达式)前加类型标识符,其格式是：

(类型标识符) 运算对象

例如：表达式(int) 0.681 的值为 1。

强制类型转换的运算对象是紧随其后的运算对象,如果要对整个表达式的值进行类型转换,必须给表达式加圆括号。例如：表达式(int)(0.681＋0.432)和(int)(0.681)＋0.432 的值分别为 int 型的 1 和 double 型的 1.432。

3.6 常用的输入输出函数

C 语言输入输出函数有很多,本节介绍 4 个常用的函数：scanf()、printf()、getchar()和 putchar()。特别强调,如果程序需要使用它们,需要包含 stdio.h 头文件。

3.6.1 标准输入输出函数

C 标准库提供了两个控制台格式化输入输出函数 printf()和 scanf(),这两个函数可以在标准输出输入设备上以各种不同的格式写/读数据。printf()函数用来向标准输出设备(屏幕)写数据;scanf()函数用来从标准输入设备(键盘)上读数据。下面详细介绍这两个函数的用法。

1. 标准输出函数 printf()

printf()函数是格式化输出函数,一般用于向标准输出设备(屏幕)按规定格式输出信息。

printf()函数的调用格式为：

printf("格式化字符串",输出表);

输出表是需要输出的一系列表达式,其个数必须与格式化字符串所说明的输出参数个数一样多,各表达式之间用“,”分开,且顺序一一对应,否则将会出现意想不到的错误。

格式化字符串可以包括两部分内容:一部分是普通字符,包括可打印字符和转义字符。可打印字符按原样输出(如果有汉字系统支持也可以输出汉字),在输出结果中起提示作用;转义字符则控制产生特殊的输出效果。另一部分是格式字符,以“%”开始,后跟一个或几个格式字符,用来确定输出内容格式。C中格式字符串的一般形式为:%[标志][输出最小宽度][.精度][长度]类型,其中方括号[]中的项为可选项。各项的意义介绍如下。

1)类型

类型字符用来表示输出数据的类型,其格式符和意义如表 3-5 所示,其中的输出结果为 Visual C++6.0 中的输出结果。

表 3-5　常用的格式字符及意义

格式字符	格式字符意义	举　　例	输出结果
c	输出单个字符	char ch = 'a'; printf("%c",ch);	a
d	以十进制形式输出带符号整数(正数不输出符号)	int a=10; printf("%d",a);	10
f	以小数形式输出单、双精度实数	float a=123456.78f; printf("%f",a);	123456.781250
e	以指数形式输出单、双精度实数	double a=123456.78; printf("%e",a);	1.234568e+005
E	以指数形式输出单、双精度实数	double a=123456.78; printf("%e",a);	1.234568E+005
o	以八进制形式输出无符号整数	int a=10;　printf("%o",a);	12
x	以十六进制形式输出无符号整数	int a=10;　printf("%x",a);	a
X	以十六进制形式输出无符号整数	int a=10;　printf("%x",a);	A
u	以十进制形式输出无符号整数	printf("%u",-123);	4294967173
s	输出字符串	printf("%s","hello");	hello

2)标志

标志字符有 -、+、♯、空格和 0,共 5 种,其意义如表 3-6 所示。

表 3-6　标志字符及意义

标志字符	标志字符的意义
—	结果左对齐,右边填空格
+	输出符号(正号或负号)
空格	输出值为正时冠以空格,为负时冠以负号
♯	对 c、s、d、u 类无影响;对 o 类,在输出时加前缀 0;对 x 或 X 类,在输出时加前缀 0x 或者 0X;对于所有的实数形式,♯ 保证了即使不跟任何数字,也打印一个小数点字符
0	对于所有的数字格式,用前导 0 填充字段宽度,若出现 — 标志或者指定了精度(对于整数),忽略

3)输出最小宽度

输出最小宽度是用十进制整数来表示输出的最少位数。若实际位数多于定义的输出最小宽度,则按实际位数输出,若实际位数少于定义的宽度则补以空格或 0。特别注意:实型数据的小数点占一位。

4）精度

精度格式符以"."开头，后跟十进制整数。如果输出实数，精度表示小数的位数；如果输出的是字符，精度表示输出字符的个数；若实际位数大于所定义的精度数，则截去超过的部分。

5）长度

长度格式符常用的有 h 和 l/L 两种。

h 和整数转换说明符一起使用，表示按短整型输出，例如：%hu,%hx,%hd。

l/L 和整数转换说明符一起使用，表示按长整型输出 long int 类型的数值，例如：%ld,%8lu。

【实例 3-15】 printf()函数。

```
#include <stdio.h>
void main()
{
    int a = 123;
    float b = 123.456789f;
    double c = 123.456789;
    char d = 'A';
    printf("a = % d, % 5d\n",a,a + 1);
    printf("b = % f, % lf, % 6.4f\n",b,b,b);
    printf("c = % lf, % f, % 6.4lf\n",c,c,c);
    printf("d = % c, % 8c\n",d,d);
    printf(" % .4s\n","this is my test!");
    printf(" % 8.4s\n","this is my test!");
}
```

程序运行结果如图 3-17 所示。

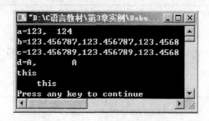

图 3-17 printf()函数输出格式

程序分析：

(1) 语句 printf("a＝%d,%5d\n",a,a+1);中的"a＝"和","为可打印字符，所以按原样输出。输出时在"%d"位置输出变量 a 的值，"%5d"位置输出表达式 a＋1 的值。其中"\n"为转义字符，输出时产生换行的效果。

(2) 在 printf()函数中，符号 l 对 f 类型无影响，所以%f 和%lf 格式的输出相同。

(3) 输出 float 实数 b 时，%6.4f 指定输出最小宽度为 6，精度为 4，由于实际长度超过 6 所以整数部分应该按实际位数输出，小数位数超过 4 位部分被截去。

(4) 输出字符量 d 时，%8c 指定输出最小宽度为 8，所以在输出字符 p 之前补加 7 个空格。

(5) 输出字符串"this is my test!"时,精度.4表示只输出串中的前4个字符。格式串"%8.4s\n"指定输出最小宽度为8,超过了精度4,所以在输出时补加8-4=4个空格。

小提示: 使用printf()函数时还要注意输出表项中的求值顺序。不同的编译系统不一定相同,可能从左到右,也可能右到左。Visual C++6.0是按从右到左进行求值的。

【**实例3-16**】 printf()函数输出表项中的求值顺序。

```
# include < stdio. h >
void main()
{
    int i = 8;
    printf(" % d\n % d\n",++i, -- i);
}
```

程序运行结果如图3-18所示。

图3-18　printf()函数求值顺序

2. 标准输入函数 scanf()

scanf()函数是格式化输入函数,它从标准输入设备(键盘)读取输入的信息。一般格式为:

scanf("格式化字符串",地址表);

其中的地址表项给出各变量的地址,如有多个,中间用逗号隔开。

其中的格式化字符串由三类字符构成:格式化说明符、空白字符和非空白字符。

1) 格式化说明符

格式化说明符的一般形式为:

% [*][输入数据宽度][长度]类型

各项的意义如下:

(1) 类型。常见的类型格式化说明符如表3-7所示。

表3-7　常见的类型格式化说明符

格式化说明符	格式字符说明
%c	读入一个字符
%d	读入一个十进制整数
%o	读入一个八进制整数
%x 或 %X	读入一个十六进制整数
%s	读入一个字符串(把空格也作为输入结束的标志)
%f	读入一个实数

格式化说明符	格式字符说明
%e 或 %E	读入一个实数
%u	读入一个无符号十进制整数
%%	读 % 符号

（2）格式化字符串中的其他项说明如表 3-8 所示。

表 3-8　其他项说明表

修 饰 符	说　　明
长度	L/l：输入"长"数据；h：输入"短"数据
输入数据宽度	整型常数，指定输入数据所占宽度
*	空读一个输入数据或忽略一个输入数据

2）空白字符

空白字符会使 scanf()函数在读操作中略去输入中的一个或多个空白字符，输入的空白字符可以是 Tab、空格和回车符等，直到第一个非空白符出现为止。

3）非空白字符

一个非空白字符会使 scanf()函数在读入时剔除掉与这个非空白字符相同的字符。

【实例 3-17】 scanf()函数。

```c
#include <stdio.h>
void main()
{
    int a,b,c;
    scanf("%d%d%d",&a,&b,&c);
    printf("%d, %d, %d\n",a,b,c);
}
```

程序分析：

（1）&a、&b、&c 中的 & 是取地址运算符，分别获得这三个变量的内存地址。scanf()函数中的变量前的取地址运算符不可省略。

（2）"%d%d%d"的含义是输入三个数值都需是十进值整型的格式。输入时，在两个数据之间可以用一个或多个空格、Tab 键、回车键分隔，不可以用逗号和其他非空白字符分隔。例如：

① 如图 3-19(a)所示，程序运行时输入 3□4□5 ↙（本节约定用"□"来表示空格符，用"↙"表示回车符）时，三个变量可以得到正确的值。

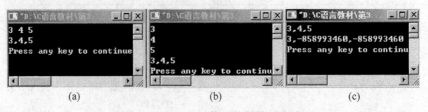

图 3-19　scanf()函数的数据输入方式 1

② 如图 3-19(b)所示,程序运行时输入 3↙ 4↙ 5↙时,三个变量可以得到正确的值。

③ 如图 3-19(c)所示,程序运行时输入 3,4,5↙时,后两个变量没能得到正确的值。

scanf()的格式控制串可以使用其他非空白字符,但在输入时必须输入这些字符。

【实例 3-18】 把实例 3-17 的代码稍作改动,变成:

```
# include < stdio. h >
void main()
{
    int a,b,c;
    scanf(" % d, % d, % d",&a,&b,&c);
    printf(" % d, % d, % d\n",a,b,c);
}
```

如图 3-20(a)所示,程序运行时输入 3,4,5↙时,三个变量可以得到正确的值。

需要注意:输入时","一定要跟在数字后面。如图 3-20(b)所示,程序运行时输入
3,□4,□5↙时,三个变量可以得到正确的值。如图 3-20(c)所示,程序运行时输入 3□,
4□,5↙时,后两个变量没能得到正确的值。

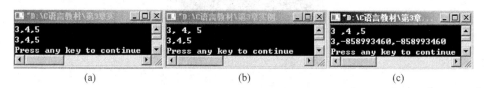

图 3-20 scanf()函数的数据输入方式 2

思考:如果把语句 scanf("%d,%d,%d",&a,&b,&c);改为语句 scanf("a=%d,
b=%d,c=%d ",&a,&b,&c);,程序运行时要如何输入呢?

小提示:

用 scanf()函数为 double 类型的变量输入值时不能用"%f",而需用"%lf"或"%Lf";但
在用 printf()函数输出一个 double 类型的表达式时,既可以用"%f",也可以用"%lf"或
"%Lf"。

在 scanf()函数中用"%c"为字符类型的变量输入值时,空格和转义字符均作为有效字
符。例如:执行语句 scanf("%c%c%c",&c1,&c2,&c3);时输入:a□b□c↙,则 c1 得到
字符'a',c2 得到字符'□',c3 得到字符'b'。其余的输入被丢弃。

3.6.2 字符输入输出函数

虽然使用 printf()和 scanf()函数可以实现单个字符的输出和输入,但 C 还提供了专门
的单个字符输出和输入的函数 putchar()和 getchar()函数(准确地说,它们是在 stdio. h 中
定义的宏)。

1. 字符输出函数 putchar()

putchar()的功能是输出单个字符到屏幕上。一般形式为:

putchar(c);

其中,参数 c 可以是字符型的常量、变量和表达式,但不能是字符串;c 也可以是整型常

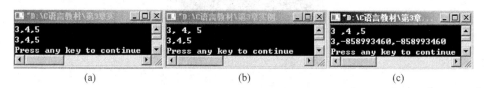

第3章

数据类型和表达式

量、变量和表达式，但其值被作为 ASCII 值，输出 ASCII 值所对应的字符。

【实例 3-19】 putchar 函数的格式和使用方法。

```c
# include < stdio.h >
void main()
{
    char ch = 'a';
    putchar(ch);
    putchar(98);
    putchar('\n');
    putchar(ch + 2);
    putchar('d');
    putchar('\n');
}
```

程序运行结果如图 3-21 所示。

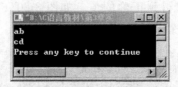

图 3-21　实例 3-19 运行结果

2. 字符输入函数 getchar()

getchar() 的作用是从键盘读取一个字符，没有参数，函数的值就是从输入设备中得到的字符。

执行语句 getchar(); 时，系统等待用户的输入，直到按回车键结束。如果用户输入了多个字符，则 getchar() 只取第一个字符，多余的字符（包括回车符）存放到键盘缓冲区中，如果再一次执行 getchar()，则程序就直接从键盘缓冲区读入。

【实例 3-20】 getchar() 函数的格式和使用方法。

```c
# include < stdio.h >
void main()
{
    char ch1,ch2;
    printf("ch1 = ");
    ch1 = getchar();
    getchar();
    printf("ch2 = ");
    ch2 = getchar();
    printf("\nch1 = ");
    putchar(ch1);
    printf("\nch2 = ");
    putchar(ch2);
    putchar('\n');
}
```

如图 3-22 所示，运行程序时输入 q↙ w↙。ch1 和 ch2 分别得到 'q' 和 'w'。

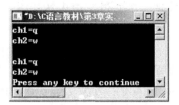

图 3-22　实例 3-20 运行结果

思考：如果在本程序中去掉语句 getchar();,ch1 和 ch2 分别得到什么字符？

3.7　语　句　类　型

程序(或函数)的基本组成是语句。语句一般有输入、输出、赋值或控制等功能,通过对语句的组织,可以编写完成不同数据处理功能的程序(或函数)。因此语句是程序设计语言的基础。

3.7.1　说明性语句

说明性语句也叫注释,它是供编程人员阅读的,与程序的运行没有任何关系。注释的格式为"/ * …… * /",注释语句可以出现在程序的任意位置,在很多编译环境下也可以用"//……"注释,但它只能出现在语句的行尾或独立为一行。例如:

【实例 3-21】　说明性语句示例。

```
/ **************
作者:计算机学习第 1 小组
版本:1.0
程序功能:数组排序
所用算法:冒泡
************** /
# include<stdio.h>
void main()
{
    ⋮
}
```

3.7.2　表达式语句

表达式语句由表达式加上分号";"组成。其一般形式为:

表达式;

执行表达式语句就是计算表达式的值。例如:

(1) x1=(−b+sqrt(b * b−4 * a * c))/(2 * a);　/ * 赋值语句 * /

(2) a+b;　/ * 加法运算语句,但计算结果没有赋值给任何变量,无实际意义 * /

(3) i++;　/ * 自增 1 语句,变量 i 的值增加 1 * /

数据类型和表达式

程序中对操作对象的运算处理大多通过赋值表达式语句(简称赋值语句)来实现。

3.7.3 控 制 语 句

控制语句用于控制程序的流程,以实现程序的各种结构方式。它们由特定的语句关键字组成。C语言有9种控制语句,具体使用方法见第4章。控制语句可分成以下三类。

(1) 条件判断语句: if 语句和 switch 语句。

(2) 循环执行语句: do while 语句、while 语句和 for 语句。

(3) 转向语句: break 语句、goto 语句、continue 语句和 return 语句。

3.7.4 复 合 语 句

把多个语句用括号{}括起来组成的一个语句称为复合语句。

在程序中应把复合语句看成是单条语句,而不是多条语句。例如:

```
{
  x = y + z;
  a = b + c;
  printf("x = % d,a = % d", x, a);
}
```

是一条复合语句,而不是三条语句。复合语句内的各条语句都必须以分号";"结尾,在括号"}"外不需再加分号。

3.7.5 空 语 句

只有分号";"而没有表达式的特殊语句称为空语句。空语句是什么也不执行的语句。对于空语句的应用举例如下。

(1) 有时需要纯粹消耗 CPU 时间,起到延时的作用,可以设计一个循环体为空语句的循环。例如:

```
for(i = 1;i < 1000;i++)
    {
        ;
    }
```

(2) 为了程序的结构清楚,可读性好,或为了方便自动测试,对于一些不完备的分支,可以用空语句补全。例如:

```
if(a!= 0)
    s += a;
else
    ;
```

(3) 为了以后扩充新功能方便而定义的函数的函数体部分可以暂时只用一个空语句代替。

3.7.6 函数调用语句

函数调用语句由函数名、实际参数加上分号";"组成。其一般形式为:

函数名(实际参数表);

函数调用语句的功能就是执行一次函数调用。例如：综合案例中的 showMenu();语句是对无参函数 showMenu()的一次调用,其作用是显示系统运行主界面。

printf("hello! ");语句的作用是调用 printf()函数,在屏幕上显示实参字符串"hello! "。

有参函数的调用原理会在函数一章中做出详细讲解。

3.8 应 用 实 例

在前面章节中,介绍了 C 语言的基本字符、标识符、运算符、数据类型转换、表达式、语句及常用的输入输出函数,本节详细分析一个简单实例,目的不仅是复习这些零碎的内容,也通过它来体味如何解决实际问题。

【实例 3-22】 编程求两个实数中的较大数。

思路分析:

(1) 选取数据类型——所要处理的数据的数据类型为实型,可以选择 float,也可以选择 double,它们表达的数据范围和精确度不同。假设要比较这两个实数不是太大,小数位数也不是太多,这两种类型都没问题。在此,选取 double。

(2) 确定变量个数——保存两个实数需要两个变量,为较大数也可以安排一个变量,这样共需三个实型变量。

(3) 命名变量——变量的名字属于 C 语言的标识符,为变量命名必须按照标识符的命名规则,不能出现非法的变量名。在此,为三个实型变量分别命名为 realnum1、realnum1 和 realmax。

(4) 定义变量——用变量定义语句。例如：double realnum1,realnum2,realmax;。

(5) 输入要处理的数据——调用 scanf()函数输入要比较的两个实数。比如：scanf("%lf,%lf",&realnum1,&realnum2);。注意：接收从键盘上为 double 型变量输入的数据时需要的格式符是%lf,不是%f。

(6) 处理输入数据——根据输入的两个实数的大小求出较大的实数,把较大实数赋值给 realmax。在此,可以用一条带有条件表达式的赋值语句：realmax = realnum1＞realnum2? realnum1:realnum2;。

(7) 输出结果——调用 printf()函数输出结果。比如：printf("the max realnum of %lf and %lf is %lf \n",realnum1,realnum2,realmax);。这里用%lf 与%f 的显示效果是相同的。

程序示例:

```c
# include < stdio. h >
void main()
{
    double realnum1,realnum2,realmax;
    scanf("%lf,%lf",&realnum1,&realnum2);
    realmax = realnum1 > realnum2?realnum1:realnum2;
    printf("the max realnum of %lf and %lf is %lf \n",realnum1,realnum2,realmax);
}
```

当然,输入输出可以有多种形式,本程序只列出其中一种而已。

(1) 一般情况下,会在调用 scanf()函数前加上一条输入数据的提示。比如该程序中可以在语句 scanf("%lf,%lf",&realnum1,&realnum2);前加上一句 printf("please input realnum1 and realnum2);。

(2) 为方便输入,也可以把 scanf("%lf,%lf",&realnum1,&realnum2);改成以下 4 条语句:

```
printf("realnum1 = ");
scanf("%lf", &realnum1);
printf("realnum2 = ");
scanf("%lf", &realnum2);
```

思考:求一个三角形的周长时,需要定义什么类型的变量? 共需几个变量? 从键盘输入什么? 从屏幕输出什么? 试着编写程序。

习　　题

1. 填空题

(1) C 语言的标识符只能由字母、_____ 和_____组成。

(2) C 语言的关键字规定全部由_____字母组成。

(3) C 语言的转义字符是由_____符号开始的单个字符或者若干个字符组成的。

(4) C 语言的自定义标识符是由_____或_____开头的字母,数字,下划线组成的一串符号。ANSI C 规定标识符的长度是小于等于_____个字符。

(5) char w;int x;float y;则表达式 w * x+z−3.14 的结果类型是_____。

(6) 设 m 是三位的正整数,百位、十位、个位上的数字可分别表示为_____、_____和_____。

(7) 今天是星期五,100 天后是星期_____。

(8) sin17°的 C 语言表达式为_____。(注:使用函数 sin(x)可以求出弧度值为 x 的正弦值。)

(9) C 语言的语句主要分为_____语句、_____语句、_____语句、_____语句、_____语句、_____语句等。

(10) $\left|\dfrac{a+bc}{abc}\right|$ 的 C 语言表达式为_____。(注:使用 fabs(x)可以求出 x 的绝对值。)

(11) $\sqrt{s(s-a)(s-b)(s-c)}$ 的 C 语言表达式为_____。(注:使用 sqrt(x)可以求出 x 的算术平方根。)

2. 以下哪个是合法的八进制整数?

081　80　0x100　0Xff　0101　1010

3. 以下哪些是合法的十六进制整数?

0x77　0XABC　0Xacd　　0x001　oX34　　oxfff　　0XeffA　0101

4. 以下哪些是合法常量?

1.234e04　1.234e0.4　1.234e+4　1.234e0　e-7　.4E0　1.8E　3.E4.　0.E1

.0E0 '\0' '\010' '\88' '\101' 2L 1.2e-0 '\xxx' '\x01' '\xab' '\Xabc'

5. 以下哪些是合法的变量名？

ab count% for 3a num& for_me

6. 阅读以下程序，分析输出结果。

```
#include <stdio.h>
void main()
{
    printf("%d\t%d\t%d\n",'a','a'+1,'b');
    printf("%c\t%c\t%c\n",'a','a'+1,'b');
}
```

7. 阅读以下程序，分析程序的功能。

```
#include <stdio.h>
void main()
{
    int a,b,c,*p=0;
    printf("a=");
    scanf("%d",&a);
    printf("b=");
    scanf("%d",&b);
    printf("c=");
    scanf("%d",&c);
    p=a>b?&a:&b;
    p=*p>c?p:&c;
    printf("*p=%d\n",*p);
}
```

8. 编写一个求两个整数中的最小数的程序。

9. 不用指针，编写一个求三个实数中的最小数的程序。

10. 编写一个程序，测试 printf()函数中格式化字符串中各项的作用。

数据类型和表达式

第4章　程序控制结构

主要知识点：

◆ 顺序结构

◆ 选择结构

◆ 分值环结构

◆ break 和 continue 语句

程序是若干语句的集合，依照程序中语句的执行顺序不同，构成三种基本控制结构。最简单的程序控制结构是顺序结构，其特征是自上而下顺序执行每一条语句；第二种程序控制结构是选择结构，其特征是根据某种条件是否成立，选择执行不同的语句；第三种程序控制结构是循环结构，其特征是根据条件（循环条件），决定是否重复执行一些语句（循环体）。本章主要介绍三种程序控制结构及其综合应用。

4.1　顺　序　结　构

所谓顺序结构，就是程序按照语句出现的先后顺序一条一条地执行，每条语句只执行一遍，且仅有一遍。顺序结构的流程如图 4-1 所示，这种结构的特点是：程序从 main() 后面的"{"开始，执行完一条语句后，再接着执行下一条语句，直到所有的语句执行完毕，然后程序从 main() {对应的"}"结束。但需注意的是，不论多么复杂的程序，尽管程序的局部可能为其他的结构（如分支结构或循环结构），但程序的总流程一定是顺序结构。图 4-1 流程中的开始和结束，对于每一个流程图都应该有，因此本章中的流程图都将它们省略。

【实例 4-1】 从键盘输入圆的半径 r，计算其面积和周长后分别输出。

分析：

题意主要是根据半径 r 求圆的面积和周长，可以分别使用公式 $s = \pi \times r^2$ 和 $c = 2 \times \pi \times r$ 计算。其中π的值在运算过程中固定不变，因此可作为常量。半径 r 根据输入的值不同，可定义为浮点型变量，通过公式计算圆的面积和周长，也是浮点型变量，最后将 s 和 c 输出，其流程如图 4-2 所示。

```
/* 实例 4-1 */
# include < stdio.h >
# define PI 3.1415926
void main()
{
  //step 1: 定义需要的常量和变量
  float r, s,c;
```

```
//step 2: 输入半径 r
printf("请输入半径 r:");
scanf("%f", &r);

//step 3: 计算面积和周长
s = PI * r * r;
c = 2 * PI * r;

//step 4: 输出面积 s 和周长 c
printf("\n半径 r = %.2f 的圆的面积为 s = %.2f, 圆的周长为 c = %.2f\n", r, s, c);
}
请输入半径 r:3.00✓
```

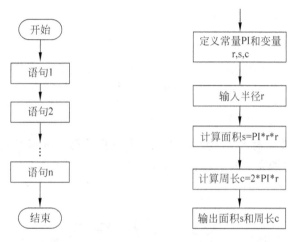

图 4-1 顺序结构流程   图 4-2 求圆面积周长流程

程序运行结果如图 4-3 所示。

图 4-3 求圆面积周长运行结果

思考:

(1) 能否将 step 2 和 step 3 两个步骤的顺序进行交换?

(2) 上述 4 个步骤,有没有颠倒顺序后,又符合题目要求的步骤?

总结:

顺序结构的最大特征是自上而下顺序地执行每一条语句,语句的顺序颠倒后可能出现错误,也可能出现其他的运行结果。因而,程序设计中不可随意调换语句的先后顺序,这是因为语句的执行顺序改变后,程序的语义可能发生改变,从而造成程序的执行错误。

程序控制结构

扩展：

在第 3 章中，我们已经知道了指针，用指针实现的代码如下（写法不止一种），供读者参考。

```c
#include <stdio.h>
#define PI 3.1415926
void main()
{
    //step 1: 定义需要的常量和变量
    float r, S, C;
    float *pr = &r, *pS = &S, *pC = &C;
    //step 2: 输入半径 r
    printf("请输入半径 r:");
    scanf("%f", pr);
    //step 3: 计算面积和周长
    *pS = PI * (*pr) * (*pr);
    *pC = 2 * PI * (*pr);
    //step 4: 输出面积 S 和周长 C
    printf("\n半径 r=%.2f 的圆的面积为 S=%.2f, 圆的周长为 C=%.2f\n", *pr, *pS, *pC);
}
```

【练习 4-1】 从键盘输入两个整数，然后计算这两个数的和以及乘积，最后输出结果

例如，请输入两个整数：6,8 将输出结果

6+8 = 14   6*8 = 54。

4.2 选 择 结 构

顺序结构只能进行简单的程序设计，很多情况下不容易实现我们的任务，比如求出多个数中的最大值。要想更多的让程序为我们服务，还得进一步学习选择结构。选择结构又称为分支结构，它是程序的基本控制结构之一。其作用是根据给定的条件来决定做什么样的操作（实现相应的分支），它在程序设计中被广泛运用。在 C 语言中，它可以分为单分支结构、双分支结构和多分支结构。C 语言分别为这三种结构提供了相应的语句。

4.2.1 if 语句

1. 单分支选择语句

单分支结构是判断给定的条件是否满足，决定是否执行指定的操作。语句格式如下：

if (表达式)
　语句

功能：计算表达式的值，如果表达式的值为真，执行后面的语句，否则不执行。流程如图 4-4 所示。例如：

if (a>b)

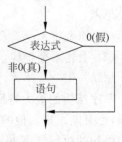

图 4-4　单分支结构流程

```
                printf("a = %d 比 b = %d 大. \n", a, b);
```

说明：

（1）在 if 语句中，if 关键字之后都为表达式。该表达式通常为逻辑表达式或关系表达式，但也可以是其他表达式，如赋值表达式。甚至可以是一个变量。

例如：if (b==c && y==z) printf("b=c, y=z");

```
if(a=5) 语句
if(b) 语句
if(a=b)
    printf("%d",a);
```

都是正确的。只要表达式的值为真（表达式非 0 为逻辑真，0 为逻辑假），其后的语句总是要执行的。

（2）其中的语句只能是一条语句。如果是多条语句，必须用"{ }"括起来形成一条复合语句。

例如：

```
if (a+b>c && b+c>a && c+a>b)
{
    s = 0.5 * (a+b+c);
    area = sqrt( s * (s-a) * (s-b) * (s-c) );
    printf("area = %6.2f", area);
}
```

【实例 4-2】 使用 if 分支结构编写程序，输入两个整数，输出其中的较大数。

分析：

首先输入两个整数型数据，分别赋予变量 a 和 b；再将 a 的值赋予变量 max，然后使用 if 语句判断 max 和 b 的关系，如果 b 较大，则将 b 赋予 max。因此，max 中总是保持一个较大的数。流程如图 4-5 所示。

```
/* 实例 4-2 */
#include <stdio.h>
void main(){
    int a, b, max;
    printf("请输入两个整数: ");
    scanf("%d, %d", &a, &b);                //输入两个整数
    max = a;                                //默认较大值为 a
    if (a<b)                                //如果 max 小于 b, 则将 b 赋予 max
        max = b;
    printf("在 %d 与 %d 中,max = %d.\n", a, b, max);
}
```

程序运行结果如图 4-6 所示。

扩展：

用指针实现的代码如下。

```
#include <stdio.h>
void main()
{
```

```
int a, b, max;
int * pa = &a, * pb = &b, * pmax = &max;
printf("请输入两个不同的整数：");
scanf("%d, %d",pa,pb);                    //输入两个整数
* pmax = * pa;                            //默认较大值为 a
if (* pa < * pb)                          //如果 max 小于 b, 则将 b 赋予 max
   * pmax = * pb;
printf("在%d 与%d 中,max = %d.\n", * pa, * pb, * pmax);
}
```

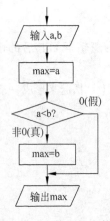

图 4-5　求两个数中较大数流程

图 4-6　求两个数中较大数运行结果

【练习 4-2】　输入三个实数,分别存放在变量 x、y、z 中,然后输出这三个数中的最大数。

分析：

定义变量 max 存放最大数,假设第一个最大,然后与第二个数比较,求出前两个数中的最大值,存放在 max 中,再将 max 与第三个数做比较,即可求出最大值。请用非指针和指针方式分别实现。

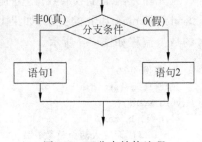

图 4-7　双分支结构流程

2. 双分支结构语句

根据给定的条件,从语句 1 和语句 2 中选择其一执行,即双分支结构,其流程如图 4-7 所示。

语句格式如下：

```
if(表达式)
   语句 1
else
   语句 2
```

功能：如果表达式的值为逻辑真,则执行语句 1,否则执行语句 2。

例如：

```
if (a > b)
   printf("max = %d\n", a);
else
   printf("max = %d\n", b);
```

说明：

（1）在双分支结构中，else 必须与 if 配对使用，构成 if-else 语句，实现双分支选择。如果没有 else，即成为单分支结构。

（2）同单分支结构一样，语句 1 和语句 2 都只能是一条语句，如果是多条语句，必须用"{ }"括起来形成一条复合语句。甚至可以是一个控制结构，此时称为嵌套。

【实例 4-3】 使用 if-else 分支结构编写程序，输入两个整数，输出其中的较大数。

```
/ * 实例 4-3 * /
# include < stdio. h >
void main()
{
  int a, b, max;
  printf("请输入两个整数：");
  scanf("% d, % d", &a, &b);              //输入两个整数
  if (a<b)                               //如果 a 小于 b, 则将 b 赋予 max
    max = b;
  else                                   //否则, 将 a 赋予 max
    max = a;
  printf("在 % d 与 % d 中, max = % d.\n", a, b, max);
}
```

程序运行结果如图 4-8 所示。

图 4-8　求两个数中较大数运行结果

【实例 4-4】 使用 if-else 分支结构编写程序，输入三个整数，输出其中的最大数。

分析：

如图 4-9 所示，定义三个整型变量 a、b 和 c，分别用来存储键盘输入的三个整数，首先比较 a 和 b，若 a 大，则将 a 赋值给最大值变量 max，否则将 b 赋值给 max，这样 max 就获得了 a 和 b 中的较大的数值；再将 max 与 c 比较，若 c 大，则将 c 赋给 max。此时，max 的值即为 a、b 和 c 中的最大的值。

```
/ * 实例 4-4 * /
# include < stdio. h >
void main()
{
  int a, b, c, max;
  printf("请输入三个不同的整数：");
  scanf("% d, % d, % d", &a, &b, &c);
  if (a>b)                               //如果 a 大于 b, 则将 a 赋予 max
    max = a;
  else
    max = b;
```

第
4
章

程序控制结构

```
//a,b中较大者max与c再比较大小
if (c>max)
    max = c;
//输出结果
printf("%d, %d, %d中,最大值max=%d.\n", a, b, c, max);
}
```

程序运行结果如图 4-10 所示。

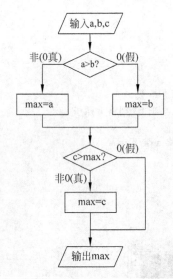

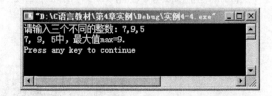

图 4-9 求三个数中最大数流程　　　　　图 4-10 求三个数中最大数运行结果

【练习 4-3】 输入一个整数,判断并输出它是偶数还是奇数。

思考:这道题 if 后面圆括号内是不是有多种写法?

【练习 4-4】 儿童乘坐公交车,如果低于 1.2m,则不用购票,如果身高超过了 1.5m,则应按成人投 1 元,处于 1.2~1.5m 之间的投 0.5 元。现在输入某人身高,输出应投的金额。

3. 多分支选择语句

多分支选择 if 语句根据多个条件(两个或两个以上)来选择语句执行,它用于三个及以上的分支结构程序当中。其流程如图 4-11 所示。

语句格式如下:

```
if (表达式 1)
    语句 1
else if (表达式 2)
    语句 2
else if (表达式 3)
    语句 3
…
else if (表达式 n)
    语句 n
[else
    语句 n+1]
```

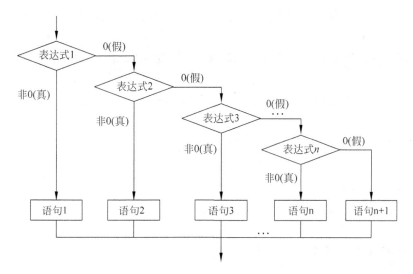

图 4-11　多分支选择结构流程

功能：首先判断表达式 1 的条件是否成立，如成立就执行语句 1，否则判断表达式 2 条件是否成立，若成立就执行语句 2……以此类推，若 n 个表达式的条件不成立，就执行语句 n＋1，然后退出多分支选择语句。

例如：在实现这个多分支函数时，$cost = \begin{cases} 0.05, & num > 800 \\ 0.075, & num > 500 \text{ 并且 } num \leqslant 800 \\ 0.10, & num > 300 \text{ 并且 } num \leqslant 500 \\ 0.15, & num \leqslant 300 \end{cases}$ ，可以用如下

代码段实现。

```
if (num > 800)
    cost = 0.05;
else if (num > 500)
    cost = 0.075;
else if (num > 300)
    cost = 0.10;
else
    cost = 0.15;
```

说明：

（1）语句 1，语句 2，…语句 n＋1 都只能是一条语句，如果是多条语句，必须用"{ }"括起来形成一条复合语句。

（2）[else 语句 n＋1]为可选项。

【实例 4-5】　从键盘输入一个字符，判断其是数字、大写字母，还是小写字母，并对结果进行输出说明。

分析：

根据输入的字符，逐步判断字符所在的范围，设计步骤如下。

（1）先输入一个字符变量 c；

（2）判断 c 是否是在'0'～'9'的字符，如果是，输出"c 是数字字符"，结束，否则转下一步；

（3）判断 c 是否是在'A'～'Z'的字符，如果是，输出"c 是大写字母"，结束，否则转下一步；

（4）判断 c 是否是在'a'～'z'的字符，如果是，输出"c 是小写字母"，结束，否则转下一步；

（5）输出 c 是否是一个其他字符，结束。

```c
/*实例 4-5*/
#include<stdio.h>
void main()
{
    char c;
    printf("请输入一个字符: ");
    c = getchar();
    if (c>='0' && c<='9')
        printf("这是一个数字字符。\n");
    else if (c>='A' && c<='Z')
        printf("这是一个大写字母。\n");
    else if (c>='a' && c<='z')
        printf("这是一个小写字母。\n");
    else
        printf("这是一个其他字符。\n");
}
```

程序运行结果如图 4-12 所示。

图 4-12　判断输入字符运行结果

4.2.2　switch 语句

尽管 if 语句可以实现多路分支结构，例如，学生成绩分类、人口统计分类、工资统计分类、银行存款分类等。然而如果分支较多，程序冗长而且可读性降低。C 语言提供了实现多路选择的另一个语句 switch 语句，也称为开关语句。它将一个指定的变量逐个地与整型量或字符常数进行比较。当发现匹配对时，就执行这条语句或语句段。

开关语句 switch 的一般格式如下：

```c
switch (表达式)
{
    case 常量表达式 1: 语句 1;
    case 常量表达式 2: 语句 2;
    case 常量表达式 3: 语句 3;
```

```
          ⋮
    case 常量表达式 n: 语句 n;
    default:        语句 n + 1;
}
```

功能：

先计算表达式的值，然后逐个与 case 中常量表达式的值比较，不相等时，继续对下一个 case 语句进行比较判断。一旦相等（即匹配成功），不再执行比较，执行后面所有 case 后的语句，直到有 break 终止该结构。若表达式的值与所有 case 中的表达式的值均不相等时，执行 default 后面的语句。

例如：根据考试成绩的等级打印出百分制分数段的程序如下，其中 grade 为字符型变量。

```
switch (grade)
{
    case 'A':
        printf("90~100\n"); break;
    case 'B':
        printf("80~89\n"); break;
    case 'C':
        printf("70~79\n"); break;
    case 'D':
        printf("60~69\n"); break;
    default:
        printf("<60\n"); break;
}
```

说明：

（1）switch 后面括号中的表达式和 case 后的常量表达式，必须是整型表达式或字符型表达式。

（2）当 switch 圆括号表达式中的值与任何一个 case 都不匹配时，则执行 default 语句。default 是可选项，如果没有 default，程序找不到匹配的 case 分支时，将在 switch 语句范围内什么都不做，直接退出 switch 语句。

（3）break 是中断跳转语句，表示在完成相应的 case 分支规定的操作之后，不继续执行 switch 语句的剩余部分而直接跳到 switch 语句之外，继而执行 switch 结构后面的第一条语句。

【实例 4-6】 测试 switch 语句。

```
/ * 实例 4-6 * /
# include < stdio. h>
void main() {
    int x;
    printf("请输入整数(1~7): ");
    scanf(" % d", &x);
    switch(x) {
        case 1: printf("Monday\n");
```

程序控制结构

```
        case 2: printf("Tuesday\n");
        case 3: printf("Wednesday\n");
        case 4: printf("Thursday\n");
        case 5: printf("Friday\n");
        case 6: printf("Saturday\n");
        case 7: printf("Sunday\n");
        default: printf("You are wrong!\n");
    }
}
```

键盘输入：3↙,运行结果如图 4-13 所示。

图 4-13   测试 switch 语句运行结果

出现这种结果的原因在于根据 switch 括号中的表达式的值匹配到 case 分支后,没有使用 break 语句跳出对应的分支,继续执行直到 switch 语句结束。

(4) default 语句中的 break 语句可以省略,default 子句也可以省略。

(5) 利用 switch 语句和 break 语句的特点,可以实现多个 case 分支共用一组执行语句。例如：i 为整型变量。

```
switch (i) {
    case 1:
    case 2:
    case 3: 语句 1; break;
    case 4:
    case 5: 语句 2; break;
}
```

那么,当 i 值为 1,2,3 时共用语句 1,当 i 值为 4,5 时,共用语句 2。

【实例 4-7】   编写一个简单的计算器,完成两个整数的四则运算(＋、－、＊、/),其中数与运算符从键盘输入。

分析：

此题需要定义两个整型变量,存储四则运算的两个数,再定义一个字符型变量,存放四则运算的符号。使用 switch 语句来执行不同的运算。

```
/* 实例 4-7 */
#include <stdio.h>
void main()
{
```

```
    int a, b;
    char operator;
    printf("\n 请输入操作数 1,运算符,操作数 2: \n");
    scanf(" % d % c % d", &a, &operator, &b);
    switch (operator) {
        case ' + ':
            printf("\n % d + % d = % d\n", a, b, a + b);
            break;
        case ' - ':
            printf("\n % d - % d = % d\n", a, b, a - b);
            break;
        case ' * ':
            printf("\n % d × % d = % d\n", a, b, a * b);
            break;
        case '/':
            if (b == 0) printf("除数为零错误\n");
            else printf("\n % d / % d = % f \n", a, b, (float)a/b);
            break;
        default:
            printf("\n 运算符错误!");
    }
}
```

程序运行结果如图 4-14 所示。

图 4-14　计算器运行结果

【实例 4-8】　根据用户输入的月份,输出该月份的天数。

分析:

声明月份变量为 month,switch 语句可以根据 month 的值产生相应的 case 语句。

```
/ * 实例 4-8 * /
# include < stdio. h>
void main() {
    int month;
    printf("\n 请输入月份数: ");
    scanf(" % d", &month);
    switch (month) { //switch 语句开始
        case 4:
        case 6:
        case 9:
        case 11:
```

```
        printf("\n 最大天数为 30. \n"); break;
    case 1:
    case 3:
    case 5:
    case 7:
    case 8:
    case 10:
    case 12:
        printf("\n 最大天数为 31. \n"); break;
    case 2:
        printf("\n 最大天数为 28 或 29. \n"); break;
    default:
        printf("\n 错误输入\n");
    } //switch 语句结束
}
```

程序运行结果如图 4-15 所示。

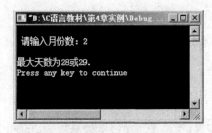

图 4-15 每月天数运行结果

思考：

如果输入年份和月份,输出该年该月有多少天,应怎样修改程序? 请实现。

【实例 4-9】 输入一个学生的百分制成绩,然后给出相应的等级。大于等于 90 分为 A,大于等于 80 分且小于 90 分为 B,大于等于 70 分且小于 80 分为 C,大于等于 60 分且小于 70 分为 D,小于 60 分为 E。

分析：成绩是个整数,将它缩小 10 倍,便可得到相应的分支。

```
/ * 实例 4-9 * /
# include < stdio. h >
void main()
{
    int mark,comment;
    printf("please input one number:");
    scanf(" % d",&mark);
    comment = mark/10;
    switch(comment)
    {
        case 10:
        case 9:printf("恭喜你你的成绩是 A!\n");break;
        case 8:printf("恭喜你你的成绩是 B!\n");break;
        case 7:printf("恭喜你你的成绩是 C!\n");break;
        case 6:printf("恭喜你你的成绩及格了!D\n");break;
```

```
        case 5:
        case 4:
        case 3:
        case 2:
        case 1:
        case 0:printf("对不起你的成绩没有及格!为 E,请继续努力!~\n");
      }
  }
```

图 4-16 给出了两个成绩的测试,由于篇幅限制,其他成绩读者可自己验证。

图 4-16　成绩等级运行结果(a)

图 4-16　成绩等级运行结果(b)

if 语句和 switch 语句的区别和联系主要体现在如下 3 点。

(1) 多分支 if 语句和 switch 语句都可以用来实现多路分支。

(2) 多分支 if 语句用来实现两路、三路分支比较方便,而 switch 结构实现三路以上分支比较方便。

(3) 在使用 switch 语句时,应注意 switch 语句只能对整型(字符型、枚举型)等进行测试,而且 case 后面必须是常量表达式。

4.2.3　选择结构的嵌套

1. if 语句的嵌套

if 语句的嵌套是指 if 语句中又包含一个或多个 if 语句。嵌套既可以出现在 if 的语句块中,也可以出现在 else 的语句块中。

由于 if 语句中的 else 部分是可选的,应当注意 if 与 else 的配对关系,否则在多重嵌套 if 语句中,最容易出现 if 与 else 的配对错误。C 语言规定:从最内层开始,else 总是与它上面最相邻的 if 配对。如果 if 和 else 的数目不统一,可以加{ }明确配对关系。通常情况下,在书写嵌套格式时采用"向右缩进"的形式,以保证嵌套的层次结构分明,可读性强。

例如,下面的语句序列:

```
if (条件 1)
    if (条件 2)语句 1;
else
```

```
if (条件 3) 语句 2;
else 语句 3;
```

等价于以下语句序列。

```
if (条件 1)
{
    if (条件 2)   语句 1;
    else
    {
        if (条件 3) 语句 2;
        else 语句 3;
    }
}
```

如果编程人员希望第一个 else 与最上面的 if 语句配对，那么正确的写法应是：

```
if (条件 1)
{
    if (条件 2) 语句 1;
}
else
{
    if (条件 3) 语句 2;
    else 语句 3;
}
```

【实例 4-10】 从键盘输入任一年的公元年号，编写程序，判断该年是否是闰年。

分析：

闰年需满足下面的两个条件中的任意一个。①能被 4 整除，但不能被 100 整除；②能被 400 整除。并使用变量 leap 为 1 表示闰年，为 0 表示非闰年。使用 year 表示年号。

```
/ * 实例 4-10 * /
# include < stdio. h >
void main( ) {
    int leap, year;
    printf("请输入公元年号：");
    scanf(" % d", &year);
    if (year % 4 == 0)
    {
        if (year % 100 != 0)
            leap = 1;
          else
            leap = 0;
    }
    else
        leap = 0;

    if (year % 400 == 0) leap = 1;

    if (leap)
```

```
        printf(" % 年是闰年\n", year);
    else
        printf(" % 年不是闰年\n", year);
}
```

程序运行结果如图 4-17 所示。

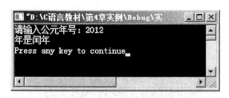

图 4-17   是否闰年运行结果(a)

图 4-17   是否闰年运行结果(b)

思考：这道题可以用其他的 if 语句形式实现吗？

2. switch 语句的嵌套

switch 语句也可以嵌套,嵌入的 switch 语句应当看作一个单独的语句。

【实例 4-11】   从键盘输入两个整数,判断它们是奇数还是偶数。

```
/ * 实例 4-11 * /
# include < stdio. h>
void main() {
    int a, b;
    printf("请输入两个数 a, b:");
    scanf(" % d, % d", &a, &b);
    switch(a % 2) {
      case 0:
        switch (b % 2) {
          case 0:
            printf("a, b 都是偶数.\n");
            break;
          case 1:
            printf("a 是偶数, b 是奇数.\n");
            break;
        }
        break;
      case 1:
        switch (b % 2) {
          case 0:
            printf("a 是奇数, b 是偶数.\n");
            break;
```

```
        case 1:
            printf("a, b都是奇数.\n");
            break;
    }
        break;
    }
}
```

图 4-18 给出了两种运行结果,由于篇幅限制,其余情况请读者自行测试。

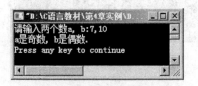

图 4-18　奇偶数运行结果(a)

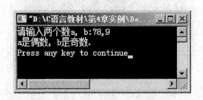

图 4-18　奇偶数运行结果(b)

4.3　循 环 结 构

分支程序的特点是:无论是两分支还是多分支程序,它们中的任何一条语句,最多执行一遍。然而,在实际的问题中,常常需要重复地执行某些操作,比如输入 10 个数,求其中的最大值,在这种情况下,用分支结构固然能够实现,但是写出来的程序可读性差。仔细分析,不难发现,这道题目就是两个数多次比较,比较这个动作是重复执行的,这时就可以利用循环结构的程序设计方法来实现。循环结构是 C 语言程序设计的基本结构之一,也称重复结构,是指程序在执行过程中,其中的某段代码被重复执行多次。再如,计算 $1+2+3+4+\cdots+n$。 n 由用户在程序运行时输入。解决这个问题时,必须使用循环结构,不可能使用顺序结构,因为在程序执行前 n 是未知的。所以不能写出类似于下面的程序:

```
# include < stdio.h>
void main()
{
    printf("%d\n", 1+2+3+4+5+6+7+8+9);
}
```

是否有更好的方法解决上面的这类问题呢? 实际上,仔细观察可以发现,无论求和数据是多少,其运算过程都是累加。即每次运算都是在上一次运算结果的基础上,再加上一个数,且加上的这个数比前一个数大 1。这种累加共进行了 n 次。

因而,上述求和的过程就是根据给定的条件(累加的数小于等于 n),重复执行累加的过程,也就是循环的过程。实现此种循环操作的程序,称为循环程序。在 C 语言中,循环语句包含 while 语句、do-while 语句和 for 语句三种类型。

4.3.1 while 语 句

while 语句的一般格式如下:

while (表达式)
 循环体

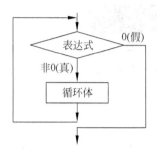

图 4-19 while 语句流程

如图 4-19 所示,while 语句的执行过程如下。

(1) 计算表达式的值,当表达式的值为真时(非 0),执行第(2)步;当表达式的值为假时(值为 0),则转到第(4)步执行。

(2) 执行循环体语句。循环体语句可以是简单的一条语句,也可以是由多条语句组成的复合语句。可以看出,如果第一次循环,表达式即为假,则循环体中的语句将一次都没有被执行。

(3) 跳转到第(1)步继续执行。

(4) 结束循环,执行 while 语句之后的第一条语句。

说明:

(1) while 语句括号中的表达式一般能够结束循环,即表达式的值存在有且仅有一次为假的情况。

(2) while 语句括号中的表达式可以是"永真"表达式,例如:while (1),则每次都可以进行循环体,此种情况在循环体内应具有结束循环的语句,比如 break,否则此种 while 语句为"死循环"。

(3) 循环体只能是一条语句,如果是多条语句,必须用"{ }"括起来形成一条复合语句。

【实例 4-12】 使用 while 循环结构编程求 $1+3+5+\cdots+97+99$ 的值。

分析:

重复的操作是累加,需要定义两个变量:一个求和变量(例如:sum)用于存储累加的和,另一个被累加的变量(例如:i)用于体现每次被累加值的变化——每次 i 的值比上次循环 i 的值多 2。另一方面,分析可以发现循环在 i 达到 99 时终止,因而 while 语句表达式可以为 $i \leqslant 99$。最后,在循环开始之前应给 sum 和 i 分别赋予初值 0 和 1,这是必须的。流程图如图 4-20 所示。

```
/ * 实例 4-12 * /
# include < stdio. h >
void main()
{
    int i = 1, sum = 0;
    while (i <= 99) {
        sum = sum + i;
        i = i + 2;
    }
    printf("100 以内的奇数之和为: % d\n", sum);
}
```

第 4 章

程序控制结构

程序运行结果如图 4-21 所示。

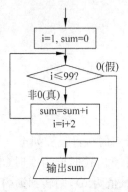

图 4-20　求 1～100 奇数和流程　　　　图 4-21　求 1～100 奇数和运行结果

思考：

如果 i 初值不赋成 1,还有其他的写法吗？

总结：

一般来说,一个循环至少包含两种变量,循环条件变量和循环体变量,循环条件变量一般为一个,而循环体变量可以为多个。例如：上题中循环体变量为 sum 和 i,循环条件变量为 i。为了区分循环条件变量和循环体变量,上述例子的代码也可以改写为：

```c
# include < stdio. h>
void main() {
    int i = 1;                      //循环条件变量
    int j = 1, sum = 0;             //循环体变量,一个用于累加的和,一个用于累加值
    while (i < = 50) {              //控制循环次数
        sum = sum + j;
        j = j + 2;
        i = i + 1;
    }
    printf("100 以内的奇数之和为: % d\n", sum);
}
```

【实例 4-13】　从键盘输入 10 个整数,输出其中的最大值,使用 while 循环结构编程。

分析：先要清楚求多个数中最大值的思想,令第一个输入的数为最大值 max,接下来每输入一个数,就将它和 max 做比较,如果比 max 中的值大,那么就更新 max 的值,这样输入 10 个数以后,max 中存放的就是 10 个数中的最大值。从中可以发现,第二个和后续数据的输入以及把它们和 max 做比较其实是个重复的过程,所以这就是循环体中的内容,当然,还需要控制循环执行次数的变量,那就是变量 i。

```c
/ * 实例 4-13 * /
# include < stdio. h>
void main() {
    int num, max, i = 1;
    printf("请输入第 % d 个数:", i);
```

```
    scanf("%d",&num);
    max = num;
    while(i<10){
        printf("请输入第%d个数:",++i);
        scanf("%d",&num);
        if(num>max)max = num;
    }
    printf("输入的数中的最大值为%d\n",max);
}
```

程序运行结果如图 4-22 所示。

图 4-22　求 10 个数中最大值运行结果

再复习一下指针的知识,本题可以定义一个指针变量,让它记录最大值。参考代码如下:

```
#include <stdio.h>
void main() {
    int num,max,i = 1;
    int * pmax = &max;
    printf("请输入第%d个数:",i);
    scanf("%d",&num);
    * pmax = num;
    while(i<10){
        printf("请输入第%d个数:",++i);
        scanf("%d",&num);
        if(num> * pmax) * pmax = num;
    }
    printf("输入的数中的最大值为%d\n", * pmax);
}
```

【**练习 4-5**】　使用 while 循环结构编程求 8 的阶乘,即 $1\times2\times3\times4\times5\times6\times7\times8$。

【**练习 4-6**】　使用 while 循环求 $1+1/3+1/5+\cdots+1/97+1/99$ 的值。

【**练习 4-7**】　使用 while 循环并根据公式 $\pi/4=1-1/3+1/5-1/7+1/9-1/11+\cdots$ 求 π 的近似值,要求最后一项的绝对值小于 $1e-7$。

4.3.2　do-while 语句

do-while 循环语句又称为直到型循环语句,其语法格式为:

```
do
    循环体
while (表达式);
```

该语句的功能为:先执行一次 do 后面的循环体,然后判断 while 圆括号中的表达式,当表达式的值为非 0(真)时,返回继续执行循环体,如此反复,直到表达式的值等于 0 时结束循环。

do-while 语句流程如图 4-23 所示。

说明:

(1) 在 if 语句和 while 语句中,表达式括号后都不能加分号,而在 do-while 表达式圆括号后必须加分号。

(2) 循环体只能是一条语句,如果是多条语句,必须用"{ }"括起来形成一条复合语句。

(3) do-while 语句通常用于不知道循环次数的程序中,在循环执行的过程中,根据条件来决定循环是否结束。

(4) do-while 语句和 while 语句的最大区别在于 do-while 语句的循环体至少被执行一次,而 while 语句的循环体可以一次都不被执行。也就是说,do-while 语句先执行后判断,符不符合条件都先执行一次循环体;而 while 语句是先判断后执行,若不符合条件则循环体一次都不会被执行。

【实例 4-14】 使用 do-while 语句编写求 n!(n 的阶乘)的程序,n 的值由键盘输入。

```c
/* 实例 4-14 */
#include < stdio.h >
void main () {
    int n, i = 1;                      //i 作为循环条件变量
    int factorial = 1;
    printf("\n 请输入一个整数 n: \n");
    scanf(" % d", &n);
    do {
        factorial *= i;               //factorial = factorial * i
        i++;
    }while (i <= n);
    printf("\n % d! = % d\n", n, factorial);
}
```

程序运行结果如图 4-24 所示。

【实例 4-15】 使用 do-while 循环并根据公式 $\pi/4 = 1 - 1/3 + 1/5 - 1/7 + 1/9 - 1/11 + \cdots$ 求 π 的近似值,要求最后一项的绝对值小于 10^{-4}。

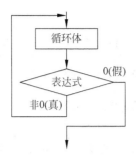

图 4-23   do-while 语句流程

图 4-24   n! 运行结果

分析：循环条件变量 i 控制循环退出，其循环终止条件为 fabs(1/i)≥1e-4。循环体变量包括循环求和变量 sum，循环累加项变量 item 和符号变量 sign。

```
/ * 实例 4-15 * /
# include < stdio. h >
# include < math. h >
void main ( ) {
    int sign = 1;                    //循环体符号变量,第一项为正值,所以定义为 1
    float i = 1.0, sum = 0.0;        //循环体变量(i 也作为循环条件变量)
    float item = 1;                  //循环体累加项变量
    do {
        sum = sum + item;
        i = i + 2;
        sign = - sign;
        item = 1/i * sign;
    } while (fabs(1/i)> = 1e - 4);
    printf("pi =  % f\n", sum * 4);
}
```

程序运行结果如图 4-25 所示。

图 4-25   求 π 运行结果

【实例 4-16】   比较下面两个程序。指出分别在两个程序中依次输入 5 和输入 11 后每个程序中变量 n 和 m 值应该为多少，并说明为什么。

程序代码如下：

```
//do - while 循环
# include < stdio. h >
void main ( ) {
    int n = 1, m;
    scanf(" % d", &m);
    do {
        n += m;
```

```
//while 循环
# include < stdio. h >
void main() {
    int n = 1, m;
    scanf(" % d", &m);
    while (m < = 10) {
        n += m;
```

```
        m = m++;                              m = m++;
    }while(m <= 10);                       }
    printf("n = % d, m = % d", n, m);     printf("n = % d, m = % d", n, m);
}                                      }
```
第一次运行输入：5 ✓   第一次运行输入：5 ✓
n = 46，m = 11   n = 46，m = 11
第二次运行输入：11 ✓   第二次运行输入：11 ✓
n = 12，m = 12   n = 1，m = 11

比较两个程序可以看出，第一次运行输入 5 后，进入循环时循环条件为真（非 0），do-while 和 while 语句的运行结果相同；第二次运行输入 11 后，进入循环的条件为假（0），do-while 循环语句的循环体要执行一次，输出结果为 n＝12，m＝12；while 循环体则一次也不被执行，输出的结果是 n＝1，m＝11。

【实例 4-17】 使用 do-while 循环语句求 Fibonacci 数列：1，1，2，3，5，8，…的前 40 项。从第三项开始，每一项都是前两项之和，即 $F_1＝1$（n＝1），$F_2＝1$（n＝2），$F_n＝F_{n-1}＋F_{n-2}$（n≥3）。

分析：定义一个循环变量 i 来控制循环的次数，再定义两个变量 f1 和 f2 来分别表示该数列相邻的两项。每次求出数列中的两个数，故其循环条件为 i≤20。

```
/ * 实例 4-17 * /
# include < stdio. h >
void main() {
    int f1 = 1, f2 = 1;
    int i = 1;
    do {
        printf(" % 12d % 12d", f1, f2);
        if (i % 2 == 0)
            printf("\n");
        f1 = f1 + f2;
        f2 = f2 + f1;
        i++;
    } while (i <= 20);
}
```

程序运行结果如图 4-26 所示。

图 4-26　Fibonacci 数列运行结果

4.3.3 for 语句

for 语句是 C 语言中最灵活的循环语句,既可以用于循环次数确定的情况,也可以用于循环次数不确定而只给出循环结束条件的情况。其一般格式为:

for(表达式 1;表达式 2;表达式 3)
    循环体

其中,for 是 C 语言的关键字,其后圆括号中有三个表达式,用于对 for 循环控制。表达式之间用分号隔开,可以是任何合法的表达式。一般情况下,表达式 1 给出循环变量的初值;表达式 2 给出循环条件;表达式 3 修改循环变量的值。循环体语句有多条语句时,应使用{}括起来,形成复合语句。

其执行过程如下。

(1) 计算表达式 1 的值,通常是为循环变量赋初值。如果循环变量为多个,则将它们用逗号隔开。

(2) 计算表达式 2 的值,判断表达式 2 是否为真(非 0)。若为真,执行循环体,然后执行表达式 3,通常会修改循环变量的值,为下一次循环准备,然后返回第(2)步继续执行。

(3) 如果表达式 2 的值为假,则结束循环,跳到 for 语句之后的下一条语句执行。

for 语句的程序流程如图 4-27 所示。

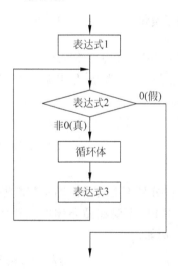

图 4-27　for 语句的程序流程

【实例 4-18】　用 for 循环语句编程求 100 以内的所有偶数的和。

分析:

程序需要使用一个变量来存储累加和,例如:sum,其初值为 0。另外,定义一个变量 i 来表示偶数,其初值为 2,如图 4-28 所示。

```
/* 实例 4-18 */
#include<stdio.h>
void main () {
    int i, sum = 0;
```

```
    for (i = 2; i <= 100; i += 2)
        sum += i;
    printf("100 以内的所有偶数的累加和为: % d.\n", sum);
}
```

程序运行结果如图 4-29 所示。

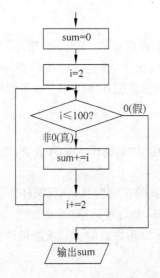

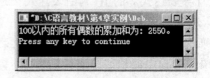

图 4-28 求 1~100 偶数和流程　　　　图 4-29 求 1~100 偶数和运行结果

for 语句的使用相当灵活,运用时应注意以下 7 点。

(1) 表达式 1(初始化循环变量)可以省略,但其后的分号不能省略。此时,应在 for 语句之前给循环变量赋初值。例如:

```
i = 1;
for (; i <= 100; i++)                          //分号不能省略
    sum += i;
```

(2) 表达式 2 也可以省略,但分号不能省略。即不判断循环条件,认为表达式 2 始终为真,让循环无休止地进行下去。这时,需要在循环体中设置跳出循环的控制语句 break,否则 for 循环语句将成为死循环。例如:

```
for (i = 1; ; i++) {                           //分号不能省略
    sum += i;
    if (i >= 100)
        break;
}
```

当 i 增加到大于 100 时,可退出 for 循环。

(3) 表达式 3 也可以省略。此时,应在循环体语句中增加让循环变量递进变化的语句,以保证循环能正常结束。例如:

```
for (i = 1; i <= 100;)
    sum += i++;
```

（4）表达式 1 和表达式 3 可同时省略。例如：

```
i = 1;
for (; i < 100; )
    sum += i++;
```

（5）三个表达式可以都省略，循环体就会无休止执行。此时，应该在循环前设初值，在循环体中增加退出循环的语句，并在循环体中改变循环变量的值。例如：

```
i = 1;
for (; ;)  {                             //注意两个分号不能省略
    sum += i++;
    if (i > 100)
        break;
}
```

（6）表达式 1、表达式 2、表达式 3 都可以为任何表达式。

例如，表达式 1 为逗号表达式：

```
for (sum = 0, i = 1; i <= 100; i++)
    sum += i;
```

再如，表达式 2 为逗号表达式：

```
for (i = 1;, sum += i++, i <= 100; ) ;       //循环体为空语句
```

又如，表达式 1 和表达式 3 都为逗号表达式：

```
for (i = 0, j = 100, k = 0; i <= j; i++, j--)
    k += i * j;
```

（7）for 语句可以改写成 while 语句的形式：

```
表达式 1;
while (表达式 2) {
    for 循环体;
    表达式 3;
}
```

【实例 4-19】 从键盘接收字符并显示字符的个数。

```
/* 实例 4-19 */
# include < stdio.h >
void main () {
    int i;
    char c;
    for (i = 0; (c = getchar())!= '\n'; i++);
//注意 for 语句后的分号不能省略
    printf("从键盘输入了 %d 个字符.\n", i);
}
```

程序运行结果如图 4-30 所示。

程序控制结构

84

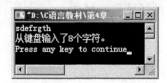

图 4-30　显示字符个数运行结果

【实例 4-20】　从键盘输入若干个学生的成绩,输入负数表示结束输入,统计并输出最高成绩和最低成绩。

```
/*实例 4-20 */
# include < stdio. h>
void main () {
    float score, max, min;
    scanf(" % f", &score);
    max = score;
    min = score;
    for (; score > = 0; ) {
        if (score > max)
            max = score;
        if (score < min)
            min = score;
        scanf(" % f", &score);
    }
    printf("\nmax = % f, min = % f", max, min);
}
```

程序运行结果如图 4-31 所示。

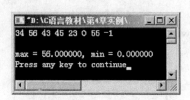

图 4-31　统计成绩运行结果

4.3.4　循环的嵌套

一个循环体又包含另一个完整的循环体结构,称为循环的嵌套。如果包含两层循环体,称为二重循环,而内嵌的循环再嵌套一个循环,称为多重循环。前面介绍的 while、do-while 和 for 循环都可以相互嵌套。例如:

```
(1)                    (2)                    (3)
while() {              while () {             for (; ;) {
    …                      …                      …
    while () {             do {                   while () {
        …                      …                      …
    }                      } while ();            }
}                      }                      }
```

(4)	(5)	(6)
do {	do {	for (; ;) {
...	...	...
for (; ;) {	do {	for (; ;) {
...	...	...
}	}while ();	}
} while ();	} while ();	}

但是注意外层循环和内层循环不能交叉,内层循环应该完全包含在外层循环体之内。

【实例 4-21】 设计一个程序在屏幕上输出多行星号 *。要求第 1 行输出 1 个星号,第 2 行输出 2 个星号,以此类推,第 i 行输出 i 个星号。其中行数由用户输入,确定不超过40 行。

分析:

假设用户输入的行数为 line,那么在每一行上,都要先输出星号,然后输出换行。有 line 行就要做 line 次输出,也就是循环。其中,输出星号的个数是多个,因此又需要一个循环来完成,这个循环显然是内循环。外循环的循环变量值为内循环的循环次数,即第 i 行时,内循环循环次数为 i 次。程序流程见图 4-32。

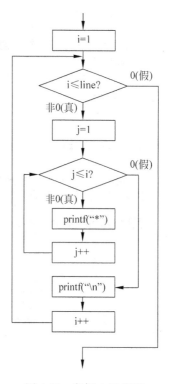

图 4-32 实例 4-21 流程

```
/ * 实例 4-21 * /
# include < stdio. h>
void main () {
    int line, i, j;
    printf("请输入行数: ");
    scanf(" % d",&line);
    for(i = 1;i < = line;i++){
        for(j = 1;j < = i;j++)
            printf(" * ");
        putchar('\n');
    }
}
```

程序运行结果如图 4-33 所示。

图 4-33 * 号运行结果

【实例 4-22】 编程实现从键盘输入一个正整数 n,输出 1! + 2! + 3! + ⋯ + n! 的值。

程序控制结构

分析：此题需要使用二重循环来实现，可以使用 sum 变量来统计阶乘的累加和，内层循环计算对应的阶乘并存储到变量 fac 中，外层循环统计阶乘和并使用 n 控制外层循环次数。例如：外层循环变量使用 i，其初值为 1，其终止的条件为 i≤n；内层循环变量使用 j，它从初值 j＝1 开始直到 j＝i。最后，在外层循环之后输出 sum 的结果。

```
/*实例4-22*/
#include<stdio.h>
void main() {
    int i, j, n;
    long fac, sum = 0;            //阶乘一般较大,故使用长整型
    printf("请输入一个正整数 n: ");
    scanf("%d", &n);
    for (i = 1; i <= n; i++) {
        fac = 1
        for (j = 1; j <= i; j++)
            fac *= j;            //fac = fac * j;
        sum += fac;              //sum = sum + fac;
    }
    printf("1!+2!+ … + %d! = %d", n, sum);
}
```

程序运行结果如图 4-34 所示。

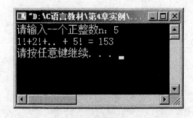

图 4-34　阶乘的和运行结果

思考：这道题能用单重循环实现吗？如果能，请实现。

【练习 4-8】　输入一个 n，输出如下的 n 行星号。

例如，输入一个正整数 n：4

输出星号图：

```
   *
  ***
 *****
*******
```

【练习 4-9】　使用 for 循环编写程序，输出一个九九乘法表。

```
1*1 = 1
1*2 = 2   2*2 = 4
1*3 = 3   2*3 = 6   3*3 = 9
⋮
1*9 = 9   2*9 =18   3*9 = 27…9*9 = 81
```

4.4 break 和 continue 语句

除了分支结构和循环结构,能够控制语句执行过程的语句还包括 break 和 continue 语句等。它们一般都要配合 if 语句来使用,用于修正循环。有时候由于某种特殊情况的发生,需要提前终止循环,这就需要 break 语句。而有时候需要提前终止某一次的循环,直接开始下一次循环,这就需要 continue 语句。

4.4.1 break 语句

break 语句的一般形式为:

break;

功能:break 语句用在循环结构和 switch 结构中,作用是使得程序退出当前层次的循环结构和当前层次的 switch 选择结构。break 语句通常配合 if 语句一起使用,一般形式如下(以 while 语句为例):

```
while(表达式 1)
{
    语句段 1;
    if(表达式 2)break;
    语句段 2;
}
```

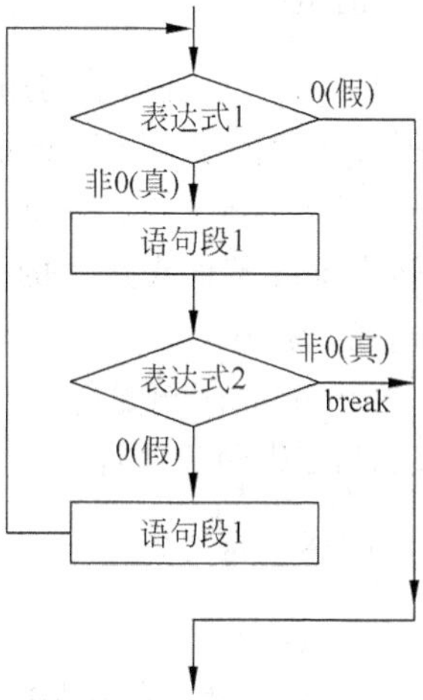

程序流程如图 4-35 所示。

图 4-35 break 语句流程

【实例 4-23】 编写求 sum＝1＋2＋3＋4＋…＋n 的程序,当 sum≥5050 时 n 的值为多少?

```
/ * 实例 4-23 * /
# include < stdio. h>
void main() {
    int i = 1, sum = 0;
    while (1) {
        sum += i;
        if (sum > = 5050)
            break;
        i++;
    }
    printf("i = % d\n", i);
}
```

程序运行结果如图 4-36 所示。

总结:本身 while (1)为死循环,由于在 sum 达到 5050 时(此时 i＝100),程序使用了 break 语句,循环被强制退出。

【练习 4-10】 输入一个正整数 n,输出紧靠 n 前的能够被 3 或 5 整除的整数。

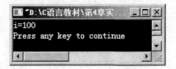

图 4-36 从 1 加到 n,和值大于等于 5050 时 n 值运行结果

4.4.2 continue 语句

continue 语句的一般形式为:

continue;

功能:continue 语句用于循环体中,用于结束本次循环,跳过循环体中位于 continue 语句后面的语句而开始下一轮循环。对于 while、do-while 语句,如在循环体中遇到 continue 语句,则转去求解条件表达式的值;而对于 for 语句,则是转去求解表达式 3 的值。

continue 语句配合 if 语句应用在循环中的一般形式如下(以 while 语句为例):

```
while(表达式 1)
{
    语句段 1;
    if(表达式 2)continue;
    语句段 2;
}
```

程序流程如图 4-37 所示。

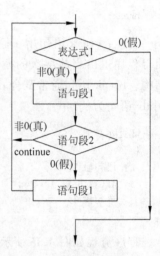

图 4-37 continue 语句流程

【实例 4-24】 编写程序输出 1~50 之间能被 7 整除的数。

```
/* 实例 4-24 */
# include < stdio.h>
void main () {
    int i;
    for (i = 1; i <= 50; i++) {
      if (i % 7 != 0)
          continue;
      printf("% d ", i);
    }putchar('\n');
}
```

程序运行结果如图 4-38 所示。

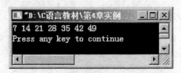

图 4-38 1~50 之间能被 7 整除的数运行结果

总结：程序开始运行时 i＝1,i%7 !＝0 成立,执行 continue 结束本次循环；然后,执行 i＋＋修改循环变量,i＝2,i%7!＝0 的表达式的值为 1,再次执行 continue 语句跳转到下一轮循环。继续此过程,当 i＝7 时,i%7 !＝ 0 的表达式的值为 0,则执行 printf("%d", i)语句,之后开始下一轮循环,以此类推,直到 i＞50。

【实例 4-25】 求整数 1～200 的累加值,但要求跳过所有个位为 7 的数。

```
/* 实例 4-25 */
# include < stdio.h >
void main () {
    int i, sum = 0;
    for (i = 1; i <= 200; i++) {
        if (i % 10 == 7)
            continue;
        sum += i;
    }
    printf("sum = %d\n", sum);
}
```

程序运行结果如图 4-39 所示。

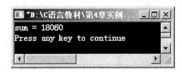

图 4-39　求 1～200 的和,跳过个位为 7 的数运行结果

4.5　程　序　举　例

本节通过几个常见的例子,来进一步介绍选择结构和循环结构的使用。

【实例 4-26】 输入一个整数,编程计算该整数中每一位数字的和。如果输入的是负数,则求它的绝对值的每一位数字之和。如输入 1234,输出结果为 10(1＋2＋3＋4＝10)。

分析：这道题的关键问题是如何将一个整数中的每一位数字进行剥离,需要用到两种运算%和/。例如整数 5678%10＝8,求出最低位,接下来 5678/10＝567,567%10＝7,求出十位上的 7,然后重复 567/10＝56,56%10＝6,求出百位,如此反复进行运算,直到商为 0 终止。为了得到每一位数字的和,需要在每一次求出余数后,对该余数进行累加运算,如图 4-40 所示。

```
/* 实例 4-26 */
# include < stdio.h >
void main () {
    int num, sum = 0;
    printf("请输入一个整数 num: ");
    scanf("%d", &num);
    if(num < 0)num = - num;
    for (; num; num/ = 10)
```

```
        sum += num % 10;
    printf("sum = % d\n", sum);
}
```

程序运行结果如图 4-41 所示。

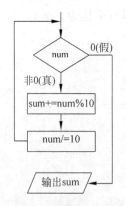

图 4-40　每一位数字之和流程　　　　图 4-41　每一位数字之和运行结果

【实例 4-27】　判断输入的正整数 n(n>1)是否为素数。

分析：素数是只能被 1 和它本身整除，不能被其他自然数整除的大于 1 的正整数。注意，1 不是素数，2 是素数。判断 n 是素数的方法可以采用从 2 开始是否有数能够整除 n，直到 n−1 为止。若从 2 到 n−1,只要存在一个能够整除 n 的数，就可以判断 n 不是素数，并使用 break 语句结束整除过程。否则，若所有的数都不能整除 n,则 n 为素数。因此可以声明变量 i 来表示从 2 到 n−1,那么 i 就是循环变量，用 n 除以 i,如果余数为 0,则说明 n 是非素数，可以提前结束循环；反过来，也就是说，如果没有提前结束循环，那么 i 一定是从 2 变化到了 n−1,说明这时的 n 是一个素数，退出循环时,i 的值一定是 n。

```
/ * 实例 4-27 * /
# include < stdio. h>
void main () {
    int n, i;
    printf("请输入一个大于 1 的正整数: ");
    scanf(" % d", &n);
    for (i = 2; i < = n - 1; i++)
        if (n % i == 0)
            break;
    if (i == n)
        printf(" % d 是素数。\n",n);
    else
        printf(" % d 不是素数。\n",n);
}
```

程序运行结果如图 4-42 所示。

【实例 4-28】　输入一个大于 1 的正整数 n,一个正整数 k,输出紧随 n 后的(不包含 n)k 个素数。

分析：实例 4-27 已经给出了判断素数的方法。本题只需增加一个计数器 cnt,每当获

图 4-42　素数运行结果

得一个素数即将 cnt 增 1,直到 cnt 为 k 止。另外,本程序需要采用二重循环来实现,程序需定义一个变量(例如:num)来表示被判断的是否是素数的正整数,判断素数的循环变量仍然使用 i。初始时,cnt 赋初值 cnt=0,num 赋初值 num=n+1(由于是 n 之后的素数)。

```c
/* 实例 4-28 */
# include < stdio.h>
void main () {
    int i, n, k, num, cnt = 0; //i是判断素数的循环变量,num是外循环变量
    printf("请输入一个大于 1 的正整数 n = ");
    scanf(" % d", &n);
    printf("请输入求 % d 后的素数个数 k = ", n);
    scanf(" % d", &k);
    num = n + 1;              //n后的自然数
    while(cnt < k) {
        //判断 num 是否为素数
        for (i = 2; i < num; i++)
            if (num % i == 0)
                break;
        if (i == num) {        //num 是素数, cnt++
            cnt++;
            printf(" % 4d  ", num);
        }
        num ++;                //转到下一个自然数
    }
}
```

运行结果如图 4-43 所示。

【实例 4-29】　从键盘输入一行字符,将其中的英文字母进行加密输出(非英文字母不加密)。加密的方法为:加密后的字母相对原字母在字母表的顺序循环后移 k 个位置(1<k<26)。

分析:只要碰到字符,就要想着如何利用它们的 ASCII 码。

```c
/* 实例 4-29 */
# include < stdio.h>
```

```
void main () {
    char c;
    int k;                      //k 作为密钥
    printf("请输入密钥 k: ");
    scanf("% d", &k);
    c = getchar();
    while ( c != '\n' ) {
        if ( c >= 'a' && c <= 'z'   ) {
            c = c + k;          //字符型和整型可以直接相加,实现加密
            if(c > 122)c = c - 26;
        }
        if ( c >= 'A' && c <= 'Z') {
            c = c + k;
            if(c > 90)c = c - 26;
        }
        printf("% c", c);
        c = getchar();
    }
    printf("\n");
}
```

图 4-43　输出 n 后的 k 个素数运行结果

程序运行结果如图 4-44 所示。

图 4-44　字符加密运行结果

【实例 4-30】　古代人搬砖问题:共有 42 块砖,42 人搬。男人一次搬三块,女人一次搬两块,两个小孩搬一块。要求一次全搬完。需要男、女、小孩各多少?

分析:假设男人有 man 个,女人有 women 个,小孩有 kids 个。由题意可知 man 的范围为 0~14,women 的范围为 0~21,kids 的范围为 0~42 且是偶数。因此可以用穷举法实现满足条件的 man、women、kids 的组合。为了穷举每一种情况,可以用三重循环来实现。第一层循环实现 man 值的变化,在第二层循环实现 women 值的变化,第三层循环实现 kids 值的变化。

/ * 实例 4-30 * /

```
#include <stdio.h>
void main () {
    int man,women,kids;
    printf("人数组合方式如下：\n");
    printf("男    女      小孩\n");
    for(man = 0;man <= 14;man++)
        for(women = 0;women <= 21;women++)
            for(kids = 0;kids <= 42;kids += 2)
                if(man + women + kids == 42 && 3 * man + 2 * women + kids/2 == 42)
                    printf("%d    %d      %d\n",man,women,kids);

}
```

程序运行结果如图 4-45 所示。

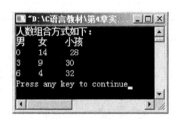

图 4-45　搬砖问题运行结果

思考：这道题可以用双重循环实现吗？

4.6　综　　合

【综合训练 4-1】　编程模拟 ATM 取款机输入界面，主界面菜单包括查询、存款、取款、退出，存款子菜单中包括存入 50、存入 100 两种纸币类型以及返回三种选项，取款子菜单中包括取款 50、取款 100、取款 200、取款 500、取款 1000 以及返回 6 种选项。

分析：主界面菜单中的查询、存款、取款、退出 4 个功能，可以使用 switch 语句来实现。声明变量 key,key 值为 1 时是查询功能,key 值为 2 时是存款功能,key 值为 3 时是取款功能,key 值为 4 时是退出系统。程序总流程见图 4-46。其中存款、取款功能，又可以根据输入变量 credit、debit 的值，来实现具体的功能。那么也可以利用 switch 语句来实现。这样 switch 语句中又嵌套了一个 switch 语句。存款流程见图 4-47,取款流程见图 4-48。

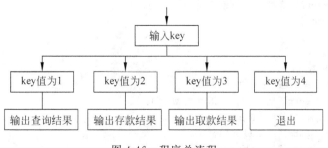

图 4-46　程序总流程

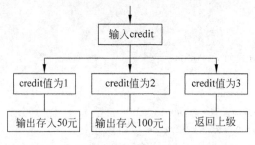

图 4-47 存款流程

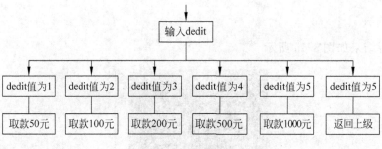

图 4-48 取款流程

```
# include < stdio. h >
# include < stdlib. h >
# include < string. h >
# include < conio. h >
void main() {
    char key, credit, debit;              //key 用于主菜单,credit 用于存款,debit 用于取款
    while (1) {
        system("cls");                    //清屏
        puts("请选择按键: ");              //puts 函数用于输出字符串
        puts("1. 查询");
        puts("2. 存款");
        puts("3. 取款");
        puts("4. 退出");
        key = getch();                    //获取按键
        switch (key) {
        case '1':
            system("cls");
            puts("您的银行卡内余额为 1000 元");
            printf("请按 Enter(回车键)继续!");
            getch();
            break;
        case '2':
            while (1) {
                system("cls");
                puts("请选择存款币种类型: ");
                puts("1. 50 元");
                puts("2. 100 元");
                puts("3. 返回上级");
```

```
            credit = getch();
            switch (credit) {
            case '1':
                system("cls");
                puts("您已存入 50 元,谢谢!");
                printf("请按 Enter(回车键)继续!");
                getch();
                break;
            case '2':
                system("cls");
                puts("您已存入 100 元,谢谢!");
                printf("请按 Enter(回车键)继续!");
                getch();
                break;
            }
            if (credit == '3')
                break;
        }
        break;
    case '3':
        while (1) {
            system("cls");
            puts("请选择取款币种类型: ");
            puts("1. 50 元");
            puts("2. 100 元");
            puts("3. 200 元");
            puts("4. 500 元");
            puts("5. 1000 元");
            puts("6. 返回上级");
            debit = getch();
            switch (debit) {
            case '1':
                system("cls");
                puts("取款 50 元完成,谢谢!");
                printf("请按 Enter(回车键)继续!");
                getch();
                break;
            case '2':
                system("cls");
                puts("取款 100 元完成,谢谢!");
                printf("请按 Enter(回车键)继续!");
                getch();
                break;
            case '3':
                system("cls");
                puts("取款 200 元完成,谢谢!");
                printf("请按 Enter(回车键)继续!");
                getch();
                break;
            case '4':
                system("cls");
```

```
                    puts("取款 500 元完成,谢谢!");
                    printf("请按 Enter(回车键)继续!");
                    getch();
                    break;
                case '5':
                    system("cls");
                    puts("取款 1000 元完成,谢谢!");
                    printf("请按 Enter(回车键)继续!");
                    getch();
                    break;
                }
                if (debit ==  '6')
                    break;
            }
            break;
        case '4':
            return;
        }
    }
}
```

程序运行结果如图 4-49～图 4-52 所示。

图 4-49　模拟 ATM 机运行主菜单

图 4-50　查询运行结果

图 4-51　存款运行结果

图 4-52　取款运行结果

【综合训练 4-2】　编写一个只要输入 4 位数的年份和该年的元旦是星期几,就可输出全年日历的程序。输出的界面:第 1 行输出月份表头,形式为＝＝＝＝＝＝＝＝＝x 月份＝＝＝＝＝＝＝＝＝,第二行输出星期表头,形式为 SUN MON TUE WED THU FRI SAT,后面输出的日历要求将该月份的每一天准确定位于所在星期的位置。

分析:

分别使用 day,week,month,year 表示天、星期、月和年,使用 max_day 表示对应月的最大天数,对于不同月份的天数使用 switch 分支结构实现。使用闰年的判断算法来处理 2

月份最大天数。每年 12 个月的日历输出,使用循环结构,如:while 语句,每月的日历输出使用 for 循环来输出,并注意每月 1 号之前的星期 x 使用空格,且每输出 7 天换行。

```c
#include <stdio.h>
void main() {
    int week = 0, day, month = 1, max_day, year, i;
    printf("请输入四位数的年份(xxxx): ");
    scanf("%d", &year);
    printf("请输入该年元旦是星期几\n(0-星期天,1=星期一,..., 6=星期六):");
    scanf("%d", &week);
    printf("\n*********** %4d 年日历 ************", year);
    while (month <= 12) {
        switch (month) {
        case 1:
        case 3:
        case 5:
        case 7:
        case 8:
        case 10:
        case 12:
            max_day = 31;
            break;
        case 2:
            if ( ( (year % 4) == 0 && (year % 100)!= 0 ) || ((year % 400) == 0) )
                max_day = 29;
            else
                max_day = 28;
            break;
        case 4:
        case 6:
        case 9:
        case 11:
            max_day = 30;
            break;
        }
        printf("\n=========== %2d 月份 ============\n", month);
        printf(" SUN MON TUE WED THU FRI SAT\n");
        for (i = 0; i < week; i++)         //每月 1 号对应星期 x 之前的几天用空格输出
            printf("%4c", ' ');
        for (day = 1; day <= max_day; day++) {
            printf("%4d", day);
            week++;                        //移到该星期 x 的下一天
            week %= 7;                      //星期循环
            if (week == 0)                  //每输出一个星期(共 7 天)后换行
                printf("\n");
        }
        month++;                            //移到下一个月
    }
}
```

程序运行结果如图 4-53 所示,通过垂直滚动条下拉,可以看到 2014 年全部的日历。

图 4-53 2014 年的日历

【综合训练 4-3】 编写一个应用程序,用于管理学生成绩,该程序能实现以下功能。

(1) 输入:学生的学号、姓名以及三门课程成绩的输入,要求计算学生的总成绩和平均分。

(2) 显示:输出所有学生的信息。

(3) 修改:对学生学号、姓名以及课程成绩进行修改。

(4) 添加:增加新的学生记录。

(5) 删除:输入学号或者姓名,删除指定的学生记录。

(6) 查询:根据给定的姓名或者学号,查询某个学生的信息。

(7) 排序:根据要求,能按学生的学号升序排序;或者按总成绩降序排序,给出名次,并显示排序后的结果。

(8) 保存:将所有学生的信息保存到一个磁盘文件 stud_info. dat 中。

分析:和综合训练 4-1 一样,在实现功能选择时,可以采用 switch 语句实现,相应代码块如下。

```
printf("请输入您的操作选择[0-8]:");
    do{
            scanf(" % d",&sel);
            if(sel == 0)
                break;
            switch(sel)
            {
                case 1:input(stud);break;
                case 2:disp(stud);break;
                case 3:app(stud);break;
```

```
            case 4:del(stud);break;
            case 5:modify(stud);break;
            case 6:qur(stud);break;
            case 7:sort(stud);break;
            case 8:save(stud);break;
            default:showWrong();
        }
    } while(1);
    printf("操作结束,再见!\n");
```

其中 input(stud)、disp(stud)、app(stud)、del(stud)、modify(stud)、qur(stud)、sort(stud)、save(stud)为实现相应功能的函数。当选择变量 sel 的值输入后,匹配到相应的 case 分支语句,实现具体的功能。比如实现输入功能时,需要一个二重循环结构,外循环用来控制输入学生信息的记录数,内循环用于输入信息后,判断输入的学生信息是否存在。再如实现删除功能时,需要用到选择结构,选择输入学号删除或者输入姓名删除,删除指定的学生记录,那么肯定要用到循环结构,遍历学生的学号或姓名。具体代码详见第10章综合实例。由此可见,本章选择语句和循环语句是非常重要的。

习　　题

1. 输出 100～999 之间的水仙花数。(水仙花数是指一个三位数,每一位的立方和等于该三位数,如 153、370 等)。

2. 规定一个工人工作时间为每个月 160 小时,每小时工资为 5 元,如果加班,每小时增加 4 元,请编程计算并打印此工人一个月的工资,要求由键盘输入工作时间。

3. 输出 100～999 之间能被 3 整除,不能被 7 整除的数。

4. 编程计算并打印一元二次方程 $ax^2+bx+c=0$ 的根,a、b、c 由键盘输入,其中 a 不等于 0。要求考虑一元二次方程根的三种情况:无根、有两个相等实数根和有两个不等实数根。

已知一元二次方程的求根公式为:

$$x_{1,2} = \frac{-b \pm \sqrt{b^2 - 4ac}}{2a}$$

5. 从键盘输入 20 个实数,分别计算并输出:所有正数之和,所有负数之和,所有数的绝对值之和,正数的个数和负数的个数。

6. 编写求 3～100 之间所有素数的程序。

7. 编程计算:$1!+3!+5!+\cdots+(2n-1)!$ 的值。其中,n 值由键盘输入。

8. 爱因斯坦曾出过这样一道数学题:有一条长阶梯,若每步跨 2 阶,最后剩下 1 阶;若每步跨 3 阶,最后剩下 2 阶;若每步跨 5 阶,最后剩下 4 阶;若每步跨 6 阶,最后剩下 5 阶;只有每步跨 7 阶,最后才正好 1 阶不剩。试编程打印这条阶梯共有多少阶。

9. 编程计算 $1\times2 + 3\times4 + 5\times6 + \cdots + (n-1)\times n$ 的值,其中,n 值由键盘输入。

10. 求 2000 以内的全部亲密数。所谓亲密数是指:如果整数 a 的全部因子(包括 1 但不包括 a 本身)之和等于 b;且整数 b 的全部因子(包括 1 但不包括 b 本身)之和等于 a,则将 a 和 b 称为亲密数。

第 5 章 　 数 　 组

主要知识点：
- ◆ 数组概念
- ◆ 一维数组
- ◆ 二维数组
- ◆ 字符数组
- ◆ 数组与指针

前面章节中介绍了不少的基本数据类型，如整型、浮点型及字符型等。使用这些类型的变量来处理数据，已经可以解决一些简单的问题。但在实际应用中，需要处理的数据往往是批量数据（如 100 个学生成绩），这些批量数据不只数据量较大，而且数据之间还可能存在着某种关系（如两门课程的成绩是属于同一个学生的），此时，使用数组则显得更加方便有效。

本章主要介绍在 C 语言中怎样使用数组来处理批量数据。

5.1 　 数 组 概 述

与整型等简单数据类型相似，数组也可以理解为一种用来定义变量的数据类型，只是用数组定义的变量，更方便于存放批量数据。

【实例 5-1】 输入一组 5 个学生的课程成绩，计算并输出平均分。

通过前面的学习，可以提出以下两种思路。

思路一：定义变量 x0,x1,x2,x3,x4 和 s，令 s＝0，依次输入 5 个成绩分别给 x0,x1,x2,x3 和 x4，再执行 s＝x0＋x1＋x2＋x3＋x4，并将求得的 s 的值除以 5 即为平均成绩。

思路二：定义变量 x 和 s，令 s＝0，构造一个执行循环体 5 次的循环结构，其中在循环体中完成以下操作：输入一个成绩给 x，并执行 s＋＝x。最后在循环结束后将累加和 s 除以 5 即求得平均成绩。思路二所对应的程序代码如下。

```
/ * 实例 5-1 * /
# include < stdio. h >
void main()
{
    int x, s = 0, i;
    for( i = 0; i < 5; i++)
    {
```

```
            scanf( "%d", &x );
            s += x;
        }
        printf( "The average score is %f\n", s * 1.0/5 );
    }
```

可以看出,思路二的程序代码相对简洁易读,而思路一的程序代码则烦琐冗长,特别是有 10 个,100 个乃至 1000 个学生成绩时,思路一已经变得无法忍受。但若问题稍加复杂化,在前面的基础上继续输出所有低于该平均分的学生成绩呢?通过分析可以发现要完成这个任务,首先需要将所有的学生成绩保存起来,而思路二中的变量 x 只能保存一个学生成绩,思路一虽然能够保存所有的学生成绩,但随着学生成绩个数的增加,需要定义的变量越来越多,思路一也变得不大可行,那么有没有更好的解决方法呢?

C 语言程序设计中,在处理类似的数据量较大的问题时,使用数组是一种常见的方法。那么什么是数组呢?

(1) 数组可以理解为由相同类型的数据组成的数据集合。数组中的每一个数据称为数组的元素,不同的数组有不同的名称,也有不同的元素个数。如 5 个学生的成绩就是一个数组,在 C 语言中可以用 int a[5];来定义,其中 int 表示数组中元素的数据类型为整型,a 表示数组的名称,5 表示数组 a 中的元素个数。

(2) 数组中的元素是有顺序的。为了方便,在定义了数组以后,每一个元素都分配到一个顺序号(从零开始计数),称为这个元素在该数组中的下标。如用 int a[5];定义了一个含有 5 个元素的数组 a,那到底是哪 5 个呢?它们依次为: a[0],a[1],a[2],a[3]和 a[4],可以看出第 1 个元素的下标为 0。

有了数组的概念后,再回到实例 5-1,通过分析可得以下思路。

思路三:定义一个包含 5 个元素的数组 a 和简单变量 s,令 s=0。依次输入第 1 个成绩给 a[0],并执行 s+=a[0],输入第 2 个成绩 a[1],并执行 s+=a[1],……一直到输入第 5 个成绩给 a[4],并执行 s += a[4]后再将累加和 s 除以 5 即求得平均成绩。通过总结会发现输入并累加的过程仍可通过循环来实现,对应的程序代码如下。

```
/ * 实例 5-1 * /
# include < stdio.h >
void main()
{
    int i, a[5];              / * 定义了 5 个元素的数组 a 表示 5 个学生成绩 * /
    float s = 0, ave;         / * s 用来表示 5 个成绩的和,ave 则表示平均分 * /
    for( i = 0; i < 5; i++)
    {
        scanf( "%d", &a[i] );
        s += a[i];
    }
    ave = s/5;
    printf( "The average score is %f\n", ave );
}
```

在上述程序中,i的值从 0 取到 4 时,a[i]也从 a[0]变到 a[4]。若还想在此基础上继续输出所有低于平均成绩的学生成绩,只需在原程序的 printf 语句后添加以下程序段即可:

```
for( i = 0; i < 5; i++)
    if( a[i] < ave )
        printf( "%d\n", a[i] );
```

可见,将数组与循环相结合,可以方便、有效地处理批量数据,大大提高了工作效率。

5.2 一 维 数 组

一维数组是一种最简单的数组,它的数组元素只需要用数组名加一个下标就能确定,如前面介绍的学生成绩数组就是一维数组。

5.2.1 一维数组的定义

和其他简单变量相同,要使用数组,就必须先在程序中定义它。又因为数组是一个有顺序的同种类型数据的数据集合,那么在定义数组时就需要已知或指定该数组的名称、数组中的元素个数以及这些元素的类型。如下面的数组定义:

```
float b[10];
```

它表示定义了一个单精度浮点型数组,数组名称为 b,数组中有 10 个浮点型元素。

定义一维数组的一般形式为:

类型说明符　数组名[常量表达式];

说明:

(1) 类型说明符统一说明数组中各个元素的类型。

(2) 数组名的命名规则和一般变量名的命名规则相同。

(3) 数组名后必须是一对方括号[],不能是其他括号,而且方括号中为常量表达式,表示数组的元素个数,即数组的长度,不能包含变量,例如,可以这样定义:

```
#define N 5
int a[N];
```

但下面的数组定义是错误的:

```
int n = 5;
int a[n];
```

因为在第一种定义方式中使用的 N 是一个常量(符号常量),而第二种定义方式中使用的 n 则是一个整型的变量。在 Visual C++ 6.0 环境中编译时,也会出现相应的错误提示信息。

(4) 通过 int a[5];语句定义的一维数组 a 包含 5 个数组元素,依次为:a[0],a[1],a[2],a[3]和 a[4],注意下标是从 0 开始的,不存在 a[5]这样的数组元素,而且这 5 个元素在内存中是按下标顺序依次对应分配内存空间的(见图 5-1)。

a 数组

a[0]	a[1]	a[2]	a[3]	a[4]

图 5-1　一维数组的存储形式

5.2.2　一维数组的引用

在 C 语言中,变量被定义之后就可以被使用。数组也一样,在被定义之后,引用数组中的元素成为人们较关注的问题。但应该注意的是,在 C 语言中,不能一次调用数组的所有元素,只能逐个引用数组的元素。

引用一维数组元素的一般形式为:

数组名[下标值]

虽然数组元素的表示形式(必须标示下标,并置于方括号[]中)与普通变量的表示形式(只有变量名)不同,但其使用方法与普通变量完全相同,对普通变量能进行的输入、输出、引用和赋值等操作,对数组元素同样适用。如下列程序段中的语句均为合法语句:

```
int a, b, c[5];
scanf( "%d", &a );
scanf( "%d", &c[0] );
b = a + c[0];
printf( "%d + %d = %d\n", a, c[0], b );
```

说明:

(1) 数组元素的下标必须为整型变量或整型表达式,否则编译环境会提示出错。

(2) 数组元素的下标取值范围为 0~N-1(假设 N 为数组长度),编译环境一般不检测数组下标是否超出此范围。

(3) 定义数组时的"数组名[常量表达式]"和引用数组元素时的"数组名[下标]"形式相同,但含义不同,例如:

```
int a[5];        /* a[5]与类型 int 相结合,表示定义一个包含 5 个元素的整型数组 a */
a[2] = 8;        /* a[2]表示前面已经定义的数组 a 中序号为 2(第 3 个)的元素 */
```

【实例 5-2】　已知包含 6 个元素的数组 a,将其各元素依次赋值为:0,1,2,3,4,5,并逆序输出各元素的值。

分析:先给 6 个元素赋值,过程为:a[0]=0,a[1]=1,…,a[5]=5,可以发现赋值过程是一个 a[i]=i(i 从 0 到 5)的循环,逆序输出过程为:先输出 a[5],再输出 a[4],接着 a[3],…,一直到 a[0],可以发现逆序输出过程也是一个输出 a[i](i 从 5 到 0)的循环。

程序代码如下:

```
/* 实例 5-2 */
# include < stdio.h >
void main()
{
    int i, a[6];
```

```
    for( i = 0; i < 6; i++ )
        a[i] = i;
    for( i = 5; i >= 0; i-- )
        printf( "a[ %d] = %d\n", i, a[i] );
}
```

运行结果如图 5-2 所示。

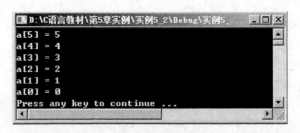

图 5-2　数组逆序输出结果

可见,在对一维数组进行操作时,操作的过程往往被抽象为关于数组元素下标规律性变化的子过程,使得一维数组常与循环结构相结合,达到有效处理数据的目的。

5.2.3　一维数组的初始化

和普通变量一样,数组也可以在定义的同时给其包含的数组元素赋值,即数组的初始化。

一维数组初始化的一般形式为:

类型说明符　数组名[常量表达式] = {初始化列表};

根据需要,一维数组的初始化方法主要有以下 4 种。

(1) 在定义数组时对数组的全部元素赋初值。例如:

int a[10] = {0,1,2,3,4,5,6,7,8,9};

将数组中每个元素的初值按顺序放在一对大括号{}内,数据间用逗号分隔。经过上面的初始化语句后,数组 a 中各元素的值如图 5-3 所示。

元素	a[0]	a[1]	a[2]	a[3]	a[4]	a[5]	a[6]	a[7]	a[8]	a[9]
值	0	1	2	3	4	5	6	7	8	9

图 5-3　数组 a 中各元素的值

(2) 在定义数组时只对数组的部分元素赋初值。例如:

int a[10] = {0,1,2,3,4};

定义的数组 a 中包含有 10 个元素,但大括号内只提供 5 个初值,这表示只给数组 a 的前面 5 个元素赋初值,而后面的 5 个元素系统自动会赋初值为 0。经过上面的初始化语句后,数组 a 中各元素的值如图 5-4 所示。

元素	a[0]	a[1]	a[2]	a[3]	a[4]	a[5]	a[6]	a[7]	a[8]	a[9]
值	0	1	2	3	4	0	0	0	0	0

图 5-4　数组 a 中各元素的值

（3）如果想将一个数组中的元素全部初始化为 0,可以写成：

```
int a[10] = {0,0,0,0,0,0,0,0,0,0};
```

或

```
int a[10] = {0};    /* 大括号中的 0 赋给第 1 个元素,其余元素均取系统默认值 0 */
```

（4）在对全部数组元素赋初值时,由于初始化列表中的数据个数已经确定,中括号中的数组长度可以省略。例如：

```
int a[10] = {0,1,2,3,4,5,6,7,8,9};
```

也可以写成：

```
int a[ ] = {0,1,2,3,4,5,6,7,8,9};
```

在第二种写法中,系统会自动根据大括号中的数据个数得出当前数组的数组长度。

5.2.4　一维数组程序举例

【实例 5-3】　输入 10 个整数到数组 a,计算并输出下标为偶数的数据之和。

分析：先依次输入 10 个整数给数组 a 中的元素 a[0],a[1],…,a[9],并将下标为偶数的元素即 a[0],a[2],a[4],a[6],a[8]求和,为了方便可使用循环结构实现。

程序代码如下：

```
/* 实例 5-3 */
1      # include < stdio. h >
2      void main()
3      {
4          int i, a[10], sum = 0;
5          printf("Please input 10 numbers:\n" );
6          for( i = 0; i < 10; i++)
7              scanf( " % d", &a[i] );
8          for( i = 0; i < 10; i += 2 )
9              sum += a[i];
10         printf( "sum = % d\n", sum );
11     }
```

程序运行结果如图 5-5 所示,其中第 8 行和第 9 行又等同于如下的程序段：

```
for( i = 0; i < 5; i ++)
    sum += a[2 * i];
```

试想本示例改为求下标为奇数的元素之和该如何求解？

【实例 5-4】　利用数组求 Fibonacci 数列的前 15 项,并按每行 5 个数的格式输出。

分析：Fibonacci 数列满足以下数学公式：

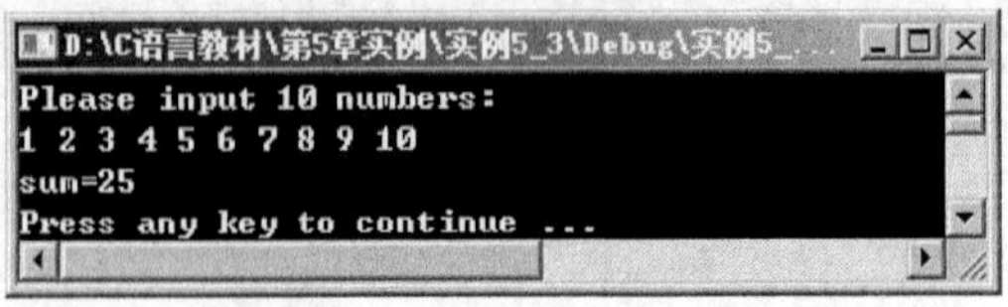

图 5-5　下标为偶数的数据之和

$$F_n = \begin{cases} 1 & n = 1,2 \\ F_{n-1} + F_{n-2} & n > 2 \end{cases}$$

在用数组（设为 Fib）存放该数列的前 15 项时，可根据公式建立对应关系：Fib[0]=1，Fib[1]=1，Fib[2]=Fib[1]+Fib[0]，Fib[3]=Fib[2]+Fib[1]，…，Fib[14]=Fib[13]+Fib[12]，即在 Fib[0]=1，Fib[1]=1 的情况下，其他元素的值可根据 Fib[i]=Fib[i−1]+Fib[i−2](i 从 2 到 14)求取。另在输出时要实现每行 5 个数，只需在输出下标为 4(第 5 个)，9(第 10 个)，14(第 15 个)的元素后输出换行符'\n'即可。

程序代码如下：

```c
/* 实例 5-4 */
# include < stdio. h >
void main()
{
    long Fib[15] = {1,1};              /* 前面两个元素的值为 1 */
    int i;
    for( i = 2; i < 15; i++)
        Fib[i] = Fib[i - 1] + Fib[i - 2];    /* 求取 Fib[2]到 Fib[14]的值 */
    for( i = 0; i < 15; i++)
    {
        printf( "%6ld", Fib[i] );
        if( (i + 1) % 5 == 0 )             /* 控制输出换行的位置 */
            printf( "\n" );
    }
}
```

程序运行结果如图 5-6 所示。

图 5-6　Fibonacci 数列的前 15 项

5.3　二　维　数　组

一维数组中的元素只需通过一个下标可以唯一确定，但在实际应用中，有很多数据量需要通过两个或多个下标才能唯一确定。如表 5-1 中要表示"3 班第 2 个学生的成绩"就需要两个下标(班级编号和学号)来唯一确定，我们将这种用两个下标来唯一确定一个元素的数组称为二维数组。可以发现,二维数组表示的就是一个矩阵,数组中的每个元素都需要通过在矩阵中所处的行号和列号来确定。同理还可以有三维甚至多维数组,它们的概念和用法基本类似。本节只介绍到二维数组,在熟练掌握一维和二维数组后,多维数组的使用很容易通过类推而得到。

表 5-1　学生成绩表

学号 班级编号	1	2	3	4
1	79	87	85	94
2	88	80	91	78
3	83	82	93	86
4	98	70	84	78
5	95	94	75	85

5.3.1　二维数组的定义

由于二维数组表示一个矩阵,因此在定义二维数组时除了要指定二维数组的名称,还需要指定其行数和列数。

定义二维数组的一般形式为:

类型说明符　数组名[常量表达式 1][常量表达式 2];

例如:

float b[3][4];

定义了一个 float 类型的二维数组,数组名称为 b,其中此数组第 1 维有 3 个元素(3 行),第 2 维有 4 个元素(4 列),且每一维的长度分别置于一对方括号[]中,该数组中共有 3×4 个元素,即:

```
b[0][0], b[0][1], b[0][2], b[0][3]
b[1][0], b[1][1], b[1][2], b[1][3]
b[2][0], b[2][1], b[2][2], b[2][3]
```

可见,二维数组定义语句中"常量表达式 1"的值表示该矩阵的行数,"常量表达式 2"的值则表示该矩阵的列数。位于同一行的数组元素具有相同的行下标,而位于同一列的数组元素具有相同的列下标,因此,二维数组又可以理解为一个特殊的一维数组,如上述数组 b 就可以看作一个包含三个元素(b[0],b[1]和 b[2])的一维数组,只不过这三个元素(b[0],b[1]和 b[2])中的每个元素又是一个包含 4 个元素的一维数组,如下:

```
b[0]——b[0][0], b[0][1], b[0][2], b[0][3]
b[1]——b[1][0], b[1][1], b[1][2], b[1][3]
b[2]——b[2][0], b[2][1], b[2][2], b[2][3]
```

变量被定义后将被存放在内存中,C 语言中二维数组的元素在内存中是按行存放的,即在内存中先顺序存放第 1 行的元素,接着再顺序存放第 2 行的元素,……直到最后一行元素存放完为止。如图 5-7 所示为前面定义的二维数组 b 在内存中的存储情况。

图 5-7　二维数组的存储形式

5.3.2　二维数组的引用

引用二维数组元素的一般形式为：

数组名[行下标值][列下标值]

例如，b[1][3]表示数组 b 中序号为 1 的行(即第 2 行)中序号为 3 的列(即第 4 列)的元素。下标应该是整型表达式，与一维数组一样，可以对二维数组元素作输入、输出、引用和赋值等操作。例如：

```
int m = 0, n = 1, c[2][3];
scanf( "%d%d", &c[m][n], &c[n][m] );
c[0][0] = c[m][n] + c[n][m];
printf( "The First Element is %d\n", c[0][0] );
```

说明：在引用二维数组的元素时，行或列下标值均应在已定义的数组大小范围内。例如语句 int a[3][3];定义了一个 3×3 的二维数组 a，它的行或列下标的取值范围均为 0~2，所以数组 a 中不存在 a[3][3]这样的元素。

【实例 5-5】　从键盘输入一个 3×4 的整型矩阵给二维数组 a，并输出该矩阵的所有元素。

分析：可采用先行后列的顺序进行输入(或输出)，并且通过一维数组的操作可知，在正确定义变量 j 的情况下，输入第 1 行元素的程序段可描述如下：

```
for( j = 0; j < 4; j++)
    scanf( "%d", &a[0][j] );
```

输入第 2 行元素的程序段可描述如下：

```
for( j = 0; j < 4; j++)
    scanf( "%d", &a[1][j] );
```

通过观察可以发现输入第 i 行元素的程序段可描述为：

```
for( j = 0; j < 4; j++)
    scanf( "%d", &a[i][j] );
```

而此程序中 i 的取值范围为 0~2,整理得程序代码如下:

```
/* 实例 5-5 */
#include<stdio.h>
void main()
{
    int a[3][4], i, j;
    printf( "Please input the matrix:\n" );
    for( i = 0; i < 3; i++)
        for( j = 0; j < 4; j++)
            scanf( "%d", &a[i][j] );
    printf( "The matrix data are:\n" );
    for( i = 0; i < 3; i++)
    {
        for( j = 0; j < 4; j++)
            printf( "%5d", a[i][j] );
        printf( "\n" );
    }
}
```

程序运行结果如图 5-8 所示。试想本示例中若采用先列后行的顺序进行输入(或输出)该如何求解? 程序中的 printf("\n");的作用是什么? 去掉后对输出结果有何影响?

图 5-8 二维矩阵的输入和输出

可见,与一维数据类似,对二维数组的操作也常会与循环结构相结合,只是二维数组用两个下标来确定元素,因此,对二维数组的操作一般会结合二重循环结构。二重循环语句中具体该如何嵌套取决于对二维数组操作时是先行后列还是先列后行的。实例 5-5 程序中对二维数组元素进行的输入和输出均为先行后列的顺序进行。

5.3.3 二维数组的初始化

二维数组的初始化方法主要有以下 4 种。

(1) 通过嵌套一维数组初始化列表的方法顺序对二维数组的全部元素赋初值。例如:

```
int a[3][6] = {{ 1, 2, 0, 4, 6, 5 }, { 2, 4, 9, 0, 8, 1 }, { 7, 3, 5, 9, 2, 2 }};
```

这种方法将二维数组中每一行元素的初值置于花括号{}中,比较直观和方便程序代码的检错,也被称为分行赋值方法。

(2) 因为二维数组元素在内存中是按行存储的,所以方法(1)中的初始化语句也可以写作:

```
int a[3][6] = {1, 2, 0, 4, 6, 5, 2, 4, 9, 0, 8, 1, 7, 3, 5, 9, 2, 2};
```

109

第 5 章

数组

与方法(1)相比,方法(2)更容易由于数据多而出现数据遗漏或错位等情况。

    (3) 在定义数组时只对二维数组的部分元素赋初值。例如:

```
int a[3][6] = {{ 1 }, { 2, 4 }, { 7 } };
```

这种赋值方法相当于:

```
int a[3][6] = {{ 1, 0, 0, 0, 0, 0 }, { 2, 4, 0, 0, 0, 0 }, { 7, 0, 0, 0, 0, 0 } };
```

系统自动将没有初值的元素赋予初值0。又如:

```
int b[3][4] = {{ 1 }, { 2, 4 }, { 7 } };
```

在执行上述语句后,数组 b 的所有元素如下:

```
1    0    0    0
2    4    0    0
7    0    0    0
```

可以看出,这种初始化方法比较适合于非零元素少的数组,通过只罗列少量的非零元素,减少了数据输入的工作量。

    (4) 给二维数组部分元素赋初值时,又有如下形式:

```
int c[3][4] = {1, 2, 4, 7 };
```

但通过执行上述语句后,数组 c 的所有元素如下:

```
1    2    4    7
0    0    0    0
0    0    0    0
```

与方法(3)比较后可见,在部分元素赋初值时,不写表示一行元素的花括号将代表着不同的意义。

在二维数组初始化时,也存在省略数组长度的情况,但只能省略第 1 维的长度(总行数),第 2 维的长度(总列数)不能省略,具体情况如下:

    (1) 对全部元素赋初值。例如:

```
int a[ ][4] = {{ 1, 2, 3, 4 }, { 2, 3, 4, 5 }, { 3, 4, 5, 6 } };
```

或

```
int a[ ][4] = { 1, 2, 3, 4, 2, 3, 4, 5, 3, 4, 5, 6 };
```

均等价于

```
int a[3][4] = { 1, 2, 3, 4, 2, 3, 4, 5, 3, 4, 5, 6 };
```

    (2) 对部分元素赋初值,但在初始化列表中列出了全部行。例如:

```
int a[ ][4] = {{ 1, 2 }, { 2 }, { 3, 4, 5 } };
```

等价于

```
int a[3][4] = {{ 1, 2, 0, 0 }, { 2, 0, 0, 0 }, { 3, 4, 5, 0 } };
```

5.3.4 二维数组程序举例

【实例 5-6】 输入一个 4×4 的整型矩阵,计算并输出主对角线的元素之和。

分析:在二维数组中主对角线元素的特点是行下标和列下标相等,在 4×4 的矩阵(假设名称为 a)中这些元素为:a[0][0],a[1][1],a[2][2],a[3][3],观察后可知要求这些元素的和(设为 sum),只需重复语句 sum += a[i][i],其中 i 从 0 取到 3。

```c
/* 实例 5-6 */
# include < stdio.h >
void main()
{
    int a[4][4], i, j, sum = 0;
    printf( "Please input a 4 * 4 matrix:\n" );
    for( i = 0; i < 4; i++)
        for( j = 0; j < 4; j++)
            scanf( "% d", &a[i][j] );
    for( i = 0; i < 4; i++)
        sum += a[i][i];
    printf( "sum = % d\n", sum );
}
```

程序运行结果如图 5-9 所示。

图 5-9 矩阵主对角线之和

由于二维数组可以表示矩阵,所以关于矩阵的运算也常常通过二维数组来实现,试想本例若改为求副对角线上的元素之和该如何编程?

【实例 5-7】 输入 3 个学生 5 门课(3×5)的课程成绩到二维数组 score 中,计算并输出每个学生的平均成绩(保留两位小数)。

分析:先已知一个 3×5 的二维数组 a 用来保存输入的 3 个学生 5 门课程的成绩,且各个成绩的数组元素的对应关系如图 5-10 所示。

课程编号 学生编号	0	1	2	3	4
0	a[0][0]	a[0][1]	a[0][2]	a[0][3]	a[0][4]
1	a[1][0]	a[1][1]	a[1][2]	a[1][3]	a[1][4]
2	a[2][0]	a[2][1]	a[2][2]	a[2][3]	a[2][4]

图 5-10 二维数组元素和 3×5 个学生成绩数据的对应关系

可以看出,第 1 个学生的平均成绩可通过(a[0][0]＋a[0][1]＋a[0][2]＋a[0][3]＋a[0][4])/5 来计算,编程时常结合循环语句描述为 sum＋＝a[0][j],j 从 0 取到 4,再用

sum/5 来实现。而通过观察可知计算第 2 个学生的平均成绩时只需将第 1 个学生计算过程中的 a[0][j]改成 a[1][j]，同理，在计算第 3 个学生时改成 a[2][j]，通过整理整个计算过程可描述为：sum=0,sum += a[i][j],j 从 0 取到 4,为内层循环控制变量,ave[i]=sum/5,i 从 0 取到 2,为外层循环控制变量。

程序代码如下：

```
/* 实例 5-7 */
# include < stdio. h>
void main()
{
    int i, j;
    float score[3][5], ave[5], sum = 0;
    printf( "Please input the scores:\n" );
    for( i = 0; i < 3; i++)
        for( j = 0; j < 5; j++)
            scanf( "%f", &score[i][j] );
    for( i = 0; i < 3; i++)
    {
        sum = 0;
        for( j = 0; j < 5; j++)
            sum += score[i][j];
        ave[i] = sum/5;
    }
    printf( "The average of student are:\n" );
    for( i = 0; i < 3; i++)
        printf( "student %d: %.2f\n", i + 1, ave[i] );
}
```

程序运行结果如图 5-11 所示。

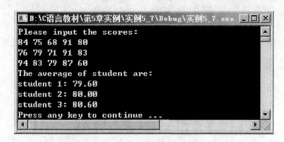

图 5-11　三个学生的平均成绩

在用二维数组解决问题时,按行顺序处理还是按列顺序处理是经常会遇到的问题,在有些问题中按什么顺序都可以,但有些问题则不然,如实例 5-7 中就需要按行顺序处理,试想若按列顺序处理后计算结果代表什么意义？

5.4　字 符 数 组

字符数组就是元素类型为字符类型的数组。与数值型数据相比,字符型数据不只应用广泛,更有其自身的特点,为方便掌握,本节专门对字符数组加以讨论。

5.4.1　字符数组、字符串和字符串结束标志

通过前面的内容知道,字符类型(char)是 C 语言中的一种基本数据类型,通过该数据类型说明的字符变量可用来存放单个的字符数据。字符常量是用一对单引号括起来的单个字符,如'H'。

字符数组则是用来存放由多个字符组成的有限字符序列(即字符类型的批量数据)。对字符数组的定义、初始化和引用等操作可通过与其他类型数组相同的方式进行。

字符串是由零个或多个字符组成的特殊的有限字符序列。其中有零个字符的字符串称为"空字符串"或"空串",反之则称为"非空字符串"。字符串常量是用一对双引号括起来的多个字符,如"Hello"。

在 C 语言中没有字符串类型,字符串都是存放在字符数组中,以字符数组的形式表示的。但是与一般的字符序列不同,字符串的末尾一般都要有一个'\0'字符(即 ASCII 码为 0 的字符,又称为空字符),用于表示字符串的结束,除此之外该字符不产生其他附加操作。因此,将字符串中第一个'\0'之前的有效字符个数称为该字符串的长度。其中字符串常量末尾的'\0'字符一般为隐藏的,由编译系统自动添加,而字符串变量(即用来存储字符串的字符数组)中的字符串结束符'\0'需要手工添加。例如:

(1) 字符串常量"Hello"一共包含 6 个字符,依次为:'H','e','l','l','o','\0',其中最后的'\0'字符在字符串中是隐藏的,由系统自动添加,因此该字符串的长度为 5。

(2) 字符串常量"He\0llo"中一共包含 7 个字符,依次为:'H','e','\0','l','l','o','\0',末尾的'\0'字符同样是隐藏的,由系统自动添加,但该字符串的长度却为 2,因为字符串在遇到字符序列中的第一个'\0'字符时就已经结束。

(3) 在语句 char c[5]={ 'H','e','l','l','o' };中,数组 c 中存放的字符序列不能作为字符串处理,因为该字符数组中存储的字符序列不存在字符串结束标志'\0',要表示字符串"Hello"可使用语句:char c[6]={ 'H','e','l','l','o' , '\0' };。

总之,在 C 语言中,字符数组中既可以存储一般的字符序列又可以存储字符串,但在存储字符串时还要在字符串的结束位置多存储一个字符串结束标志'\0',否则计算机将不知道字符串在什么地方结束。一个一维字符数组可用于存放一个字符串,多个字符串则可以存放于二维字符数组中,即每行存放一个字符串。

5.4.2　字符数组的定义和初始化

字符数组的定义形式与前面介绍的其他类型数组的定义相同。

1. 字符数组的定义

定义字符数组的一般形式为:

```
char 数组名[常量表达式];
char 数组名[常量表达式 1] [常量表达式 2];
```

例如:

```
char  a[5];              /＊定义了一维字符数组 a,它有 5 个元素＊/
```

```
char   b[3][5];                  /* 定义了 3×5 的二维字符数组,它有 3 行 5 列 15 个元素 */
```

2. 字符数组的初始化

（1）在定义字符数组时按顺序给字符数组的所有元素赋初值。例如：

```
char   c[12] = { 'H', 'o', 'w', ' ', 'a', 'r', 'e', ' ', 'y', 'o', 'u', '\0' };
```

此时又等价于

```
char   c[] = { 'H', 'o', 'w', ' ', 'a', 'r', 'e', ' ', 'y', 'o', 'u', '\0' };
```

其中,' '表示一个空格字符,即用单引号将一个空格字符括起来。执行上述语句后数组元素的取值情况如图 5-12 所示。

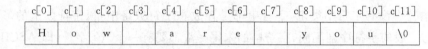

c[0]	c[1]	c[2]	c[3]	c[4]	c[5]	c[6]	c[7]	c[8]	c[9]	c[10]	c[11]
H	o	w		a	r	e		y	o	u	\0

图 5-12　字符数组 c 的元素取值

（2）在定义字符数组时按顺序只给字符数组的部分元素赋初值。例如：

```
char   a[8] = { 'T', 'h', 'a', 'n', 'k', 's' };
```

在此情况下,系统自动将不提供初值的元素赋为空字符'\0'。执行上述语句后数组元素的取值情况如图 5-13 所示。

a[0]	a[1]	a[2]	a[3]	a[4]	a[5]	a[6]	a[7]
T	h	a	n	k	s	\0	\0

图 5-13　字符数组 a 的元素取值

（3）由于字符数组可以用来存放字符串,为了方便,可以直接使用字符串常量为字符数组进行初始化。

```
char   a[8] = { "Program" };
```

等价于

```
char   a[8] = "Program";
```

可见,在用字符串常量直接对字符数组初始化时,初始化列表中的大括号可以省略。

说明：

① 在用字符串常量直接对字符数组初始化时,表示数组长度常量表达式可以省略,此时数组的长度为字符串的长度加 1。例如：

```
chara [ ] = "Morning";
```

在上面的语句中,字符数组 a 的长度被确定为 8,因为除了字符串中的 7 个字符外,系统会自动将字符串结束标志'\0'也存储在数组中,语句执行后字符数组 a 的存储情况如图 5-14 所示。

a[0]	a[1]	a[2]	a[3]	a[4]	a[5]	a[6]	a[7]
M	o	r	n	i	n	g	\0

图 5-14　数组 a 的实际存储情况

② 在用二维字符数组存储字符串时也可使用本方法进行初始化。例如：

char　c[3][10] = { "Apple", "Orange", "Mandarin" };

在执行上述初始化语句后，二维字符数组 c 的实际存储情况如图 5-15 所示。

A	p	p	l	e	\0	\0	\0	\0	\0
O	r	a	n	g	e	\0	\0	\0	\0
M	a	n	d	a	r	i	n	\0	\0

图 5-15　二维字符数组的存储形式

5.4.3　字符数组的输入输出

字符数组的输入输出方法也不止一种，具体如下。

1. 逐个字符输入和输出

此方法和其他类型数组元素的输入输出方法类似，通过与循环结构相结合，对数组中的元素逐个进行输入和输出，只不过字符的格式字符串为"%c"。例如程序一：

可知，程序一用于逐个输入 10 个字符到字符数组 str 中，然后再逐个输出这 10 个字符。

在实际应用中，字符数组往往被用于存放字符串，而要使程序一的数组 str 也存放从外部输入的字符串，就需要添加字符串结束符'\0'，可将其修改为程序二的方式：

程序一（运行结果如图 5-16 所示）：

```c
#include <stdio.h>
void main()
{
    int i;
    char str[10];
    for( i = 0; i < 10; i++ )
        scanf( "%c", &str[i] );

    for( i = 0; i < 10; i++ )
        printf( "%c",str[i] );
}
```

程序二（运行结果如图 5-17 所示）：

```c
#include <stdio.h>
void main()
{
    int i;
    char str[10];
    for( i = 0; i < 9; i++ )
        scanf( "%c", &str[i] );
    str[i] = '\0';   /* i 的值为 9 */
    for( i = 0; i < 10; i++ )
        printf( "%c", str[i] );
}
```

图 5-16　程序一运行结果

图 5-17　程序二运行结果

通过对比两个程序的代码及运行结果可见：

(1) 在字符数组中存放字符串时，需要在字符串尾部对应的位置提供一个元素（在此为 str[9]）用于存放一个字符串结束符'\0'。

(2) 字符串结束符'\0'不能以"%c"格式从外部输入，只能进行手工赋值。如 str[i] = '\0';。

(3) 字符'\0'在用"%c"格式输出时表现为一个空格。从输出结果的格式中可以看出，程序二在内容"请按任意键继续"之前还输出了一个空格，而这个空格正是字符'\0'。

(4) 当字符数组用于存放字符串时，与循环结构相结合的输入输出方法还不够灵活。程序二中 char str[10];语句表明数组 str 中可以存放含有小于等于 9 个有效字符的字符串，而根据当前程序二的输入方法，在程序运行时必须输入 9 个字符，少于 9 个时程序将一直运行在等待输入状态。为了更加方便地处理字符串，可用下面的方法进行字符数组的输入输出。

2. 整个字符串输入和输出

此方法使用格式符"%s"，一次性对数组元素进行输入和输出。例如以下程序：

```
/*示例程序*/
#include<stdio.h>
void main()
{
    char str1[8], str2[8], str3[] = "Year!";
    printf("Please Input two strings:\n");
    scanf("%s%s", str1, str2);                      /*输入两个字符串*/
    printf("str1 = %s, str2 = %s, str3 = %s\n", str1, str2, str3);  /*输出字符串*/
}
```

程序运行结果如图 5-18 所示。

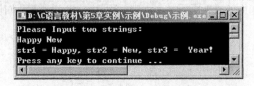

图 5-18　示例程序运行结果

说明：

(1) 在用 scanf 和 printf 函数输入输出字符串时，格式字符串"%s"对应的输出项为字符数组的名称，而非某个数组元素。如语句 scanf("%s%s", str1, str2);不能写成：

scanf("%s%s", str1[1], str2[1]);。

(2) 在以"%s"格式输入字符串时，系统自动会在输入结束时添加字符'\0'到存储该字符串的字符数组中，因此，输入的字符串长度必须小于等于该字符数组的长度减 1。例如，执行下面的程序段时：

```
char str[8];
scanf("%s", str);
```

输入内容：Morning↙后，字符数组 str 的元素依次为：'M','o','r','n','i','n','g','\0'。

（3）在以"%s"格式输出字符串时，遇第一个'\0'就结束，且不包括'\0'。例如下面的语句：

```
char str[ ] = "Good\0Morning!";
printf( "%s", str );
```

执行后输出一个字符串"Good"，字符串结束符'\0'以后的字符不输出。

（4）用一个 scanf 函数输入多个字符串时，系统会把空格、回车键或 Tab 键作为输入字符串之间的分隔符，因此，按"%s"格式输入的字符串中不能包含空格（具体见图 5-18）。

3. 使用字符串处理函数输入和输出

为了方便，在 C 函数库中提供了专门输入输出字符串的函数：gets 和 puts，解决了前面"%s"格式输入时不能输入空格等问题。和其他输入输出函数一样，使用这两个函数时，应在程序的开始位置加上文件包含预处理命令：

```
# include < stdio. h >
```

1) gets 函数

gets 函数用于输入字符串，其使用的一般形式为：

```
gets(字符数组名称);
```

其作用是从键盘输入一个以回车键结束的字符串（可以包括空格和 Tab 键），在输入结束时，系统自动将结尾的回车键转化为'\0'并存入字符串尾部。例如，执行下面的程序段时：

```
char s[10];
gets( s );
```

在输入内容：Mary↙后，数组 s 的前 5 个元素依次为：'M','a','r','y','\0'，剩余的 5 个元素没有被赋初值。

2) puts 函数

与 gets 函数相对应，puts 函数用于输出字符串，其使用的一般形式为：

```
puts(字符串常量或字符数组名称)
```

其作用是将一个字符串（以'\0'结束的字符序列）输出到屏幕，输出时将字符串结束标志'\0'转换成'\n'，即输出字符串内容后再换行。例如执行语句：

```
puts( "Oh, My God!" );
```

输出结果如图 5-19 所示。

图 5-19　示例语句输出结果

数组

5.4.4　常用字符串处理函数

除了字符串的输入输出外，C 函数库中还提供了一些专门用来处理字符串的函数，如计算字符串的长度等。使用这些函数时，应在程序的开始位置加上文件包含预处理命令：

```
#include<string.h>
```

下面对常见的字符串处理函数进行介绍。

1. strlen 函数——测试字符串(string)长度(length)的函数

其一般格式如下：

```
strlen(字符串常量或字符数组名称)
```

函数返回值的数据类型是整型，返回值的大小表示被测试字符串的长度(不包括'\0')。若字符串为空串，则返回值为 0。例如：

```
char   str[10]="Mary";
printf( "%d", strlen(str) );
```

程序段执行后的输出结果为：4

说明：这里字符数组 str 的长度(即方括号中的数字)为 10，而字符串的长度为 4。

2. strcat 函数——字符串(string)连接(catenate)函数

其一般格式如下：

```
strcat(字符数组 1,字符数组 2 或字符串常量)
```

主要功能为将字符串 2 或字符串常量连接到字符串 1 的后面，形成一个新的字符串，且保存在字符数组 1 中。函数的返回值为字符数组 1 的地址。例如：

```
char   str1[20]="Micro";
char   str2[ ]="soft";
printf( "%s", strcat(str1,str2) );
```

程序段执行后的输出结果为：

```
Microsoft
```

说明：使用 strcat 函数连接两个字符串时，字符数组 1 的存储空间必须足够大，足以存放连接后的新字符串。连接时，字符串 1 后面的'\0'取消，只在新字符串最后保留'\0'。

3. strcpy 函数——字符串(string)复制(copy)函数

其一般格式如下：

```
strcpy(字符数组 1,字符数组 2 或字符串常量)
```

主要功能为将字符数组 2 或字符串常量中的内容复制到字符数组 1 中，连同字符串结束标志'\0'也一起复制，字符数组 1 中原来的内容被覆盖。例如：

```
char   str1[ ]="Chinese", str2[ ]="English";
strcpy( str1, str2 );
strcpy( str2, "French" );
```

```
puts( str1 );
puts( str2 );
```

程序段执行后的输出结果为：

```
English
French
```

说明：不能用赋值语句将字符数组（或字符串）直接赋值给另一个字符数组。例如，下面的写法是错误的：

```
s1 = s2;
s2 = "Windows";
```

错误的原因是 s1、s2 都是字符数组名，而 C 程序中数组一经定义，数组名就代表了该数组的首地址，在程序执行过程中始终不变，它是一个常量。常量是不能出现在赋值表达式左边的。

4. strcmp 函数——字符串（string）比较（compare）函数

其一般格式如下：

```
strcmp(字符串 1,字符串 2)
```

主要功能为比较字符串 1 和字符串 2 的大小，并将比较结果返回。

C 语言中字符串的比较规则是对两个字符串中包含的有效字符从左向右依次逐个比较，直到出现不同的字符或遇到'\0'为止。当出现不同的字符时，则返回这两个不同字符的 ASCII 码差值，并认为这两个字符串不相等。反之，当两个字符串的全部字符都相同，则返回 0，并认为这两个字符串相等。返回值与比较结果的具体对应关系如下。

(1) 当字符串 1 ＝字符串 2 时，函数返回值为 0。

(2) 当字符串 1 ＞字符串 2 时，函数返回值为大于 0 的整数。

(3) 当字符串 1 ＜字符串 2 时，函数返回值为小于 0 的整数。

例如：

```
int r1, r2, r3;
char  s1[ ] = "Word", s2[ ] = "Excel";
r1 = strcmp( s1, s2 );
r2 = strcmp( "PowerPoint", s1 );
r3 = strcmp( s1, "Word" );
```

以上程序段运行后有，r1 ＞0，r2 ＜0，r3＝0。

说明：不能用关系运算符＞、＞＝、＜、＜＝、＝＝来比较两个字符串的大小。例如，以下描述是不合法的：

```
if(s1 > s2)
…
```

正确的写法为：

```
if(strcmp(s1, s2)>0)
    …
```

且判断两个字符串是否相等的表达式为：strcmp(s1，s2)==0。

5. strupr 函数——字符串(string)转换为大写(uper)函数

其一般格式如下：

```
strupr(字符串)
```

主要功能为将字符串中的所有小写字母转换成大写字母，其他字符保持不变。

6. strlwr 函数——字符串(string)转换为小写(lower)函数

其一般格式如下：

```
strlwr(字符串)
```

主要功能为将字符串中的所有大写字母转换成小写字母，其他字符保持不变。

例如：

```
char   str1[6] = "CHinA";
printf ( "%s\n", strlwr( str1 ) );
printf ( "%s\n", strupr( str1 ) );
```

程序段执行后的输出结果为：

```
china
CHINA
```

5.4.5 字符数组程序举例

【实例 5-8】 输入一个由字母组成的字符串(少于 20 字符)，将其转换为纯大写后输出(不使用 strupr 函数)。

分析：定义一个一维数组用以存放外部输入的字符串，依次扫描并检测该一维数组中的每个元素，若检测到当前元素为小写字母，则将其转化为大写字母，一直扫描到字符串结束符'\0'为止，通过前面的知识可知，大写字母与小写字母的关系为：大写字母＝小写字母－32。

程序代码如下：

```
/*实例 5-8*/
#include <stdio.h>
void main()
{
    char str[20];
    int i;
    printf( "Input a string:\n" );
    scanf( "%s", str );
    for( i=0; str[i] != '\0'; i++)
        if( str[i] >= 'a' && str[i] <= 'z' )
            str[i] -= 32;                    /*将小写字母转化为大写字母*/
    printf( "str = %s\n", str );
}
```

程序运行结果如图 5-20 所示。

图 5-20　小写字母转成大写

【实例 5-9】　任意输入三个字符串(少于 15 个字母),按从小到大的顺序排序并输出。

分析:将三个字符串分别输入到 3×15 的二维字符数组 s 中,假设输入后数组的存储形式如图 5-21 所示。

A	c	k	n	o	w	l	e	g	e	m	e	n	t	\0
C	a	l	c	u	l	a	t	o	r	\0				
C	o	n	c	e	i	v	a	b	l	e	\0			

图 5-21　三个示例单词的存储形式

可将数组的每一行看作一个一维数组,则三个一维数组依次为 s[0],s[1],s[2],且将三个字符串排序的操作可用以下三步完成。

(1) 比较 s[0] 和 s[1],如果 s[0]>s[1],则交换 s[0] 和 s[1] 的内容。

(2) 比较 s[0] 和 s[2],如果 s[0]>s[2],则交换 s[0] 和 s[2] 的内容,此时 s[0] 的内容已经为三个字符串的最小值。

(3) 比较 s[1] 和 s[2],如果 s[1]>s[2],则交换 s[1] 和 s[2] 的内容。

程序代码如下:

```
/* 实例 5-9 */
# include < stdio. h >
# include < string. h >
void main( )
{
    char sTemp[15], s[3][15];
    int i;
    printf( "Input three strings:\n" );
    for( i = 0; i < 3; i++)
        gets( s[i] );
    if( strcmp( s[0], s[1] ) > 0 )
    {
        strcpy( sTemp, s[0] );     strcpy( s[0], s[1] );  strcpy( s[1], sTemp );
    }
    if( strcmp( s[0], s[2] ) > 0 )
    {
        strcpy( sTemp, s[0] );     strcpy( s[0], s[2] );  strcpy( s[2], sTemp );
    }
    if( strcmp( s[1], s[2] ) > 0 )
    {
        strcpy( sTemp, s[1] );     strcpy( s[1], s[2] );  strcpy( s[2], sTemp );
```

第 5 章

数组

```
    }
    printf( "The strings sorted are:\n" );
    for( i = 0; i < 3; i++)
        puts( s[i] );
}
```

程序运行结果如图 5-22 所示。

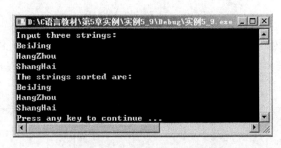

图 5-22   三个字符串的排序

5.5   数组与指针

指针是 C 语言中的又一种重要数据类型,前面章节中已对指针有了基本的认识,其实灵活使用指针,可以方便有效地组织和表示复杂的数据结构,本节内容主要对指针及数组与指针的结合进行描述。

5.5.1   使用指针处理数组元素

在了解指针的基础上,本节再结合数组,因为指针和数组有着密切的关系,几乎所有使用数据下标来实现的操作均可由指针来完成。

1. 使用指针处理一维数组

数组是由一组有序的,具有相同数据类型的数据构成的集合。在使用数组时可通过下标来访问其中的元素,且这些数组元素在内存中是按下标顺序连续存放的,换句话说,它们的地址也是按下标顺序连续的。如下面的数组 a 及其对应内存中的分布情况(见图 5-23)。

```
int a[5] = { 5, 10, 15, 20, 25 };
```

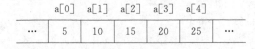

图 5-23   数组 a 的存储形式

从图 5-23 中可以看出,如果知道元素 a[2] 的地址 p,那么 p+1 就是 a[3] 的地址,p−1 就是 a[1] 的地址,而且除第一个元素 a[0] 和最后一个元素 a[4] 外,所有的元素都有这样的规律。若当前元素为 a[0],虽然 p+1 将得到 a[1] 的地址,但 p−1 得到的地址已经超出数组 a 所分配的内存空间,对该内存空间的访问极有可能导致非法操作;同理,对于元素 a[4],对地址 p+1 指向的内存进行访问也可能导致非法操作。

因此,对于数据 a 中的非首尾元素 a[i],如果其指针为 p,均有 p+1 指向 a[i+1],p−1 指向 a[i−1];而对于数组的首尾元素,当 p+1 或 p−1 不超出数组分配内存范围时同样成立。

【**实例 5-10**】 使用指针访问数组元素。

程序代码如下:

```
/* 实例 5-10 */
#include <stdio.h>
void main()
{
    int a[5] = { 10, 11, 12, 13, 14 };
    int * p0 = &a[0], * p3 = &a[3];           //用 &a[0]取 a[0]的地址
    printf( "%d, %d\n", a[0], * p0 );         //用 * p0 取 p0 所指向的变量
    printf( "%d, %d\n", a[1], * (p0 + 1) );
    printf( "%d, %d, %d\n", a[2], * (p0 + 2), * (p3 − 1) );
}
```

程序运行结果如图 5-24 所示。

图 5-24 使用指针访问数组元素

函数中第 2 条语句将 a[0]的地址赋给指针 p0,将 a[3]的地址赋给指针 p3;紧接着执行第 1 条 printf()语句时,将输出 a[0]的值和 * p0 的值,而由于 p0 本来就指向 a0,故在此 a[0]和 * p0 是等价的,因此将输出两次 a[0]的值;同理,在执行第 2 条 printf()语句时由于 (p0+1)是指向 a[1]的,最终也将输出两个 a[1]的值;对于第 3 条 printf()语句,由于指针 p3 是指向元素 a[3]的,所以 p3−1 是指向 a[2]的, * (p3−1)就表示 a[2],故第 3 个 printf() 函数将输出三次元素 a[2]的值。

通过实例 5-10 可知,在定义数组后,要使用指针来访问数组元素,只需已知其中某个元素的地址以及对应的下标即可。可以根据元素间的相对位置对当前指针进行"偏移"操作来得到要访问元素的地址,进而通过取内容运算符访问到该元素,如实例 5-10 中的 * (p0+2) 和 * (p3−1)。但相比之下,因为数组元素在内存中是连续存储的,因此更关注第一个元素的地址(又称为数组的首地址),具体见实例 5-11。

【**实例 5-11**】 通过数组的首地址来访问数组元素。

程序代码如下:

```
/* 实例 5-11 */
#include <stdio.h>
void main()
{
    int a[5] = { 10, 11, 12, 13, 14 }, i;
    int * p0 = &a[0];                    //&a[0]为数组的首地址
    for( i = 0; i < 5; i ++)
```

```
        printf("%d\n", *(p0 + i) );          // *(p0 + i)等价于 a[i]
    }
```

程序运行结果如图 5-25 所示。

图 5-25　数组首地址使用

在使用首地址后访问数组元素的编写方式：

```
printf("%d\n", *(p0 + i) );
```

和不使用地址而直接使用数组元素的编写方式：

```
printf("%d\n", a[i] );
```

非常类似，可以很容易地将一种方式改写为另一种方式。最大的区别在于使用指针时，需要添加类似 int * p0 = &a[0]; 的语句来定义首地址，那么有没有更简略的方式呢？答案是肯定的。

其实，在了解了指针及地址的知识后，在此需要对数组定义语句：

```
int a[5];
```

进行一个补充说明，在该语句中 a 除了表示数组的名称外，还表示数组的首地址，即：

(1) a 既表示包含 5 个整型元素的数组名称，又表示一个地址；

(2) a 表示的是首地址，即 a 等价于 &a[0]。

于是，实例 5-11 的代码又可改写为如下方式：

```
/* 实例 5-11 */
# include <stdio.h>
void main()
{
    int a[5] = { 10, 11, 12, 13, 14 }, i;
    int * p0 = a;                         //a 相当于 &a[0]
    for( i = 0; i < 5; i ++)
        printf( "%d\n", *(p0 + i) );       // *(p0 + i)等价于 a[i]
}
```

又由于 int * p0 = a; 中可知 p0 和 a 等价，进一步可以改写为：

```
/* 实例 5-11 */
# include <stdio.h>
void main()
{
    int a[5] = { 10, 11, 12, 13, 14 }, i;
    for( i = 0; i < 5; i ++)
```

```
        printf( "%d\n", *(a+i) );          // *(a+i)等价于 a[i]
    }
```

可通过程序运行结果验证,它们确实有相同的功能,且第二种改写方式更简略,更加接近于不用指针时的编写方式,当然程序中的语句 printf("%d\n", *(a+i));还可写作:

```
printf("%d\n", p0[i] );                        //p0 和 a 等价,p0[i]和 a[i]等价
```

至此,对使用指针访问数组做如下总结。

(1) 数组名称也是数组的首地址,因此语句:

```
int a[5], *p;
p = &a[0];
```

等价于:

```
int a[5], *p;
p = a;
```

或

```
int a[5], *p = a;
```

但不能写作:

```
int *p = a, a[5];
```

因为,数组 a 需要先定义后使用,在执行 p = a 时,a 还未定义。

(2) 在有语句 int a[5], *p = a;之后,描述下标为 i 的元素可有以下 4 种等价方法。

```
a[i]
p[i]
*(a+i)
*(p+i)
```

但在使用时需要注意,p 和 a 还是有区别的:a 为数组的首地址,在数组被定义时被系统统一分配,在整个程序运行时是不会变化的,因此是常量;p 为整型指针,可以指向任何一个整型数据,包括数组 a 中的某个数组元素,因此是变量。所以不能对 a 进行 a++等自增自减操作,而 p 则可以,如执行 p++后,p 将指向数组中的下一个元素。

小提示:在语句 int a[5], *pA = a;和 float b[5], *pB = b;中,pA+1 的 pB+1 也是有区别的,因为指针变量的加减和指针本身的类型是相关的,由于 pA 为整型指针,pA+1 代表 pA 向后移动一个 int"单位"(即 TC 环境时为 2 个字节)后得到的地址值,而 pB+1 时移动的"单位"为一个 float 型变量所占的字节数(即 4 个字节)。

【实例 5-12】 利用指针来计算数组的最大值和最小值及其位置。

根据前面相应的数组实例分析,可知只需将相应部分的描述使用指针替换即可,程序代码如下。

```
/* 实例 5-12 */
# include < stdio.h>
void main()
```

```
{
    int a[10], *p = a, *pMin, *pMax, i;
    printf("Input 10 numbers:\n" );
    for( i = 0; i < 10; i ++)
        scanf( "%d", p + i );
    pMin = pMax = a;
    p = a + 1;
    for( i = 1; i < 10; i ++, p ++)
    {
        if( *p > *pMax )
            pMax = p;
        if( *p < *pMin )
            pMin = p;
    }
    printf( "Min is a[%d], its value is %d\n", pMin - a, *pMin );
    printf( "Max is a[%d], its value is %d\n", pMax - a, *pMax );
}
```

程序运行结果如图 5-26 所示。

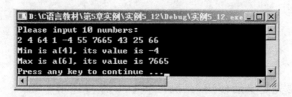

图 5-26　使用指针计算极值及其位置

程序中主要分为数据输入、比较及输出三部分。在输入时，使用 p+i 的形式来获取当前元素的地址，并作为 scanf 函数中的参数进行传入，随着 i 的变化，p+i 总是得到当前元素的内存地址，使得输入的值能准确赋给相应的元素；在比较部分则使用 p++ 的方式，通过直接修改指针 p 的值，来完成指向当前元素的指针变换，使得在当前元素处理结束时，通过 p++ 将指向当前元素的指针 p 指向下一个元素，并进入下一次循环，一直到循环结束，且通过 *pMax，*pMin 来指代当前得到的最大值及最小值，通过与所有循环中的 *p 进行比较并更新后，得到的 pMax 和 pMin 即指向最大值和最小值所在的存储单元；在输出部分，为了得到最大值和最小值的下标值，直接使用类似于 pMax-a 和 pMin-a 的方式来计算指针 pMax(或 pMin)与数组的首地址 a 之间的元素个数，使得整个程序满足题目要求。

在使用类似 p++ 的指针运算时，还需要注意以下几种常见的指针运算相关表达式，更需要注意其中的运算次序。

（1）(*p)++：先取 *p 的值，再将该值加 1 并存入 p 指向的内存空间。

（2）++(*p)：先取 *p 的值，将该值加 1 并存入 p 所指的内存空间后，再取 *p 的值。

（3）(*p)--：先取 *p 的值，再将该值减 1 并存入 p 指向的内存空间。

（4）--(*p)：先取 *p 的值，将该值减 1 并存入 p 所指的内存空间后，再取 *p 的值。

（5）＊p＋＋：先取＊p的值，再执行p++，使得p指向下一个元素的内存单元。

（6）＊＋＋p：先执行p++，使得p指向下一个元素的内存单元，再取＊p的值。

（7）＊p－－：先取＊p的值，再执行p－－，使得p指向上一个元素的内存单元。

（8）＊－－p：先执行p－－，使得p指向上一个元素的内存单元，再取＊p的值。

为了进一步了解以上几种表达式运算过程，可对照以下示例的运行结果。

```
/＊示例程序＊/
# include < stdio.h>
void main()
{
    int a[10] = { 1, 2, 3, 4, 5, 6, 7, 8, 9, 10 }, * p = a, n;
    n =  * p++;
    printf( "n = % d\n", n );
    n =  * ++p;
    printf( "n = % d\n", n );
    n = ( * p)++;
    printf( "n = % d\n", n );
    n = ( * p)++;
    printf( "n = % d\n", n );
}
```

程序运行结果如图 5-27 所示。

图 5-27　示例程序运行结果

2. 使用指针处理多维数组

和一维数组类似，也可以将指针指向多维数组中的元素，再通过该指针对多维数组的元素进行访问和处理，为了便于理解，在此以二维数组为例进行描述。

先回顾一下二维数组的一些特性，对于一个包含 3 行 4 列的二维数组定义语句：

float b[3][4];

我们总是将其理解为一个包含 3 个复杂元素（b[0]，b[1]和 b[2]）的一维数组，每个复杂元素对应二维数组的一行，每个复杂元素内部又包含 4 个较简单的 float 型元素。具体对应关系如下：

b[0]——b[0][0], b[0][1], b[0][2], b[0][3]
b[1]——b[1][0], b[1][1], b[1][2], b[1][3]
b[2]——b[2][0], b[2][1], b[2][2], b[2][3]

且整个二维数组以先行后列的形式连续存放在内存中，具体见图 5-28。

127

第5章

数组

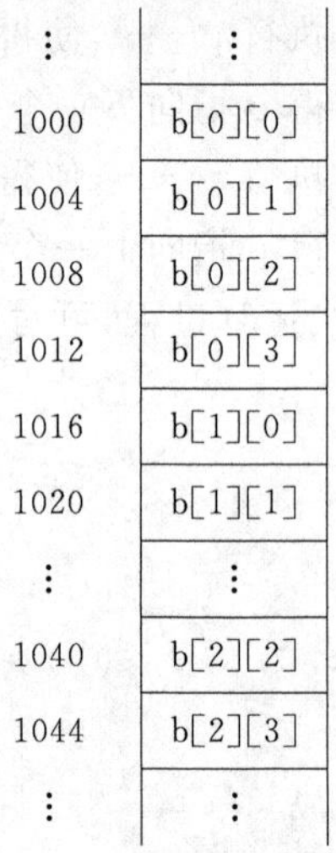

⋮	⋮
1000	b[0][0]
1004	b[0][1]
1008	b[0][2]
1012	b[0][3]
1016	b[1][0]
1020	b[1][1]
⋮	⋮
1040	b[2][2]
1044	b[2][3]
⋮	⋮

图 5-28　二维数组的存储形式

接下来讨论二维数组中的指针情况，主要根据数组的名称就是数组的首地址来进行分析。

对于某一行(以 i 为下标)数据，它是一个以 b[i]为名称的一维数组，因此，b[i]本身就是一个指针，表示该行中第一个元素的地址，即 b[i]与 &b[i][0]或 *b[i]与 b[i][0]等价，通过对 b[i]进行加减操作即可访问到该行的其他元素，如 b[i]+2 表示元素 b[i][2]的地址，*(b[i]+2)即为元素 b[i][2]。

对于整个二维数组，共有三个元素(一个元素代表一行)且数组名称为 b，则 b 就是首地址，表示这三个元素中第一个元素的地址，即 b 与 &b[0]或 *b 与 b[0]等价，又因为将 b 看作一维数组时该数组中的元素为二维数组中的一行，所以对 b 进行的加减操作将每行元素所占的字节数为"单位"进行，即 b+i 表示下标为 i 的行的地址，而该行的地址总是用首地址来表示，即上一段内容中得到的结论：b[i]与 &b[i][0]等价，综合两种等价关系可知：*(*b)与 *(b[0])和 b[0][0]均等价，注意在此的二维数组名称 b 前面有两个"*"，当数组为三维数组或更多维数组时，类似的规律同样存在，当然该等价关系也可以表示为：*b 与 b[0]和 &b[0][0]均等价，它们表达了相同的意思，只是在描述上有所不同。

以上描述中的结论也可通过对数组的内存分布情况分析得到，同时由于存在较多的等价描述方式，同一功能又可写作多种方式。

【实例 5-13】 使用指针的方式输入整型数组的元素值，计算并输出这些元素的和。

结合前面相应的数组实例分析，将相应部分的描述使用指针替换，具体程序代码如下。

```
/* 实例 5-13 */
#include <stdio.h>
void main()
{
    int b[ 3 ][ 4 ], i, j, sum = 0;
    printf("Please input a 3 * 4 matrix:\n" );
    for( i = 0; i < 3; i ++)
        for( j = 0; j < 4; j ++)
```

```
            scanf( "%d", b[i]+j );
    for( i = 0; i < 3; i++ )
        for( j = 0; j < 4; j++ )
            sum += *( b[i]+j );
    printf( "sum = %d\n", sum );
}
```

程序运行结果如图 5-29 所示。

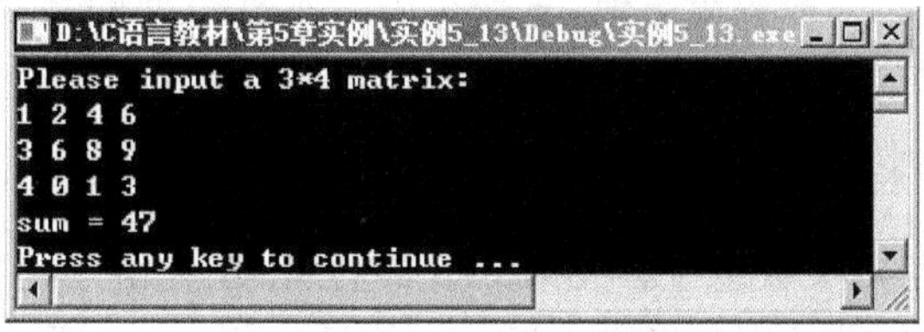

图 5-29　借助数组首地址来计算数组的和

3. 由指针组成的数组

在使用指针方式处理数组元素时,按照习惯常会将数组的名称(即数组的首地址)赋给某个指针变量,再使用该指针变量来进行处理,如下面的语句:

```
int a[5], *p = a;
```

语句中将一维数组的名称(即首地址)直接赋值给指针变量 p,此时使得 p 和 a 几乎等价,在指定数组 a 的元素时可以直接使用 p[i] 来代替 a[i],p 和 a 除了一个为变量一个为常量之外,几乎没什么区别。但这种情况仅限于在一维数组中,看下面的语句:

```
float array[2][3], *pTemp = array;
```

语句中将二维数组名称(即首地址)直接赋值给指针变量 pTemp,使得 pTemp 和 array 相等,但要注意此时的 pTemp 和 array 不等价,除了一个为变量一个为常量外,对它们做加减法运算时也有很大区别,对于首地址 array,执行 array+1 时总是把 array 看作两个较复杂的元素来进行,每个复杂元素为数组 array 的一行,每行内包含 3 个 float 型变量,因此 array+1 时总是以这里的行为"单位"进行运算,整个地址向后偏移 4×3(其中 3 表示 3 个 float 型变量,4 表示每个 float 型变量占 4 个字节)个字节的内存空间;而对于指针 pTemp,它只是一个 float 型的指针变量,对其进行的加减法运算如 pTemp +1,只会将 pTemp 指向的地址向后偏移 4 个字节的内在空间。

因此,在使用指针指向数组时并处理数组元素时,需要特别注意,最好将多维数组分解到一维数组,如将语句 int b[3][4];中二维数组 b 的每一行看作一个元素,即整个数组由三个复杂元素 b[0],b[1] 和 b[2] 组成,而这三个复杂元素就是一维数组,可通过操作一维数组的方式来操作它们,在方便理解的同时,降低直接操作多维数组中的复杂性,具体如下:

```
int b[3][4];
int * p0, * p1, * p2;
p0 = b[0];
p1 = b[1];
p2 = b[2];
```

可以看出,通过以上赋值后的指针变量 p0,p1,p2 已分别表示第一行、第二行以及第三行中一维数组的首地址,即相当于每行中一维数组的别名,可直接使用 p0[0]来表示第一行中的第一个元素,p2[3]表示第 3 行的第 4 个元素等。不过还可以再观察一下上面的代码,可以发现其实语句 int * p0, * p1, * p2;相当于同时定义了三个相同类型的指针变量,或由三个相同类型的指针变量组成的集合,即一维数组,只是这里的数组元素类型为指针类型 int * ,如此表示的数组称为指针数组。

定义指针数组与定义一般数组类似,只需在表示数据类型的部分添加相应的表示指针的"*"即可,如定义一维指针数组的一般形式如下:

数组类型　　数组名称[长度];

其中,数组类型为所定义数组中各元素的数据类型,在此由于是指针类型,即可写为类似 int * 等形式,数组名称及长度与定义一般的一维数组相同。如语句 float * a[5];即定义了一个 float * 类型的一维数组。

通过使用一维指针数组后,可以对上面的程序进行改写如下:

```
int b[3][4], * p[3], i;
for( i = 0; i < 3; i ++)
    p[i] = b[i];
```

或者,直接写作对数组进行初始化的形式:

```
int b[3][4], * p[3] = { b[0], b[1], b[2] };
```

可见,通过将指针指向一维数组可以较简单地处理该一维数组中的元素,同理,如果数组为由语句 int a[3][4][5];定义的三维数组,可以将其看作有 3 层,每层上又有 4 行 5 列元素,那么,可以使用 int ** pA[3][4];定义一个二维指针数组来指向该三维数组中的每一行元素,其中第一个"*"表示将每一层看作一个元素,且指向该一维数组的指针,第二个"*"表示在一层的基础上将每层中的每一行看作一个元素后,指向某层中一维数组的指针。如此即可使用和上面类型的 for 语句进行指针赋值,使 pA[0][0]指向数组 a 中第一层的第一行,pA[0][0]+2 即为该行中第三个元素的地址,而 pA[2][3]则指向第 3 层的第 4 行,pA[2][3]+4 即为第 3 层第 4 行的第 5 个数,即数组的最后一个元素。为了叙述方便,在此仍以指向二维数组的一维指针数组来进行举例。

【实例 5-14】 使用指针的方式输入整型数组的元素值,计算并输出这些元素的和。

程序代码如下。

```
/ * 实例 5-14 * /
# include < stdio. h>
void main()
{
    int b[ 3 ][ 4 ], i, j, sum = 0, * pB[3];
    for( i = 0; i < 3; i ++)
        pB[ i ] = b[ i ];
    printf("Please input a 3 * 4 matrix:\n" );
    for( i = 0; i < 3; i ++)
        for( j = 0; j < 4; j ++)
```

```
        scanf( "%d", &pB[ i ][ j ] );
    for( i = 0; i < 3; i ++)
        for( j = 0; j < 4; j ++)
            sum += *( pB[i] + j );
    printf( "sum = %d\n", sum );
}
```

程序运行结果如图 5-30 所示。可以发现在通过一维指针数组来操作二维数组时,也可以多种方式来引用二维数组。如实例 5-13 和实例 5-14 的代码中,b[i]+j 与 pB[i]+j 均用来表示数组 b 中元素 b[i][j] 的地址。

图 5-30　借助指针来计算数组的和

总之,在了解数组的名称又是数组的首地址后,可以有多种访问数组元素的方式,且对于多维数组时,可将该多维数组看作较复杂的一维数组进行处理,要了解更多关于多维数组及多维指针等方面的知识,请参考相关资料及网络资源。

5.5.2　使用指针处理字符串

在使用指针访问一般类型的数组元素后,由于字符数组常用于存储字符串且在访问时总是对整个字符串进行操作,不是对单个字符数组的元素,在此对指针处理字符串进行单独介绍,首先从以下实例开始。

【实例 5-15】　字符串简单操作。

程序代码如下。

```
/* 实例 5-15 */
# include < stdio. h >
void main( )
{
    char str[ ] = "Hello,everyone!";
    printf( "%s\n", str);
    printf( "%c\n", str[6]);
}
```

程序运行结果如图 5-31 所示。

图 5-31　使用指针简单操作字符串

131

第5章

数组

结合运行结果可知,程序中的 str 为字符数组的名称,又为字符串"Hello,everyone!"的首地址,而且字符串中的字符个数是由字符串结束符的位置来决定的,与字符数组 str 中的元素个数相关性较弱,因此,上面的程序有如下等价形式:

```
/* 实例 5-15 */
# include < stdio. h >
void main()
{
    char str[] = "Hello,everyone!";
    char * pStr = str;
    printf( "%s\n", pStr);
    printf( "%c\n", pStr[6]);
}
```

或者直接写为:

```
/* 实例 5-15 */
# include < stdio. h >
void main()
{
    char * pStr = "Hello,everyone!";
    printf( "%s\n", pStr);
    printf( "%c\n", pStr[6]);
}
```

总之,在使用字符数组表示字符串时,可通过字符类型的指针以更简单的形式来进行表达,具体如下:

(1) 语句:

```
char str[] = "Hello, World!";
```

等价于:

```
char * str = "Hello, World!";
```

或者:

```
char * str;
str = "Hello, World!";
```

(2) 在对字符串进行输出时,如 printf("%s\n", pStr);总是输出以 pStr 为首地址的字符串,如下面的语句:

```
char * str = "Hello, World!";
str = str + 6;
printf( "%s", str );
```

的输出结果为"World!",因为 printf()语句中的 str 为字符串"World!"的首地址。

(3) 语句:

```
char str1[] = "Hello, World!";
```

和语句:

```
char * str2 = "Hello, World!";
```

的主要区别为:str1 为常量,而 str2 则为变量,不能对 str1 进行赋值运算,如进行类似 str1 =
str1 + 6;的运算,但 str2 则可以。

【实例 5-16】 查找已知字符串中字符'a'的个数。

结合前面字符数组的相应实例分析,可知具体程序代码如下。

```
/* 实例 5-16 */
#include <stdio.h>
void main()
{
    char * str = "I am a student";
    int n = 0;
    for( ; * str != '\0'; str++)
        if( * str == 'a' )
            n++;
    printf( "The number of \'a\' is % d\n", n );
}
```

程序运行结果如图 5-32 所示。其中 * str 表示取 str 当前指向的字符。

图 5-32 使用指针来查找字符串元素

5.5.3 数组与指针程序举例

【实例 5-17】 输入 10 个整数到数组 a,计算下标为偶数的元素之和。

程序代码如下。

```
/* 实例 5-17 */
#include <stdio.h>
void main()
{
    int a[10], * p = a, i, sum;
    printf("Please input 10 numbers:\n" );
    for( i = 0; i < 10; i ++)
        scanf( "% d", p + i );
    sum = 0;
    for( i = 0; i < 10; i += 2, p += 2 )
        sum += * p;
    printf( "sum = % d\n", sum );
}
```

程序运行结果如图 5-33 所示。

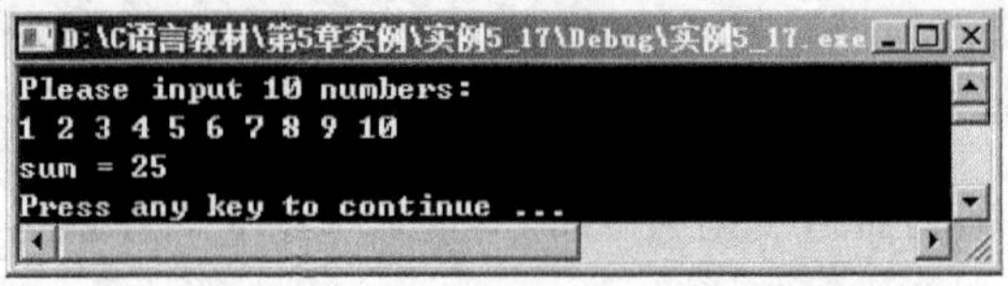

图 5-33　使用指针来计算偶数下标的数组元素和

【实例 5-18】 输入一个字符串（少于 80 个字符），统计小写元音字母的个数。
程序代码如下。

```
/* 实例 5-18 */
# include < stdio. h >
# include < string. h >
void main()
{
    char str[ 80 ], * p = str;
    int nCount = 0;
    printf("Please input a string:\n" );
    gets( p );
    for( ; * p != '\0'; p ++)
        if( * p == 'a' || * p == 'e' || * p == 'i' || * p == 'o' || * p == 'u')
            nCount ++;
    printf( "nCount = % d\n", nCount );
}
```

程序运行结果如图 5-34 所示。

图 5-34　使用指针统计小写元音字母

5.6　数组综合应用举例

在 C 程序中，数组将具有相同类型的批量数据有序组织起来，方便快速地解决了许多实际问题，在此介绍几种典型的案例。

5.6.1　查找

查找即在同类型的批量数据（或记录集合，又称为"查找表"）中找出某个已知特征数据（或记录）的操作，若通过查找后找到该已知特征数据（或记录），则称为查找成功，否则称为查找失败。

在实际生活中，到处都在进行查找操作，如：在词典中查找某个特定的单词；在课程表中查找一门想要选修的课程；在通讯录中查找某个朋友的电话号码等。根据查找表中数据之间的不同关系，人们提出不同的查找算法，下面介绍两种常用的查找方法。

1. 简单顺序查找

简单顺序查找的基本思想是：从查找表的一端开始，按顺序逐个扫描表中的每一个元素，并将扫描到的元素与已知特征数据相比较。若当前元素满足已知的特征，则查找成功并结束查找；若在扫描完整个查找表都未找到符合特征的元素，则查找失败。

【实例5-19】 编写程序完成以下功能：先将10个学生成绩输入到数组a，再输入一个成绩x，在数组a中查找成绩x，如果找到，则输出找到时的位置，否则输出"Not Found"。

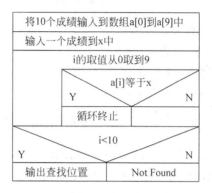

图5-35 简单顺序查找算法流程

程序流程如图5-35所示，程序代码如下。

```
/* 实例5-19 */
#include <stdio.h>
void main()
{
    int a[10], x, i;
    printf( "Input 10 scores:\n" );
    for( i = 0; i < 10; i++ )
        scanf( "%d", &a[i] );
    printf( "Input x:\n" );
    scanf( "%d", &x );
    for( i = 0; i < 10; i++ )
        if( a[i] == x )
            break;
    if( i < 10 )
        printf( "%d is the %dth score.\n", x, i + 1 );
    else
        printf( "Not Found\n" );
}
```

程序运行结果如图5-36所示。

2. 二分查找

二分查找又称为折半查找，是一种适合于在已经排序后的数据序列（有序表）中进行查找的方法。其基本思想是在查找过程中采用跳跃的方式查找，即总是以有序表的中点位置为比较对象，根据比较结果来确定要查找的元素位于中点位置之前还是中点位置之后，从而将查找区间缩小一半，再取缩小后的查找区间的中点位置为新的比较对象，以此类推，具体

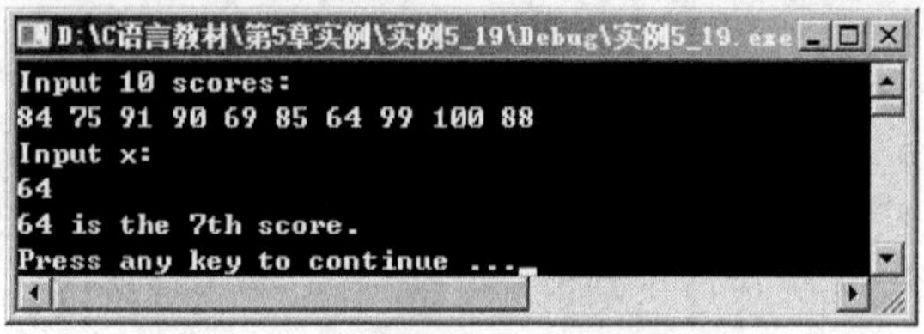

图 5-36　简单顺序查找

步骤如下(假设有序表为升序排序)。

(1) 将整个有序表作为最初的查找区间。

(2) 确定查找区间的中间位置: mid ＝(left ＋ right)/ 2,其中 left 为整个查找区间中第一个元素的位置,right 为最后一个元素的位置。

(3) 将要查找的数据与中间位置(序号为 mid)的数据进行比较:

① 若相等,则查找成功并返回;

② 若大于,则将右半个区域作为新的查找区间,回到步骤(2)继续进行折半查找;

③ 若小于,则将左半个区域作为新的查找区间,回到步骤(2)继续进行折半查找。

(4) 重复步骤(2)、(3),直到找到要查找的值(即查找成功),或新的查找区间不存在(即 left ＞ right 时查找失败)。

【实例 5-20】　编写程序完成以下功能:先按从小到大的顺序输入由 10 个学生成绩组成的集合 a,再输入一个成绩 x,在集合 a 中查找成绩 x,如果找到,则输出找到时的位置,否则输出"Not Found"。

程序流程如图 5-37 所示,程序代码如下。

```c
/* 实例 5-20 */
# include < stdio. h>
void main()
{
    int a[10], x, i, mid, left, right, flag ;
    printf( "Input 10 scores:\n" );
    for( i = 0; i < 10; i++)
        scanf( "% d", &a[i] );
    printf( "Input another score:\n" );
    scanf( "% d", &x );
    flag = 0; left = 0; right = 9;
    while( left <= right )
    {
        mid = ( left + right ) / 2;
        if( x == a[mid] )
        {
            flag = 1; break;
        }
        else if( x < a[mid] )
            right = mid - 1;
        else
            left = mid + 1;
    }
```

```
        if( flag )                                    /* 等价于 if( flag == 1 ) 或 if( flag != 0 ) */
            printf( "%d is the %dth score.\n", x, mid+1 );
        else
            printf( "Not Found.\n" );
    }
```

程序运行结果如图 5-38 所示。

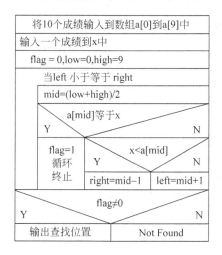

图 5-37　二分查找算法流程

图 5-38　二分查找实例

可见,顺序查找在思想上简单易行,程序也容易实现,但与二分查找相比,二分查找算法充分利用了元素间的次序关系,通过跳跃查找的方式,有比较次数少,查找速度快等优点。但正因为二分查找要利用元素间的次序关系,因此,它的通用性又不如顺序查找,它只适合使用在已经排好序的数据序列中。关于查找方面的算法还有很多,有兴趣的读者可以查阅相关的参考资料做更多的了解。

5.6.2　排序

在二分查找时,需要将预先排好序的数据输入到计算机中以供后续操作,那么能不能利用计算机完成排序操作呢?

在实际应用中,排序方法的使用也非常广泛,例如期末考试完成后的成绩排名;网上购物时,将感兴趣的商品按价格进行排序以供参考;在使用计算机文件时常会将文件按创建日期的先后进行排序以方便文件查阅;它们的目的都是将由杂乱无章的数据元素组成的集合,按某个关键字重新整理排列成一个有序的数据序列。

排序的方法有很多,以下介绍两种常用的方法。

1. 冒泡排序

冒泡排序即在要排序的数据序列中,依次比较相邻的两个数,并将小数放在前面,大数放在后面。具体步骤如下(假设要对 N 个数进行排序,且 N 为 5 时的排序过程如图 5-39 所示)。

(1) 比较第 1 个数和第 2 个数,当第 1 个数大于第 2 个数时,调换两个数的位置,保持将小数放前,大数放后。

（2）接着比较第 2 个数和第 3 个数，同样保持将小数放前，大数放后，如此继续，直至比较到第 N-1 和第 N 个数，并将小数放前，大数放后。至此称为第一趟排序结束，从图中可以看出，通过第一趟排序将最大的数（图中为 9）放到了第 N 个位置。

（3）接着开始第二趟排序，仍从第 1 个数和第 2 个数开始比较，并将小数放前，大数放后，一直比较到第 N-2 和第 N-1 个数（第 N 个数已经是最大的，不用比较），第二趟结束，在第 N-1 个位置上得到一个新的最大数（其实在整个序列中是第二大的数，图中为 8）。如此下去，重复以上过程，直至最终完成排序，一共需要进行 N-1 趟排序。

8	6	6	6	6		4	4	2
6	8	4	4	4		6	2	4
4	4	8	8	8		2	6	6
9	9	9	2	2		8	8	8
2	2	2	2	9		9	9	9

初始数据	第一次比较	第二次比较	第三次比较	第一趟排序结束		第二趟排序结束	第三趟排序结束	第四趟排序结束

图 5-39　冒泡排序过程

若将待排序的数据序列看作是从上到下存放，由于在排序过程中总是小数往前放，大数往后放，相当于气泡往上升，所以称作冒泡排序，冒泡排序的算法流程如图 5-40 所示。

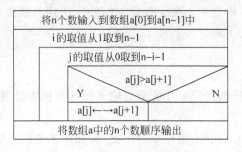

图 5-40　冒泡排序的算法流程

【实例 5-21】 任意输入 5 个整数，利用冒泡排序对其进行升序排序。

程序代码如下。

```c
/* 实例 5-21 */
# include < stdio. h>
void main()
{
    int a[5], i, j, temp;
    printf( "Input 5 numbers:\n" );
    for( j = 0; j < 5; j++)
        scanf( "%d", &a[j] );
```

```
    for( i = 5 - 1; i > 0; i -- )
    {
        for( j = 0; j < i; j ++)
        {
            if( a[ j ] > a[ j + 1 ] )
            {
                temp = a[ j ];
                a[ j ] = a[ j + 1 ];
                a[ j + 1 ] = temp;
            }
        }
    }
    printf( "Numbers after sorted are:\n" );
    for( i = 0; i < 5; i++)
        printf( " % d\t", a[i] );
    printf( "\n" );
}
```

程序运行结果如图 5-41 所示。

图 5-41　冒泡排序实例

2. 选择排序

选择排序即先在要排序的数据序列中选出最小的数,将此最小数与第 1 个数据进行交换,然后再从第 2 个数开始的其余数据中选出次小的数与第 2 个数进行交换,以此类推,直到选出倒数第 2 小的数与倒数第 2 个数进行交换,至此所有数据均已排好序。具体步骤如下(假设要对 N 个数进行排序,且 N 为 5 时的排序过程如图 5-42 所示)。

```
8    2    2    2    2
2    8    4    4    4
4    4    8    6    6
9    9    9    9    8
6    6    6    8    9
```

初	第	第	第	第
始	一	二	三	四
数	趟	趟	趟	趟
据	排	排	排	排
	序	序	序	序
	结	结	结	结
	束	束	束	束

图 5-42　选择排序过程

第
5
章

数组

（1）第一趟排序：找出 N 个数中的最小值，并与第 1 个数进行交换。

（2）接着开始第二趟排序：找出从第 2 个数到第 N 个数的最小值，并与第 2 个数进行交换。

（3）以此类推开始第三趟，第四趟，一直到第 N−1 趟排序找出第 N−1 个数到第 N 个数的最小值，并与第 N−1 个数进行交换，至此选择排序已经完成。

由于每次都是在多个数中选择一个最小的数进行操作，所以称为选择排序。选择排序的算法流程如图 5-43 所示。

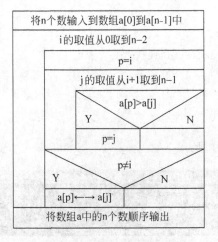

图 5-43　选择排序的算法流程

【实例 5-22】　任意输入 8 个整数，利用选择排序对其进行升序排序。

程序代码如下。

```
/* 实例 5-22 */
# include < stdio. h >
void main()
{
    int a[8], i, j, p, temp;
    printf( "Input 8 numbers:\n" );
    for( j = 0; j < 8; j++)
        scanf( "% d", &a[j] );
    for( i = 0; i < 7; i++)
    {
        p = i;
        for( j = i + 1; j < 8; j++)
            if( a[p] > a[j] )
                p = j;
        if( p != i )
        {
            temp = a[p];
            a[p] = a[i];
            a[i] = temp;
        }
    }
```

```
    printf( "Numbers after sorted are:\n" );
    for( i = 0; i < 8; i++ )
        printf( "%d\t", a[i] );
    printf( "\n" );
}
```

程序运行结果如图 5-44 所示。

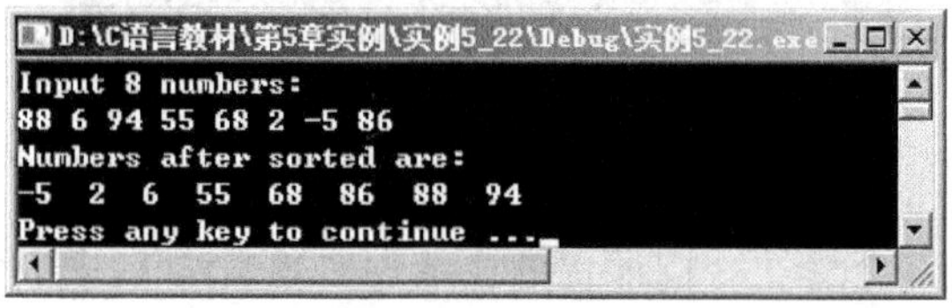

图 5-44　选择排序算法

5.6.3　求极值

求极值也是日常数据处理过程中经常进行的一种操作。比如求取计算机成绩的年级最高分和最低分；求取一天中气温的最高点和最低点等示例中都会涉及极值的求取操作。下面主要从一维数组和二维数组出发介绍极值的求取方法。

【实例 5-23】　输入 10 个学生成绩到数组 a，求取并输出最高分及其在数组 a 中的下标。

分析：输入 10 个学生成绩并将其保存在一维数组 a 中。定义一个中间变量 max 并将它的值取为第 1 个学生的成绩，另一个中间变量 index 并将它的值取为 0（第 1 个元素的下标）。接着依次扫描每个元素并将此元素的值与 max 的值进行比较，若当前元素的值比 max 大，则将此元素的值赋值给 max 同时将此元素的下标保存到 index 中，这样使得 max 的取值始终为当前扫描到的元素最大值，而 index 则为当前扫描到的最大值的下标。当数组中的所有元素都扫描过并比较过后 max 的取值即为所有分数中的最高分，相应地 index 中的取值则为此最高分在原数组中的下标。

程序代码如下。

```
/*实例 5-23*/
#include <stdio.h>
void main()
{
    int a[10], max, index, i;
    printf( "Input 10 scores:\n" );
    for( i = 0; i < 10; i++ )
        scanf( "%d", &a[i] );
    max = a[0];
    index = 0;
    for( i = 0; i < 10; i++ )                    /*此题中也可写为 for( i = 1; i < 10; i++ )*/
        if( max < a[i] )
        {
            max = a[i];     index = i;
        }
```

```
        printf( "The max score is % d and its index is % d.\n", max, index );
}
```

程序运行结果如图 5-45 所示。

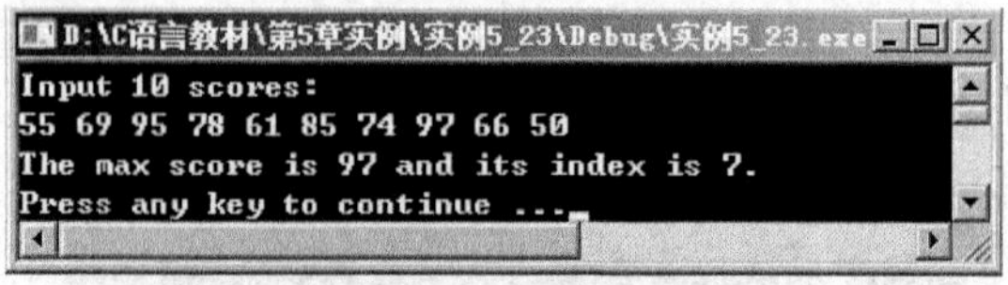

图 5-45　求一维数组的极值实例

【实例 5-24】 输入 4 个学生 3 门课程的成绩到二维数组 a，求取并输出最高分、最低分及其各自在数组 a 中的下标。

分析：求取二维数组的极值与一维数组的类似，只需在扫描数组元素时从行和列两个方向考虑，在记录下标时也需要记录行和列两个方向的下标。

程序代码如下。

```
/ * 实例 5-24 * /
# include < stdio. h >
void main()
{
    int a[4][3], i, j, max, min, rMax, cMax, rMin, cMin;
    printf( "Input 12 scores:\n" );
    for( i = 0; i < 4; i++)
        for( j = 0; j < 3; j++)
            scanf( "% d", &a[i][j] );
    max = min = a[0][0];
    rMax = cMax = rMin = cMin = 0;
    for( i = 0; i < 4; i++)
        for( j = 0; j < 3; j++)
        {
            if( max < a[i][j] )
            {
                max = a[i][j];  rMax = i;  cMax = j;
            }
            if( min > a[i][j] )
            {
                min = a[i][j];  rMin = i;  cMin = j;
            }
        }
    printf( "Max is a[ % d][ % d] = % d\n", rMax, cMax, max );
    printf( "Min is a[ % d][ % d] = % d\n", rMin, cMin, min );
}
```

程序运行结果如图 5-46 所示。

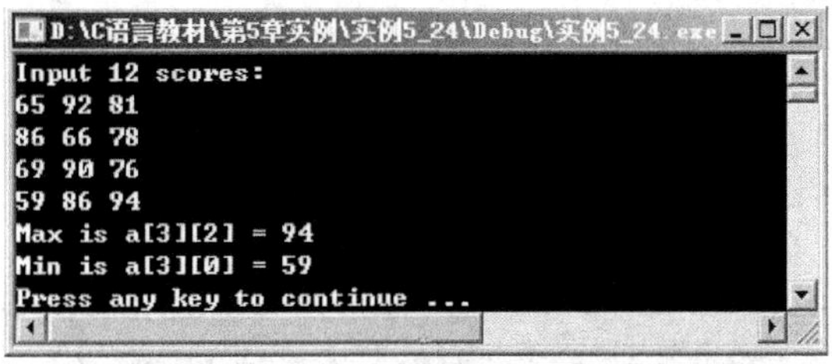

图 5-46 求二维数组的极值实例

5.6.4 其他

在处理批量数据时,数组还常被用于解决如下实例中的问题。

【实例 5-25】 任意输入一个字符串(少于 20 个字符),将其按逆序存储后输出。

分析:输入一个字符串将其存储在字符数组 str 中,将字符串中的第 1 个字符和最后 1 个字符(字符串结束符'\0'之前的字符)交换位置,再将字符串的第 2 个字符和倒数第 2 个字符交换位置,以此类推,直到最中间的两个字符交换位置后即可得到与原字符串逆序存储的字符串。图 5-47 描述了一个示例字符串的逆序存储过程(交换三次后到达中间位置)。

数组元素	原始取值	第一次交换后	第二次交换后	第三次交换后
str[0]	P	m	m	m
str[1]	r	r	a	a
str[2]	o	o	o	r
str[3]	g	g	g	g
str[4]	r	r	r	o
str[5]	a	a	r	r
str[6]	m	P	P	P

图 5-47 示例字符串交换过程

程序代码如下。

```
/* 实例 5-25 */
# include < stdio. h>
# include < string. h>
void main()
{
    char s[20], i, nLen, temp;
    printf( "Input a string:\n" );
    scanf( "% s", s );
    nLen = strlen( s );
    for( i = 0; i < nLen/2; i++)
    {
        /* 交换 s[i]和 s[nLen - i - 1]的值 */
        temp = s[i];
        s[i] = s[nLen - i - 1];
```

```
            s[nLen - i - 1] = temp;
        }
        printf( "The inversed string is:\n % s\n", s );
}
```

程序运行结果如图 5-48 所示。

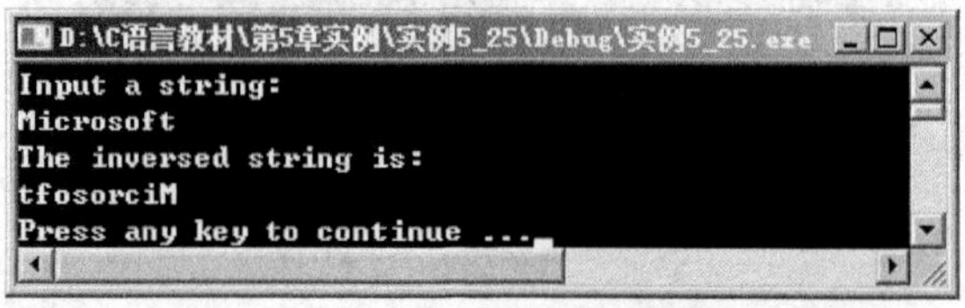

图 5-48　逆序存储字符串

【实例 5-26】　输入一个字符串(少于 20 字符),删除其中的数字字符并将删除后的字符串输出。

分析:输入一个字符串将其存储在字符数组 str 中,依次扫描每个字符数组中的元素直到字符串结束符'\0'为止,在扫描的同时检测当前元素是否为数字字符,若是则删除该字符,否则继续扫描并检测下一个元素,其中删除一个字符的过程为:将当前元素后面的所有元素都向前移动一个位置,此时当前元素会被其后面的第 1 个元素所覆盖,而其后面其他元素的相对位置均未发生变化。具体示例如图 5-49 所示。

原始字符数组	P	3	r	o	g	r	a	m	'\0'	
删除字符'3'后	P	r	o	g	r	a	m	'\0'	'\0'	

图 5-49　删除数字字符示例

程序代码如下。

```
/ * 实例 5-26 * /
# include < stdio. h>
void main()
{
    char str[20];
    int i, j;
    printf( "Input a string:\n" );
    gets( str );
    for( i = 0; str[i] != '\0'; )
    {
        if( str[i] > =  '0' && str[i] < =  '9' )
        {
            / * 当前元素是数字字符时删除该元素 * /
            for( j = i; str[j] != '\0'; j++)
                str[j] = str[j + 1];
        }
        else
            i++;                            / * 当前元素不是数字字符时才继续检测下一个元素 * /
    }
    printf( "The new string is:\n" );
```

```
        puts( str );
    }
```

程序运行结果如图 5-50 所示。

图 5-50　删除字符串中的数字字符

【实例 5-27】 输入一个以回车键结束的字符串(少于 80 字符),统计并输出其中数字、字母和其他字符的个数。

分析:定义三个起计数器作用的变量 digit,letter 和 other 分别用于存储数字、字母和其他字符的个数,并将它们的值初始化为 0。输入一个字符串将其存储在字符数组 str 中,依次扫描每个字符数组中的元素,在扫描的同时检测当前元素是数字还是字母,若两者都不是则认定为其他字符,若为数字,则 digit 的值加 1,若为字母则 letter 的值加 1,否则 other 的值加 1,一直扫描和检测直到字符串结束符'\0'为止。

程序代码如下。

```
/*实例 5-27*/
# include < stdio. h >
void main()
{
    char str[80];
    int i, digit = 0, letter = 0, other = 0;
    printf( "Please input a string:\n" );
    gets( str );
    for( i = 0; str[i] != '\0'; i++)
    {
        if( str[i] >= '0' && str[i] <= '9' )
            digit++;
        else if( (str[i] >= 'a' && str[i] <= 'z') ||(str[i] >= 'A' && str[i] <= 'Z'))
            letter++;
        else
            other++;
    }
    printf( "the string has %d digits, %d letters and %d others\n", digit, letter, other );
}
```

程序运行结果如图 5-51 所示。

图 5-51　统计字符串中的特征字符

习　　题

1. 输入 10 个整数到数组 a 中,求出其中的最大值并将此最大值与数组的第 1 个元素进行交换,最后将交换后的数组元素依次输出。

2. 打印如图 5-52 所示的杨辉三角形(要求打印到第 10 行)。

```
1
1  1
1  2  1
1  3  3  1
1  4  6  4  1
1  5  10  10  5  1
..........................
```

图 5-52　杨辉三角形

3. 按图 5-53 存储 5×5 的矩阵到二维数组 a,并按图中所示的格式输出该矩阵(要求使用 for 循环语句)。

```
1   1   1   1   0
1   1   1   0  -1
1   1   0  -1  -1
1   0  -1  -1  -1
0  -1  -1  -1  -1
```

图 5-53　5×5 矩阵

4. 按递增顺序输入 10 个整数到数组 a,再输入一个整数 x,并将 x 插入到数组 a 中,且使得 a 中的元素仍为递增顺序,再将插入数据后的数组元素依次输出。

5. 输入以回车键结束的字符串(少于 20 个字符)到字符数组 s1,将 s1 的全部字符(到 '\0'为止包括 '\0')复制到字符数组 s2 中,(要求不用 strcpy()函数)。

6. 任意输入一个字符串(少于 10 个字符),判断该字符串是否回文("回文"即顺读和反读内容均相同的字符串,例如,"121"、"abccba"、"X"等)。

7. 将 4×4 矩阵的每行元素均除以该行上的主对角元素,并输出结果矩阵。

8. 输入 10 个学生的成绩到数组 a,要求统计并输出优秀(大于 85)、及格(60~84)和不及格(小于 60)的学生人数,并将各区间的人数输出。

第6章　　　函　　　数

主要知识点：

◆ 概述

◆ 函数的定义

◆ 函数的调用

◆ 函数的嵌套调用和递归调用

◆ 变量的作用域与生存期

◆ 指针与函数

◆ 返回指针的函数和函数指针

◆ main 函数的参数

◆ 编译预处理

在现实生活中，问题常常是错综复杂的，很难将问题一下子完美解决。这时，就可以尝试将问题分解，因为分解之后，每个小问题都是解决起来轻而易举的，这样远比毫无头绪地寻找一个"一蹴而就"的方法要实际和有效得多。从局部问题入手，将大问题分解成小问题，这一方法适用于任意领域的问题求解，程序设计也不例外。

根据问题分解的思路，往往会将一个具有复杂功能、规模庞大的计算机软件程序分解为若干相对独立、功能单一、容易编写的子程序。在 C 语言程序设计中，子程序就是通过函数的形式体现的。

本章主要介绍函数的定义和如何调用函数实现相应的功能。

6.1　概　　述

一个 C 语言程序可由一个或多个函数组成，必须有且只能有一个名为 main 的主函数。前面章节中的 C 语言程序都是只有一个主函数构成的，那么什么情况下一个 C 语言程序由多个函数组成呢？看下面一个例子。

【实例 6-1】　编写程序，输入 10 个学生的某门课程成绩，求最高分。

分析：

使用数组编程，定义一个一维数组，将 10 个学生的成绩输入到数组中，利用循环语句可以圆满解决求最大值的问题。

程序代码如下。

/ * 实例 6-1 * /

```
# include < stdio. h>
void main( )
{
 int    score[10],i,maxscore;
 printf("Input 10 scores:\n");
 for(i = 0;i < 10;i++)
     scanf(" % d",&score[i]);
 maxscore = score[0];                                    /* 第 9 行 */
 for(i = 1;i < 10;i++)
     if(maxscore < score[i])   maxscore = score[i];      /* 第 11 行 */
 printf("max = % d\n",maxscore);
}
```

如果将上面的问题进一步扩展,要求计算并输出这 10 个学生的两门课程甚至更多课程的平均成绩,那么就意味着程序第 9～11 行类似的求平均值的代码需要重复多次。如何解决程序中出现代码重复的问题,避免重复劳动呢?

在面向过程的程序开发中,常将一些常用的功能模块编写成函数。在程序设计过程中,若要实现某功能,就调用相应的函数来实现。这样既可以减少编写程序代码的工作量,又利于程序的维护,提高效率。

【实例 6-2】 输入 10 个学生两门课程的成绩,分别计算并输出两门课程的最高分。

分析:

因为要分别求两组数中的最大值,若按常规的方法写程序,求最大值的代码会重复。现将求 10 个数的最大值这段代码用函数封装起来,调用该函数将课程的最高分求出来。

程序代码如下。

```
/ * 实例 6-2 * /
# include < stdio. h>
void main( )
{
 int    score[10],i,max1,max2;
 int max(int score[ ]);
 printf("Input 10 scores:\n");
 for(i = 0;i < 10;i++)
     scanf(" % d",&score[i]);
 max1 = max(score);                            /* 调用 max 函数求最大值 */
 printf("Input 10 scores:\n");
 for(i = 0;i < 10;i++)
     scanf(" % d",&score[i]);
 max2 = max(score);                            /* 调用 max 函数求最大值 */
 printf("max1 = % d,max2 = % d\n",max1,max2);
}
int max(int score[ ])                          /* 定义 max 函数 */
{
 int i,maxscore;
 maxscore = score[0];
 for(i = 1;i < 10;i++)
     if(maxscore < score[i])   maxscore = score[i];
```

```
 return maxscore;
}
```

上面的 C 语言程序运行结果如图 6-1 所示。该程序中,将求最大值的程序代码用 max 函数加以封装,需要求最大值时就调用它。实例 6-2 的程序中,也可以将输入 10 个数这段代码定义为一个输入函数,避免代码的重复,同时也体现了模块化程序设计的思想。

图 6-1　求两门课的最高分

模块化程序设计的基本思想是:将一个大的程序按功能分割成一些小模块,各模块相对独立,功能单一,结构清晰,接口简单。这样既缩短了开发周期,又可以有效避免程序开发的重复劳动,易于维护和功能扩充。模块化的目的是为了降低程序复杂度,使程序设计、调试和维护等操作简单化。

在结构化程序设计过程中,一个规模较大的问题一般被分解为若干个便于解决的子问题,再自顶向下,逐步求精,分别求解子问题,进而求得完整的解答。依据这样分解问题的求解思路,一个大的程序就自然由若干个子程序组成。在 C 语言程序设计中,由函数来实现子程序的功能。函数是完成特定功能的程序段,通常由用户定义或系统定义。

一个 C 语言程序由一个主函数和若干个其他函数组成,主函数调用其他函数,其他函数之间也可以相互调用。如图 6-2 所示是一个 C 语言程序的结构。

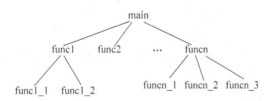

图 6-2　C 语言程序的结构

从用户使用的角度,函数分为以下两种。

(1) 系统函数。系统函数即包含在系统库文件中的函数,由系统提供,可以在所有包含它相应头文件的程序中直接使用。如前面章节程序中涉及的求平方根函数 sqrt() 和求绝对值函数 fabs() 等都是 C 语言系统函数,它们都包含在 math.h 头文件中。若程序中要使用这些函数,就需要在程序开头加上一行 #include <math.h>。不同的 C 编译系统提供的库函数的数量和功能会有所不同。

(2) 用户自定义函数。用户根据自己的需要定义的函数,需要用户编写实现相应功能的程序代码。在程序中若要使用用户自定义函数,就必须有函数的定义。

从函数的返回值角度,可以将函数分为以下两类。

(1) 有返回值的函数。实例 6-2 中的函数 max 就是有返回值的函数,函数值为 10 个整数中的最大值。

（2）无返回值的函数。这类函数一般用来执行指定的操作,如排序,特殊内容的输出等,函数被调用后不带回函数值。

6.2 函数的定义

C 编译系统提供的库函数的数量和功能是有限的,我们不能设想所有的计算都能通过调用系统库函数得到结果。例如求最大值问题,系统不提供求最大值的函数,这时用户就要根据需要自己来定义这样的函数,以便使用。

函数的定义包括函数首部(或函数头)和函数体两部分。下面将分别介绍有返回值的函数和无返回值函数的定义。

6.2.1 有返回值函数的定义

有返回值函数定义的一般形式为:

```
函数返回值类型标识   函数名(形参表列)                    /* 函数首部 */
{                                                      /* 函数体 */
    声明语句
    功能语句
}
```

如定义求两个整数的最大值函数如下:

```
int   max(int x, int y)                                /* 第一行 */
{
 int   z;
 z = x > y?x:y;
 return z;
}
```

程序代码段中的第一行为函数首部,包括:函数返回值类型、函数名和形参说明。注意,函数首部末尾没有分号“;”。

1. 函数返回值类型标识

指出函数返回值的数据类型,如 int, float, char 等。有返回值函数的函数体中,必须出现 return 语句,函数通过该语句返回计算结果。若 return 语句中表达式值的类型与函数定义中函数返回值类型不一致,则以函数返回值类型为准。例如,return 语句中表达式的值为 2.5,是一个实数,定义函数返回值类型为 int,则函数的返回值为 2。

一个函数最多有一个返回值。若定义函数时返回值类型缺省,系统默认为 int 型。

2. 函数名

用于在程序中唯一标识一个函数,以便被调用。函数名的取名规则与变量名一样,是 C 语言的合法标识符。注意,程序中函数名和变量名不能重名。

3. 函数的形式参数

定义函数时,函数名后面圆括号中的变量,称为“形式参数”(简称“形参”)。形参必须逐个说明类型和名称,如上面求两个整数的最大值 max 函数定义中,变量 x 和 y 就是形参。通过形参,明确调用函数时需要提供什么类型的数据以及数据个数是多少。

4. 函数体

函数定义中用大括号{}括起来的部分为函数体。函数体主要包括实现函数功能的程序代码。

6.2.2 无返回值函数的定义

无返回值的函数定义的一般形式为：

```
void  函数名(形参表列)                              /* 函数首部 */
{                                                  /* 函数体 */
    声明语句
    功能语句
}
```

如定义函数如下：

```
void   print(int   n)
{
 int   i,j;
  for(i=1;i<=n;i++)
  {
    for(j=1;j<n-i;j++)
       printf(" ");                                /* 输出一个空格 */
    for(j=1;j<2*i-1;j++)
       printf(" * ");
    printf("\n");
  }
  return ;                                         /* 此句可以省略 */
}
```

函数 print 的功能是输出一个由 n 行" * "构成的金字塔图形。函数无须返回任何值，所以定义函数时，函数返回值类型为 void。

注意，在无返回值的函数定义中，函数体中允许出现 return 语句，但只能是"return；"这样的形式，不能通过 return 语句返回某个表达式的值。在无返回值的函数定义中，return 语句往往被缺省。

6.3 函数的调用

在 C 语言程序设计中，用户自定义函数定义后，即可使用它，称为函数的调用。主动调用其他函数的，称为"主调函数"。被其他函数调用的，称为"被调函数"。

函数调用的过程为：主调函数暂停执行，将控制权交给被调函数，被调函数执行结束，再将控制权返回给主调函数。函数的调用过程如图 6-3 所示。

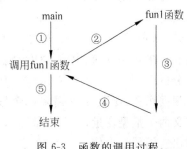

图 6-3　函数的调用过程

6.3.1 函数调用的形式

函数调用的一般形式为：

函数名(实参表列)

如果是无参函数(无形参)，实参表列可以省略，但圆括号"()"不能省略。

1. 有返回值函数的调用形式

有返回值函数的调用一般出现在一个表达式中，函数的返回值参与表达式的运算。如调用求两个整数的最大值函数 max，可以用这样的形式：

```
int  a,b,c
…
c = 10 + max(a,b);
```

将变量 a、b 中的最大值加上 10，然后将结果保存到变量 c 中。用户也可以根据需要直接将函数值输出，例如：

```
printf("max = % d\n",max(a,b));
```

2. 无返回值函数的调用形式

无返回值函数的调用形式相对较单一，一般以独立的语句形式出现。调用 6.2.2 节中定义的输出金字塔图形函数 print，就用如下的形式：

```
int  n;
…
print(n);
```

6.3.2 函数的参数

1. 形参

定义函数时，函数名之后圆括号中的变量为形式参数(简称"形参")，是被调函数中用以接收主调函数传递过来的数据的变量。

2. 实参

调用函数时，函数名之后圆括号中的表达式为实际参数(简称"实参")，是主调函数提供的数据。实参可以是常量、变量、带运算符号的表达式等，是具体的数值。

在函数调用过程中，不仅要发生控制权的转移，而且主调函数和被调函数之间通常会发生数据传递。

【实例 6-3】 定义一个求两个整数中最大值的函数 max(int x,int y)，函数的返回值类型为 int，在 main 函数中输入两个整数的值，调用函数 max，输出它们的最大值。

分析：

根据题意，函数 max 需要两个形参，分别用于接收求最大值的两个数；main 函数中需要定义两个整型变量，将两个整数保存在变量中，然后以这两个变量作为实参，调用 max 函数求出它们的最大值。

程序代码如下。

```
/*实例 6-3*/
#include<stdio.h>
int   max(int x,int y)
{
    return   x>y?x:y;
}
void   main()
{    int   a, b,c;
    printf ("Input a,b:\n");
    scanf("%d%d",&a,&b);
    c= max(a,b);
    printf("max= %d \n", c);
}
```

程序运行结果如图 6-4 所示。

图 6-4　求两个整数的最大值

当 main 函数调用 max 函数,即执行语句 c= max(a,b);时,建立 max 函数的形参变量 x 和 y,在内存中分配相应的存储单元,然后将实际参数 a 和 b 的值分别传递给形参变量 x 和 y。当数据传递完成后,被调函数 max 具备了运行所需的数据,就可以执行函数体中的功能语句了。

说明:

(1) 被调函数定义中,形参类型必须指定,以便分配存储单元。

(2) 形参在函数调用时被分配存储单元,函数调用结束,形参对应的存储单元被释放。

(3) 实参可以是常量、变量、带运算符号的表达式等,总之要有确定的值。当调用函数时,将实参的值(如果是带运算符号的表达式,则先求出表达式的值)传递给形参;若是数组名(当然前提是形参被说明为一个数组或者指针变量,见 6.6 节),则传送的是数组的首地址。

(4) 在实参和形参之间进行数据传递时,一般遵循三个一致性原则,即"个数一致、顺序一致、类型一致",使实参数据与形参一一对应。

点拨

实参是变量时,当实参数据传递给形参后,实参与形参之间不再存在任何关系。形参变量和实参变量占据的是不同的内存单元。当被调函数中形参的值有变化,不会影响主调函数中实参变量的值。

【实例 6-4】 定义函数 void swap(int x,int y),用于交换两个变量的值。在主函数中输入两个整数的值,调用函数 swap,查看能否交换两个整型变量的值。

程序代码如下。

```
/*实例 6-4*/
#include<stdio.h>
void main()
```

```
{
    void    swap (int x, int y);                            /* 对函数 swap 的声明 */
    int    a,b;
    printf ("Input a,b:\n");
    scanf(" % d % d",&a,&b);
    printf ("main:a = % d, b = % d\ n",a, b);
    swap(a, b);
    printf ("main:a = % d, b = % d\ n",a, b);
}
void    swap (int x, int y)
{    int    t;
    t = x;x = y;y = t;
    printf ("swap:x = % d, y = % d\ n",x, y);
}
```

程序运行结果如图 6-5 所示。

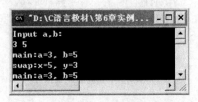

图 6-5   试图交换两个变量的值

执行 main 函数中的语句 swap(a，b)；调用函数 swap 时，将两个实参变量 a 和变量 b 的值分别传递给形参变量 x 和 y。因为实参变量 a、b 与形参变量 x、y 占据的是不同的内存单元，如图 6-6 所示，所以，尽管在 swap 函数中，利用中间变量 t，将形参变量 x 和 y 的值进行了交换。但不影响 main 函数中变量 a 和 b 的值。

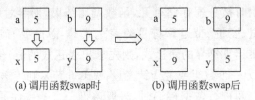

图 6-6   函数的参数传递

如何才能通过调用某函数，实现交换 main 函数中变量 a 和 b 的值呢？这个问题将在 6.6 节展开。

6.3.3   被调函数的原型声明

实例 6-3 和实例 6-4 两个程序中，都是 main 函数调用一个用户自定义函数，但比较 main 函数，会发现实例 6-4 的 main 函数中多了对被调函数的原型声明语句"void swap (int x，int y)；"。什么情况下，需要对被调函数进行声明呢？

在 C 语言程序中，以下两种情况下可以缺省被调函数的原型声明。

（1）被调函数的定义出现在主调函数之前，如实例 6-3；

（2）被调函数的返回值类型为整型或字符型。

除此之外的其他情况下,程序中都需要对用户自定义的函数进行声明。被调函数的原型声明一般有以下两种方式。

(1) 在主调函数中对被调函数进行原型声明,如实例 6-4;

(2) 在文件的开头,所有函数的外部,对被调函数进行原型声明,例如:

```
# include < stdio. h>
void    swap (int x, int y);                                /*   函数 swap 的原型声明   */
void main()
{
    int    a,b;
    printf ("Input a,b:\n");
    scanf(" % d % d",&a, &b);
    printf ("main:a = % d, b = % d\ n",a, b);
    swap(a, b);
    printf ("main:a = % d, b = % d\ n",a, b);
}
void    swap (int x, int y)
{    int    t;
    t = x;x = y;y = t;
    printf ("swap:x = % d, y = % d\ n",x, y);
}
```

说明:

(1) 函数的定义:对函数功能的确定,指定函数名、函数值类型、形参及类型、函数体等,它是完整的、独立的程序单位。

(2) 函数的原型声明:将函数的名字、函数返回值的类型以及形参的类型、个数和顺序等通知编译系统,以便调用函数时进行对照检查。

(3) 函数原型声明的形式:

① 函数返回值的类型 函数名(参数类型 1,参数类型 2…);

② 函数返回值的类型 函数名(参数类型 1 参数名 1,参数类型 2 参数名 2…);

实例 6-4 中对函数 swap 的原型声明还可以写成这样的形式:

```
void   swap (int , int );
```

6.4   函数的嵌套调用和递归调用

在 C 语言程序中,函数间的关系是平行的、独立的,所以不允许函数嵌套定义,如出现这样形式的函数定义:

```
void main()
{
…
    void fun1()              /* 不允许在 main 函数内部定义函数 fun1 */
    {
    …
    }
…
}
```

6.4.1　函数的嵌套调用

在 C 语言程序中,允许函数嵌套调用,即函数 A 调用函数 B,函数 B 又调用函数 C。函数嵌套调用结构如图 6-7 所示。

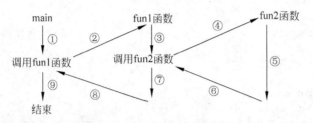

图 6-7　函数的嵌套调用

【**实例 6-5**】　根据要求编写程序:

(1) 定义函数 fact(n)计算 n 的阶乘 n!＝1×2×3×…×n,函数返回值类型是 double。

(2) 定义函数 cal(n)计算累加和:s＝1!＋2!＋…+n!,要求调用函数 fact(n)计算 n!,函数返回值类型是 double。

(3) 定义函数 main(),输入正整数 n,要求调用函数 cal(n),计算并输出 1!＋2!＋…+n! 的值。

分析:

(1) 根据题意,程序中三个函数之间的嵌套调用关系为:main()→cal()→fact()。

(2) main 函数中定义一个整型变量,用于保存输入的整数。另外再定义一个双精度类型的变量,用于保存求和计算的结果。

程序代码如下。

```
/ * 实例 6-5 * /
# include < stdio. h >
double fact(int);                               / * 函数的原型声明    * /
double cal(int);                                / * 函数的原型声明    * /
void main()
{
    int n;
    double sum;
    printf("Input n:\n");
    scanf(" % d",&n);
    sum = cal(n);
    printf("sum = % .2lf\n",sum);
}
double fact(int n)                              / * 定义 fact 函数 * /
{
    int i;
    double t = 1;
    for(i = 1;i <= n;i++)
        t * = i;
    return t;
}
```

```
double cal(int n)                          /* 定义 cal 函数 */
{
    int i;
    double s = 0;
    for(i = 1;i <= n;i++)
        s += fact(i);
    return s;
}
```

程序运行结果如图 6-8 所示。

图 6-8　求阶乘和

6.4.2　函数的递归调用

一个函数在它的函数体内直接或间接地调用它自身,称为递归调用。这种函数称为递归函数。

(1) 直接递归:在函数体内函数自己调用自己,如图 6-9 所示。

(2) 间接递归:A 函数调用 B 函数,而 B 函数反过来又调用 A 函数,如图 6-10 所示。

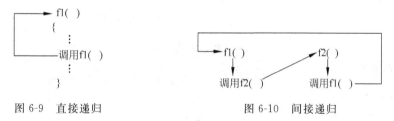

图 6-9　直接递归　　　　　　　　　图 6-10　间接递归

本节重点讨论直接递归。

在递归调用中,主调函数又是被调函数。若程序控制权交给递归函数,它将反复调用其自身,每调用一次就进入新的一层,函数体内的程序代码就执行一遍。例如定义函数 f 如下:

```
int f(int n)
{
    int s;
    s = f(n - 1) + n;
    return s;
}
```

这个函数是一个递归函数。但是若一次调用函数 f,那么该函数将无休止地调用其自身,这当然是不正确的。为了防止递归调用无终止地进行,必须在函数体内有终止递归调用的手段。常用的办法是加条件判断,确定好结束递归的条件,满足某种条件后就不再作递归调用,然后逐层返回。修改函数 f 的定义如下:

```
int f (int n)
{
    int s;
    if(n == 1)
      s = 1;
    else
      s = f(n - 1) + n;
    return s;
}
```

函数 f 中用 if 语句增加了条件判断,对应计算的递归表达式为:

$$f(n) = \begin{cases} 1 & n = 1 \\ f(n-1) + n & n > 1 \end{cases}$$

该函数的功能是求自然数的前 n 项之和。递归式用来解决如何计算的问题,而递归条件用于控制什么情况下递归调用要继续执行,什么时候递归该结束。递归式和递归条件是构成递归调用的两大要素。下面用一个实例说明函数递归调用的过程。

【实例 6-6】 用递归法求 n!。要求:

(1) 定义函数 fact(n)计算 n 的阶乘 n!=1×2×3×…×n,函数返回值类型是 double。

(2) 定义函数 main(),输入正整数 n,要求调用函数 fact(n),计算并输出 n! 的值。

分析:

根据题意,要求用递归法求 n!,所以需要明确求 n! 的递归式以及递归条件。求 n! 的递归式为:

$$n! = \begin{cases} 1 & n = 0 \text{ 或 } 1 \\ n \times (n-1)! & n > 1 \end{cases}$$

程序代码如下。

```
/* 实例 6-6 */
#include <stdio.h>
double fact(int n)                          /* 定义 fact 函数 */
{
    double f;
    if(n < 0)
      printf("data error!");
    else if(0 == n || 1 == n)
      f = 1;
    else
      f = n * fact(n - 1);
    return f;
}
void main()
{
    int n;
    double y;
    printf("Input n:");
```

```
    scanf("%d",&n);
    y = fact(n);
    printf("%d!= %.2lf\n",n,y);
}
```

程序运行结果如图 6-11 所示。程序中函数的递归调用过程如图 6-12 所示。

图 6-11　求 n!

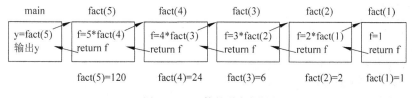

图 6-12　函数的递归调用

从图 6-12 可知,递归调用是一种特殊形式的嵌套调用,函数递归调用的过程与函数的嵌套调用过程一致。

点拨

递归调用的特殊性体现在函数调用过程中,递归函数既是主调函数又是被调函数,每调用一次,函数体的程序代码就要执行一遍,仅此而已。

巧妙利用递归,可以使复杂问题迎刃而解。用递归方法解决问题的经典案例还有很多,如求 Fibonacci(斐波那契)数列,求两个整数的最大公约数,Hanoi(汉诺)塔问题等,有兴趣的读者可以查阅相关资料,这里不再赘述。

6.5　变量的作用域与生存期

众所周知,在程序设计中,变量是一个很重要的概念。变量是用于存储程序执行过程中所需数据的载体。在 C 语言程序中,使用变量必须遵循"先定义,后使用"的基本原则,而要用好变量,程序员还必须注意变量的两个重要的特征:作用域(即作用范围)和生存期(即生命周期)。

6.5.1　局部变量和全局变量

从作用域角度划分,变量分为两类:局部变量和全局变量。

1. 局部变量

在一个函数内部(函数体内)定义的变量,或者在一个复合语句内部定义的变量,称为"局部变量"。局部变量的作用域仅限于其定义所在的函数或复合语句内部。例如:

```
# include < stdio.h>
void main()
{    int a = 1;
     {    int b = 2;
          b = a + b;
          a = a + b;
     }
     printf("a = % d\n",a);
}
```

a的作用域

b的作用域

在同一个程序中,不同函数内部可以各自定义相应的变量,变量名也可以相同。例如:

【实例 6-7】 局部变量同名的实例。

```
/ * 实例 6-7 * /
# include < stdio.h>
void f1();
void f2( int , int );
void main()
{    int   a = 1, b = 2, c = 5;
     printf("1.main:a = % d, b = % d, c = % d\n",a, b, c); f1();
     printf("2.main:a = % d, b = % d, c = % d\n",a, b, c); f2(a, b );
     printf("3.main:a = % d, b = % d, c = % d\n",a, b, c);
}
void f1()
{    int   a = 10, b = 25, c = 30;
     printf("f1: a = % d, b = % d, c = % d\n", a, b, c);
}
void f2( int a,int b )
{
     int   c;
     a = a + 2;
     b = b + 1;
     c = a + b + 2;
     printf("f2:a = % d, b = % d, c = % d\n",a,b,c);
}
```

程序运行结果如图 6-13 所示。

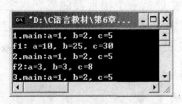

```
1.main:a=1, b=2, c=5
f1: a=10, b=25, c=30
2.main:a=1, b=2, c=5
f2:a=3, b=3, c=8
3.main:a=1, b=2, c=5
```

图 6-13   局部变量同名

说明:

(1) 形参属局部变量,只能在其所在的函数内部使用。实例 6-7 中,函数 f2 的形参变量 a 和 b 是局部变量,只在函数 f2 内部使用。

(2) 在不同函数中允许变量同名,它们占据不同的内存单元,相互之间互不影响。实例

6-7 中,main 函数、f1 函数和 f2 函数中各有局部变量 a,b,c,这些变量虽然名字相同,但各自独立,互不干扰。通过分析如图 6-13 所示的程序运行结果,不难得到这样的结论。

如果某函数的局部变量与复合语句内的局部变量同名,结果会如何呢?

【实例 6-8】 复合语句中的局部变量实例。

```
/ * 实例 6-8 * /
# include < stdio. h>
void main()
{
    int   a = 1, b = 2, c = 3;
    {   int   c;
        c = a − b;
        printf("a = % d, b = % d, c = % d\n", a, b, c);
    }
    printf("a = % d, b = % d, c = % d \n", a, b, c) ;
}
```

分析如图 6-14 所示的程序运行结果,得到结论:若函数的局部变量与复合语句内的局部变量同名,在复合语句内,函数的局部变量被屏蔽(不起作用)。

图 6-14 复合语句中的局部变量

2. 全局变量

在一个程序的所有函数外部定义的变量,称为"全局变量"(也叫"外部变量")。全局变量的作用域是:从变量的定义位置开始,到源程序结束。全局变量可以被源程序中的所有函数共享。所以全局变量提供了函数之间进行数据传递的渠道。

【实例 6-9】 使用全局变量的实例。

```
/ * 实例 6-9 * /
# include < stdio. h>
void f1() ;
void f2() ;
void f3() ;
int   a = 1;
void main()
{
    int   b = 3;
    printf("1.main : a = % d, b = % d\n",a, b);
    f1();
    printf("2.main : a = % d, b = % d\n",a, b);
    f2();
    printf("3.main : a = % d, b = % d\n",a, b);
    f3();
    printf("4.main : a = % d, b = % d\n",a, b);
}
```

```
void f1()
{
    int    b;
    b = a + 3;
    printf("f1:a = % d, b = % d\n",a, b);
}
void f2()
{
    int    a, b;
    a = 5; b = a + 3;
    printf("f2: a = % d, b = % d\n",a, b);
}
void f3()
{
    int    b;
    a = 6; b = a + 3;
    printf("f3:a = % d, b = % d\n",a, b);
}
```

分析如图 6-15 所示的程序运行结果,可以得到变量作用域的屏蔽原则:函数或复合语句中定义的局部变量,与全局变量同名,则执行函数或复合语句时,局部变量优先,全局变量不起作用。

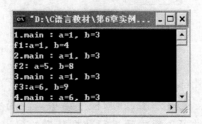

图 6-15　全局变量的使用

虽然在程序中全局变量可以起到函数之间进行数据交换的"纽带"作用,但同时全局变量也会带来"不可靠"因素。例如,有些读者可能对如图 6-15 所示的程序运行结果中最后一行的输出结果有疑惑,为什么结果不是"4. main ：a＝1, b＝3"呢? 殊不知在调用函数 f3后,赋值语句"a＝6;"已经将全局变量的值"不知不觉"修改过了。另一方面,若程序中使用全局变量来进行函数之间的数据传递,函数之间的"耦合性"就会加大,导致程序的移植性差。所以建议,在程序中尽量不要使用全局变量。

6.5.2　变量的生存期

程序中定义变量的目的是向系统申请一定的内存空间,用于保存程序执行所需的数据或计算结果。一旦使用完毕,就应该释放这些内存空间,即系统需要将它们"回收",以便下次再分配利用。对于变量,也就产生了"生存期"的问题。从变量被分配内存空间开始,到系统释放该内存空间,这个时间周期就称为变量的"生命周期"(简称"生存期")。

在 C 语言程序中,变量的存储方式分为两种:动态存储和静态存储。变量的存储方式决定了其生存期的长短。静态存储的变量,程序运行期间为其分配的存储单元是固定不变的。动态存储的变量,程序运行期间根据需要为其动态地分配存储单元。

从存储属性角度划分,C语言提供了以下4种不同类型的变量。

(1) auto(自动)变量

(2) register(寄存器)变量

(3) static(静态)局部变量

(4) extern(外部)变量

变量的完整定义形式如下:

存储属 性类型名称 变量名表列;

1. auto 变量

auto 存储属性用于说明局部变量,在函数内部或者复合语句内部定义 auto 变量。局部变量默认的存储类别是 auto,即没有存储属性说明的局部变量是 auto 变量。其特点是:在函数内部或者复合语句内部定义、生存,有效范围也只限制在函数内部或者复合语句内部。如实例 6-8,main 函数内的变量 a,b,c 和复合语句内的变量 c 均为 auto 变量。

2. register 变量

寄存器是 CPU 内部的存储单元。一般变量对应的存储单元是从内存中分配的,由于内存读写的速度比 CPU 访问的速度慢很多,为了提高数据读写速度,将保存数据的存储单元从寄存器中分配,在一定程度上可以提高程序的运行效率。

register 存储类别的含义是将变量在寄存器中分配存储单元,因为寄存器是 CPU 内部的存储单元,其访问速度远大于内存,从而达到提高速度的目的。

由于寄存器结构的限制,register 只能说明整型和字符型变量,一般将循环控制变量说明成 register 属性,以提高程序运行速度。

【实例 6-10】 调用函数求 $1+2+3+\cdots+n$ 的值。

```c
/* 实例 6-10 */
#include < stdio.h >
void main()
{
    int n,sum;
    int cal(int,int);
    printf("Input n:");
    scanf("%d",&n);
    sum = cal(1,n);
    printf("sum = %d\n",sum);
}
int cal(int m,int n)
{
    int sum = 0;
    register int i;              /* 说明 register 存储属性的变量 i */
    for(i = m;i <= n;i++)        /* 变量 i 作为循环变量使用 */
        sum += i;
    return sum;
}
```

程序运行结果如图 6-16 所示。

图 6-16　求 1＋2＋3＋…＋n 的值

3. static 局部变量

在定义局部变量时，将变量存储属性说明成 static，这些局部变量即为静态存储方式的变量，程序运行期间为其分配的存储单元是固定不变的。静态局部变量的生存期为整个程序运行期，程序开始运行即分配内存单元，直到程序运行结束，才释放内存单元，但 static 局部变量的作用域仍然为函数或者复合语句内部。也就是说，static 局部变量在程序运行的过程中始终存在，但仅限制在函数内部或者复合语句内部使用。

若希望函数调用结束后，变量的值不消失，下次调用函数时继续使用该变量的值，则用 static 对变量加以声明。

【实例 6-11】 输出数字序列 1,2,3。

```c
/* 实例 6-11 */
# include < stdio.h>
void fun()
{
    static  int  k = 1;
    printf("k = % d\n",k);
    k++;
}
void main()
{   int  i;
    for(i = 1;i < = 3; i++)
        fun();
}
```

分析如图 6-17 所示的程序运行结果，main 函数利用循环语句三次调用函数 fun，每调用一次函数 fun，static 局部变量 k 就自增 1，下次调用该函数时变量 k 的值是上次函数返回前修改的值。虽然变量 k 一直存在，但只在函数 fun 内使用，main 函数不能使用它。

图 6-17　输出数字序列

思考：若将程序中的 main 函数改为：

```c
void main()
{   int  i;
    for(i = 1;i < = 3; i++)
```

```
        fun();
    printf("k = %d\n",k);
}
```

再次运行程序,结果怎样?

利用 static 局部变量具有"记忆"的特点(保留上次函数返回前修改的值),可以实现一些特殊的计算。

【实例 6-12】 打印 1～5 的阶乘值。

```
/* 实例 6-12 */
#include <stdio.h>
int  fact(int  n)
{
    static  int  f = 1;
    f = f * n;
    return(f);
}
void main()
{   int  i;
    for(i = 1; i <= 5; i++)
    printf("%d != %d\n", i, fact(i));
}
```

程序运行结果如图 6-18 所示。阶乘的计算式为：n! = n×(n−1)!,利用 static 局部变量能够保留上一次函数调用结束时的值这一特点,main 函数第一次调用 fact 函数,得到 1! 的值,第二次调用 fact 函数,求得 2! 的值,以此类推,分别求得 1～5 的阶乘值。

图 6-18   打印 1～5 的阶乘值

思考：若要求打印 1!,3!,5!,7! 和 9!。实例 6-12 的程序该如何修改?

4. extern 变量

extern 存储属性用于说明全局变量(又称"外部变量"),变量应该在所有函数的外部定义。全局变量的作用域是：从变量的定义位置开始,到源程序结束。

如果全局变量不在程序文件的开头定义,其有效的作用范围只限于定义处到程序文件结束。如果在定义点之前的函数想引用该全局变量,则应该在引用之前用关键字 extern 对该变量作"外部变量声明",表示该变量是一个已经定义的外部变量。有了此声明,就可以从"声明"处起,合法地使用该外部变量了。

【实例 6-13】 求两个整数中的最小值并输出。

```
/* 实例 6-13 */
#include <stdio.h>
int min(int x, int y);              /* 函数原型声明 */
```

```
void main()
{
    extern a,b;                      /*用 extern 声明外部变量*/
    printf("Input a&b:\n");
    scanf("%d%d",&a,&b);
    printf("min=%d\n",min(a,b));
}
int a,b;
int min(int x,int y)
{
    int m;
    if(x>y)
        m=y;
    else
        m=x;
    return m;
}
```

通过extern声明
扩展后的作用域

全局变量定义
时的作用域

程序运行结果如图 6-19 所示。

图 6-19　求两个整数中的最小值

思考：若将 main 函数中的语句"extern a,b；"删除，再运行程序，结果怎样？

C 语言程序设计中，一个程序可以由多个函数组成，这些函数可以保存在一个源程序文件中，也可以分别保存在不同的文件中，每个文件可以单独编译，最后通过文件包含或者工程文件连接成统一的程序。在这种程序设计模式中，涉及不同文件之间全局变量的共享问题。在一个文件中定义的全局变量，其他文件中通过 extern 声明该变量后即可使用。

【实例 6-14】　编写一个多文件程序，求两个整数中的最小值并输出。

分析：

(1) 定义整型变量 a、b，然后再定义一个求两个整数中的最小值的函数 min，将程序代码保存在一个文件 mfile.c 中；

(2) 主函数中对函数 min 进行原型声明，用 extern 声明变量 a、b 后就可以使用它们了。

程序代码如下。

```
/*实例 6-14*/
/*   文件 main.c 的内容   */
# include <stdio.h>
void main()
{
    int min(int x,int y);            /* 函数 min 的原型声明 */
    extern a,b;                      /* 用 extern 声明外部变量 a 和 b */
    printf("Input a&b:\n");
    scanf("%d%d",&a,&b);
```

```
    printf("min = %d\n",min(a,b));
}
/*    文件 mfile.c 的内容    */
int a,b;                              /*    定义全局变量    */
int min(int x,int y)
{
    if(x > y)
        return y;
    else
        return x;
}
```

程序运行结果如图 6-20 所示，与实例 6-13 的单文件程序执行结果相同。若将 main 函数中的语句“extern a,b;”删除，程序编译出错，如图 6-21 所示。

"D:\C语言教材\第6章...
Input a&b:
25 48
min=25

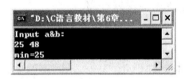

图 6-20　多文件程序实现求两个整数的最小值

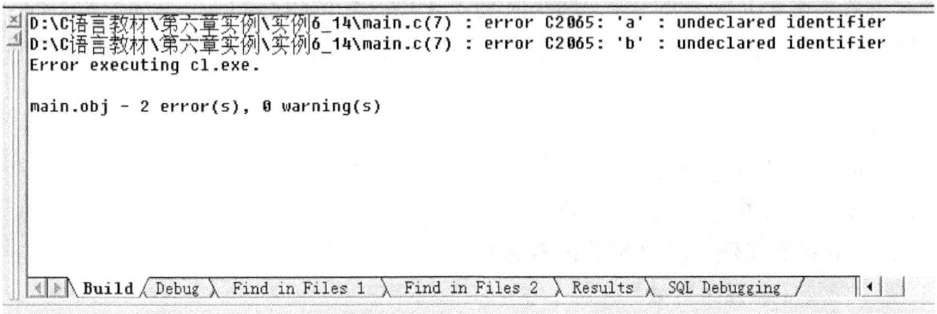
D:\C语言教材\第六章实例\实例6_14\main.c(7) : error C2065: 'a' : undeclared identifier
D:\C语言教材\第六章实例\实例6_14\main.c(7) : error C2065: 'b' : undeclared identifier
Error executing cl.exe.
main.obj - 2 error(s), 0 warning(s)
Build
Debug
Find in Files 1
Find in Files 2
Results
SQL Debugging

图 6-21　其他文件中必须用 extern 声明全局变量

在一个多文件程序中，若某文件中定义全局变量时，用 static 说明其存储属性，该全局变量被称为“静态全局变量”，其作用域限定在本文件，也即限制在本文件内部使用，其他文件中出现的同名变量与该静态全局变量无关。

若将实例 6-14 中文件 mfile.c 的第一行语句改为：static int a,b;，程序编译通过，但连接报错，如图 6-22 所示。文件 mfile.c 中的静态全局变量 a 和 b 只限制在文件 mfile.c 中使用，在文件 main.c 的 main 函数中不能再通过 extern 声明变量 a 和 b 而使用它们。

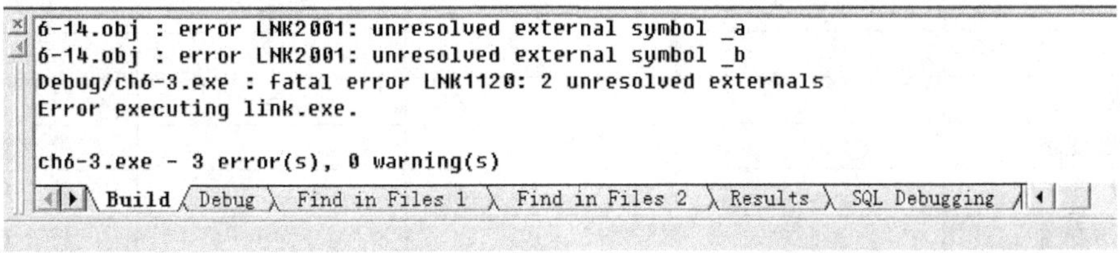
6-14.obj : error LNK2001: unresolved external symbol _a
6-14.obj : error LNK2001: unresolved external symbol _b
Debug/ch6-3.exe : fatal error LNK1120: 2 unresolved externals
Error executing link.exe.
ch6-3.exe - 3 error(s), 0 warning(s)
Build
Debug
Find in Files 1
Find in Files 2
Results
SQL Debugging

图 6-22　static 全局变量 a,b 不能与其他文件共享

6.5.3 存储类别小结

在 C 语言程序设计中,定义数据需指出数据类型和存储类别。

1. 作用域

变量在某个文件或函数范围内是有效的,则称该文件或函数是该变量的作用域。

从作用域角度,变量分为局部变量和全局(外部)变量。

1) 局部变量

以下变量属于局部变量。

(1) auto(自动)变量,离开函数,其值消失。

(2) static 局部变量,离开函数,其值仍保留。

(3) register(寄存器)变量,离开函数,其值消失。

(4) 形式参数,可定义为自动或寄存器变量。

2) 全局(外部)变量

以下变量属于全局(外部)变量。

(1) static 外部变量,只限本文件引用。

(2) 外部(非静态)变量,允许本程序中其他文件引用。

2. 生存期

变量在某一时刻是存在的,认为这一时刻属于该变量的生存期。

变量的存储属性分为动态存储和静态存储两类。变量的存储属性决定了变量的生存期。

1) 动态存储

以下变量具有动态存储属性。

(1) auto (自动)变量(函数内有效)。

(2) register(寄存器)变量(函数内有效)。

(3) 形式参数(函数内有效)。

2) 静态存储

以下变量具有静态存储属性。

(1) static 局部变量(函数内有效)。

(2) static 外部变量(本文件内有效)。

(3) 外部变量(本程序的其他文件可引用)。

变量的作用域和生存期如表 6-1 所示。

表 6-1　变量的作用域和生存期

变量	函数内		函数外	
	作用域	生存期	作用域	生存期
auto 和 register 变量	√	√	×	×
形式参数	√	√	×	×
static 局部变量	√	√	×	√(整个程序)
外部变量	√	√	√	√(整个程序)
static 外部变量	√	√	√(文件内)	√(整个程序)

3. 举例

```
/*   文件 main.c   */
# include < stdio.h >
int   a = 2;
void   main()
{
    printf("%d\n", f1());
}
/* 文件 file1.c  */
extern   a;
static   int   k = 1;
int   f1()
{
    int   b = 0;
    b = k + f2(a);
    return   b;
}
int   f2( int   x )
{
    static   int   c = 1;
    c++;
    return c + x ;
}
```

a的作用域

k的作用域

b的作用域

c的作用域   x的作用域

以上程序中各变量的生存期分别为:

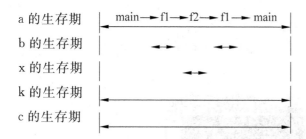

a 的生存期	main → f1 → f2 → f1 → main
b 的生存期	
x 的生存期	
k 的生存期	
c 的生存期	

6.6 指针与函数

在实例 6-4 程序中有一个函数 void swap(int x,int y),main 函数中输入两个整数,调用函数 swap 并不能将变量 a、b 的值交换过来,如何才能通过调用函数 swap 将 main 函数中两个局部变量 a、b 的值交换过来呢? 唯一可以采用的方法是以指针变量作为 swap 函数的形式参数。

6.6.1 指针变量作为函数参数

【实例 6-15】 编写程序,要求如下:
(1) 定义函数 swap(a,b),实现两个整数的交换;
(2) 定义函数 main(),分别输入两个整数至变量 a、b,调用函数 swap,交换变量 a、b

的值。

分析：

(1) 根据题意，函数 swap 有两个形式参数，形参应该为指向整型的指针变量。在 swap
函数体内交换两个形参变量所指对象的值；

(2) main 函数中输入两个整数，调用 swap 函数交换两个整型变量的值。注意调用
swap 函数时，实际参数是变量 a、b 的地址。

程序代码如下。

```
/* 实例 6-15 */
#include <stdio.h>
void  swap (int  * p1, int * p2);   /*   对 swap 函数的声明   */
void main()
{
    int  a, b, * p11, * p12;
    printf ("Input a,b:\n");
    scanf(" % d % d",&a,&b);
    printf ("before swap:a = % d, b = % d\ n",a, b);
    p11 = &a;
    p12 = &b;
    swap(p11, p12);                   /* 第 11 行 */
    printf ("after swap:a = % d, b = % d\ n",a, b);
}
void  swap (int  * p1, int * p2)
{
    int  t;
    t = * p1;   * p1 = * p2;   * p2 = t;
}
```

程序运行结果如图 6-23 所示。

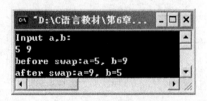

图 6-23   交换两个变量的值

main 函数执行语句 swap(p11, p12);调用函数 swap 时，将实参变量 p11 和 p12 的值，
即 main 函数的局部变量 a、b 的地址分别传递给 swap 函数的形参指针变量 p1 和 p2。指针
变量 p1 和 p2 分别指向 main 函数的局部变量 a、b。这样，在 main 函数与 swap 函数之间就
架起了一座"桥梁"。

虽然在 swap 函数中不能直接访问 main 函数的局部变量 a、b，但利用指针变量 p1 和 p2
可以间接访问它们，* p1 即变量 a，* p2 表示变量 b。利用中间变量 t 交换 * p1 和 * p2 的
值，就是交换 main 函数中变量 a 和 b 的值。整个过程如图 6-24 所示。

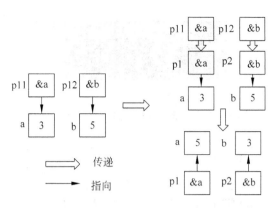

图 6-24　指针变量作参数的数据传递

通过对实例 6-15 函数参数传递的分析可知，main 函数中可以不使用指针变量 p11 和 p12，将程序中第 11 行改为"swap(&a，&b);"即可。

点拨

若以指针变量作为函数参数，传递变量的地址，可以在被调函数中通过指针变量改变其所指向变量的值。

那么，是不是只要以指针变量作为函数参数，就一定能改变所指变量的值呢？答案是否定的。

【**实例 6-16**】　修改实例 6-15 的程序，分析运行结果。

```
/ * 实例 6-16 * /
# include < stdio.h>
void  swap (int   * p1, int  * p2);          /*   对 swap 函数的声明   */
void main()
{
    int   a, b;
    printf ("Input a,b:\n");
    scanf(" % d % d",&a,&b);
    printf ("before swap:a = % d, b = % d\ n",a, b);
    swap(&a, &b);
    printf ("after swap:a = % d, b = % d\ n",a, b);
}
void   swap (int   * p1, int  * p2)
{
    int   * p;
    p = p1;   p1 = p2;   p2 = p;
}
```

程序运行结果如图 6-25 所示。

main 函数执行语句 swap(&a，&b);调用函数 swap 时，将局部变量 a、b 的地址分别传递给 swap 函数的形参指针变量 p1 和 p2。指针变量 p1 和 p2 分别与 main 函数的局部变量 a、b 建立了指向关系，此时，程序的控制权也转移到被调函数 swap。在 swap 函数中，利用一个中间指针变量 p，将形参指针变量 p1 和 p2 的值进行了交换，实质是改变了 p1 和 p2 的指向，并未将它们所指向的对象(即变量 a 和 b)的值交换过来。整个过程如图 6-26 所示。

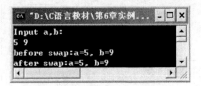

图 6-25   指针变量作函数参数未能交换变量的值

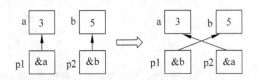

图 6-26   交换指针变量的值

6.6.2   数组作为函数参数

当利用函数处理保存在数组中的批量数据的时候,函数必须要访问数组中的每个元素。在数据量较多的情况下,将每个数组元素单独通过函数参数的形式传递给函数,这种方法显然是不现实的。

数组是有序的、同类型数据的集合。利用数组元素之间的有序性特点,只要知道数组的首地址,就可以依次访问数组中的所有元素了。在 C 语言中,数组名表示该数组的首地址。以数组名作为实参调用函数,就可以在该函数中实现对数组的所有元素的处理。

1. 一维数值数组作为函数参数

实例 6-2 程序中的 max 函数就是以一维数组作为函数参数的例子。但仔细分析,会发现 max 函数有一个明显的缺陷:只能求 10 个数中的最大值,若要求 9 个数或者 11 个数中的最大值,max 函数都"无能为力"。如何才能提高 max 函数的通用性?

【实例 6-17】   将两组学生的成绩分别保存到两个数组中,求每组学生的最高分。

分析:

(1)定义函数 max,用于求几个数中的最大值。因为要处理多个数据,所以形式参数之一为一个形参数组,另外一个形式参数为整型变量,用于接收实际数组元素的个数。

(2)main 函数中定义两个数组,分别保存两组学生的成绩,然后调用函数 max 求最高分。

程序代码如下。

```
/ * 实例 6-17 * /
# include < stdio. h >
int max( int score[ ], int n)              / * 定义 max 函数 * /
{
  int i, maxscore;
  maxscore = score[ 0 ];
  for( i = 1; i < n; i++ )
      if( maxscore < score[ i ] )   maxscore = score[ i ];
      return maxscore;
}
```

```
void main()
{    int s1[5] = {95, 97, 91, 60, 55};
     int s2[10] = {67, 59, 99, 69, 77, 59, 76, 54, 60, 99};
     int i;
     for(i = 0; i < 5; i++)
         printf("s1[ % d] = % d\t", i, s1[i]);
     printf("The max of group A is % d\n\n", max(s1, 5));
     for(i = 0; i < 10; i++)
         printf("s2[ % d] = % d\t", i, s2[i]);
     printf("The max of group B is % d\n", max(s2, 10));
}
```

程序运行结果如图 6-27 所示。在 max 函数中除了形参数组 score 之外,增加了一个形式参数 n,用于接收实际数组元素的个数,以便对保存在数组中的有效数据进行操作。

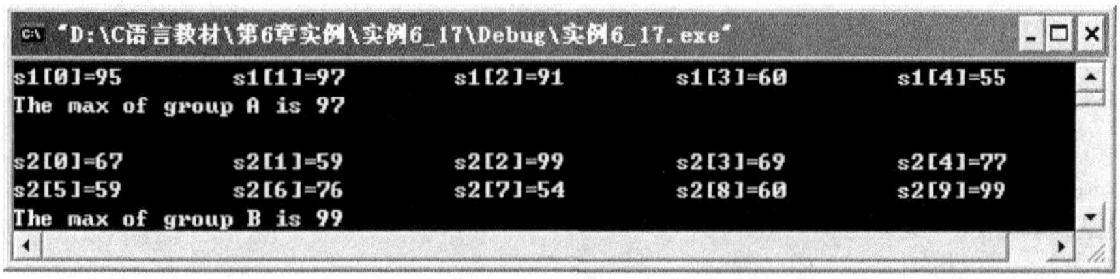

图 6-27　分别求两组学生的最高分

将数组首地址和数组元素的个数传递给被调函数,如实例 6-17 中"max(s1,5)",其实质是将整个数组 s1 传递给函数 max。在 max 函数中对形参数组 score 的操作实际上就是对 main 函数中的实参数组 s1 进行操作。

数组名作实参调用函数,主调函数中传递的是数组的首地址,所以,被调函数的形参可以是指针变量。实例 6-17 中的 max 函数还可以写成如下形式。

```
int max(int * score, int n)
{
 int i, maxscore;
 maxscore = score[0];
 for(i = 1; i < n; i++)
    if(maxscore < score[i])   maxscore = score[i];
    return maxscore;
}
```

在函数 max 中,指针变量 score 指向数组的首地址,所以可以用指针变量表示其所指向的数组中的元素,score[0] 即数组的第一个元素。

【实例 6-18】　用选择法对一组数学成绩进行降序(由大到小)排序。要求:

(1) 定义函数 sort(),用于对 n 个整数进行降序排序;

(2) 定义函数 main(),将数学成绩输入到一个数组中,然后调用函数 sort 对数学成绩进行降序排序。

分析:

(1) 根据题意,函数 sort 的功能是对 n 个整数进行降序排序,所以需要有一个形参数组 score,另一个形参变量 n,用于接收实际数组元素的个数;

（2）main 函数中定义一个数组 math，将数学成绩保存到该数组中，然后调用函数 sort 对数组进行降序排序。

程序代码如下。

```c
/* 实例 6-18 */
#include <stdio.h>
void sort(int score[], int n)
{   int i, j, k, temp;
    for(i = 0; i < n - 1; i++)
    {
        k = i;
        for(j = i + 1; j < n; j++)
                    if(score[k] < score[j])  k = j;
        temp = score[k]; score[k] = score[i]; score[i] = temp;
    }
}
void main()
{
    int math[5], i;
    printf("Enter the scores:\n");
    for(i = 0; i < 5; i++)
        scanf("%d", &math[i]);
    sort(math, 5);
    printf("After sort:\n");
    for(i = 0; i < 5; i++)
        printf("%d\t", math[i]);
}
```

程序运行结果如图 6-28 所示。main 函数中输入 5 个成绩到数组 math 中，执行语句 sort(math，5);，将程序控制权转交给 sort 函数，同时将数组 math 的首地址及其数组元素个数 5 传递给被调函数 sort。sort 函数中的形参数组 score 即 main 函数中的数组 math。在 sort 函数中，用选择法对数组 score 进行降序排序结束后，程序控制权返回给 main 函数。main 函数中顺序输出数组 math 的每个元素的值，结果是降序排列的。

图 6-28　成绩降序排序

2. 字符数组作为函数参数

在 C 语言程序设计中，可以将一个字符串保存在一个一维字符数组中，以 '\0' 作为结束标记。当函数要处理字符串时，可以将保存该字符串的字符数组的首地址作为实际参数传递给该函数，在函数内即可根据需要对字符串进行处理。

【实例 6-19】 编写程序，要求如下：

（1）定义一个函数 aphacount()，统计并返回某字符串中出现小写英文字母 c 的次数，

如果未找到,函数返回 0;

(2) 在 main 函数中输入字符串,调用函数 aphacount,输出统计结果。

分析:

(1) 根据题意,函数 aphacount 中需要处理一个字符串,所以函数的形式参数应该是一个字符数组或者字符指针变量,用于接收主调函数传递过来的字符串首地址;

(2) main 函数中定义一个字符数组,将字符串保存到数组中,然后调用函数 aphacount 统计该字符串中小写字母出现的次数,并输出结果。

程序代码如下。

```c
/* 实例 6-19 */
#include <stdio.h>
int  aphacount(char * s)
{
    int count = 0;
    while( * s!= '\0')
    {
        if('c' == * s) count++;
        s++;
    }
    return count;
}
void main()
{
    char str[30];
    printf("请输入字符串: \n");
    gets(str);
    printf("字母 c 出现的次数为: ");
    printf("% d\n", aphacount(str));
}
```

程序运行结果如图 6-29 所示。函数 aphacount 的形式参数为 char * s,是一个字符型指针变量。main 函数中调用 aphacount 时用字符数组名 str 作为实际参数,将字符串的首地址传递给形参指针变量 s,s 即指向数组 str。这样就可以使用指针变量 s 访问数组元素了。

图 6-29　统计字母出现次数

点拨

与数值类型数组作为函数的参数不同,字符串有结束标记'\0',所以即使没有将字符串中的字符个数传递给被调函数,在被调函数中也能访问到字符串中的每个有效字符。

实例 6-19 中 aphacount 函数的定义还可以改为如下形式。

```
int   aphacount(char s[])
{
    int i = 0, count = 0;
    while(s[i]!= '\0')
    {
        if('c' == s[i]) count++;
        i++;
    }
    return count;
}
```

以形参数组作参数,程序执行结果一致。

当然,实例 6-19 的源程序还可以写成:

```
# include < stdio. h >
# include < string. h >
int   aphacount(char * s, int n)
{
    int i, count = 0;
    for(i = 1; i <= n; i++)
    {
        if('c' == * s) count++;
        s++;
    }
    return count;
}
void main()
{
    char str[30];
    printf("请输入字符串: \n");
    gets(str);
    printf("字母 c 出现的次数为: ");
    printf("% d\n", aphacount(str, strlen(str)));
}
```

与一维数值数组作为函数参数一样,main 函数中将保存字符串的字符数组首地址和字符串的长度传递给被调函数 aphacount。在函数 aphacount 中,访问字符数组时,用字符串的长度值控制循环,确保字符串中每个有效字符都访问一遍。程序运行结果与实例 6-19 的程序运行结果一致。

6.7   返回指针的函数和函数指针

有返回值的函数,函数可以通过 return 语句返回一个计算的结果,称为函数的返回值。若函数的返回值是某内存地址,该函数就称为返回指针的函数。

函数是构成 C 语言程序的基本单位。运行程序时,操作系统将程序代码都调入内存,每个函数在内存中都对应一个函数代码的首地址,称为函数的入口地址,即函数指针。在 C 语言程序中,可以使用函数名调用函数,也可以使用函数指针调用函数。

6.7.1 返回指针的函数

返回指针的函数定义形式如下：

```
类型标识   * 函数名(形参表列)
{
    声明语句
    功能语句
}
```

函数名前有一个"＊"号，表示函数返回值是一个指针。查阅系统库函数，在 string.h 文件中的字符串连接和字符串复制函数原型如下：

```
char * strcat(char * dest,const char * src)
char * strcpy(char * dest,const char * src)
```

说明这两个函数的返回值都是字符型指针，即字符串首地址。可以用以下程序验证这一结论。

```
# include < stdio.h >
# include < string.h >
void main()
{
    char str1[30] = "Beijing ",str2[] = "China";
    printf(" % s\n",strcat(str1,str2));        /* 连接两个字符串,输出 Beijing China */
    printf(" % s\n", strcpy(str1,str2));       /* 将 str2 中的字符串复制到 str1,输出 China */
}
```

【实例 6-20】 编写程序,定义函数 strcopy(char * dest, char * src),不用 strcpy 函数,实现字符串的复制。main 函数中输入一个字符串,调用 strcopy 实现字符串的复制。

分析：

本题的重点是如何实现字符串的复制。解题思路是：利用循环结构,从前往后逐个将已有的字符串中的字符复制到一个字符数组中。

程序代码如下。

```
/* 实例 6-20 */
# include < stdio.h >
char * strcopy(char * dest,char * src)
{
    char   * s;
    s = dest;
    while( * src!= '\0')
    {
        * dest =  * src;
        dest++;
        src++;
    }
    * dest = '\0';
    return s;
}
```

```
void main()
{
    char str1[20],str2[20];
    printf("请输入字符串: \n");
    gets(str1);
    printf("复制成的字符串为: \n");
    printf(" % s\n", strcopy(str2,str1));
    printf(" % s\n", str2);
}
```

程序运行结果如图 6-30 所示。main 函数中输入一个字符串到字符数组 str1 中,调用 strcopy 时用字符数组名 str2 和 str1 作为实际参数,将两个数组的首地址分别传递给形参指针变量 dest 和 src,即 dest 指向数组 str2,src 指向数组 str1。随后使用指针变量对数组进行访问,实现字符串的复制。最后用 return 语句返回 dest 指针变量指向的数组的首地址,该字符数组中保存的是复制得到的字符串。

strcopy 函数执行完毕,返回之前,各参数及变量之间的关系如图 6-31 所示。

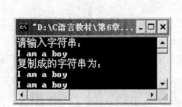

图 6-30 字符串的复制

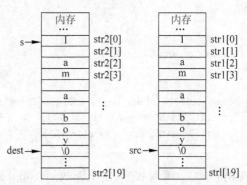

图 6-31 字符数组与指针变量关系

6.7.2 函数指针

在 C 语言程序中,函数调用时除了要进行参数传递外,还要实现程序控制权的转移,即找到被调函数的入口地址,运行函数代码,被调函数运行结束,再返回到主调函数。在函数调用过程中,找到函数的入口地址是关键。

本章前面列举的函数调用实例中,都通过函数名调用函数,其实一个函数的函数名就表示该函数的入口地址。用于保存函数入口地址的变量,称为指向函数的指针变量(简称"函数指针")。可以通过函数指针调用函数。

1. 函数指针的定义

函数指针的一般定义格式如下。

类型说明(* 变量名)();

例如,int (* funp)();

说明: funp 是一个指向函数的指针变量,其所指向的函数的返回值是 int 类型。

2. 函数指针的使用

定义函数指针后,可以将某个具有相同返回值类型的函数的入口地址保存于函数指针中,再通过函数指针调用该函数。

【实例 6-21】 main 函数中输入两个整数,通过函数指针调用求两个整数的最大值函数 max,并输出结果。

分析:

根据题意,在 main 函数中定义两个整型变量 a、b,输入两个整数;定义一个返回值为整型的函数指针 maxp,将 max 函数的入口地址赋值给 maxp,然后以变量 a、b 作实参,用函数指针 maxp 调用 max 函数,求出 a、b 中的最大值。

程序代码如下。

```
/ * 实例 6-21 * /
# include < stdio. h >
int max( int x, int y)
{
    return x > y?x:y;
}
void main()
{
    int a,b,m;
    int ( * maxp)(int,int);         / *   定义函数指针 maxp   * /
    maxp = max;                      / *  函数指针 maxp 指向 max 函数  * /
    printf("Input 2 integers:\n");
    scanf(" % d % d",&a,&b);
    m = ( * maxp)(a,b);              / *   用函数指针 maxp 调用函数 max   * /
    printf("max = % d\n",m);
}
```

程序运行结果如图 6-32 所示。在 main 函数中,定义了指向函数的指针变量 maxp,通过赋值语句 maxp = max;使其指向函数 max,利用 maxp 就可以调用函数 max 了。

图 6-32　用函数指针调用 max 函数求最大值

使用函数指针时应注意以下两点。

(1) 函数指针不能进行算术运算。在 C 语言中,指针变量加 1 的含义是:指针变量当前所指向的地址加上其所指向地址的数据类型所需地址大小。函数指针指向的是函数,函数的空间大小不定,对函数指针进行加 1 操作没有意义。

(2) 函数定义中"(* 变量名)"两边的括号不能缺失,其中, * 不应该理解为指针运算,在此处它只是一个符号。(* 变量名)()表示所定义的变量是函数指针变量,用于保存函数的入口地址。

函数指针可以指向不同的函数,利用这一特点,可以将函数指针作为函数的参数,以实现不同函数的调用。

【**实例 6-22**】　定义函数 max 求两个整数中的最大值,定义函数 min 求两个整数中的最小值,以函数指针作为参数,定义函数 fun。在 main 函数中输入两个整数,调用函数 fun 求出两个整数中的最大值和最小值并输出。

```
/* 实例 6-22 */
# include < stdio. h>
int max( int x, int y)
{
    return x > y?x:y;
}
int min( int x, int y)
{
    return x < y?x:y;
}
int  fun(int ( * funp)(int,int), int x, int y)
{
    int  z;
    z = ( * funp)(x, y);              /* 调用 funp 指向的函数 */
    return z;
}

void main()
{
    int a, b, m;
    printf("Input 2 integers:\n");
    scanf(" % d % d", &a, &b);
    m = fun(max, a, b);              /*   以函数 max 作实参,调用函数 fun 以求最大值   */
    printf("max = % d\n", m);
    m = fun(min, a, b);              /*   以函数 min 作实参,调用函数 fun 以求最小值   */
    printf("min = % d\n", m);
}
```

程序运行结果如图 6-33 所示。函数 fun 有三个参数,第一个参数 funp 是一个函数指针,z＝(* funp)(x, y);表示调用 funp 所指向的函数,x 和 y 作为函数参数。

图 6-33　用函数指针作参数求最大值与最小值

main 函数中语句 m＝fun(max, a, b);表示调用函数 fun,max 作为实参,将 max 函数的地址传递给函数指针 funp,在函数 fun 内,用函数指针 funp 调用函数 max,求出 a、b 两个整数中的最大值。同理,语句 m＝fun(min, a, b);调用函数 fun 时以 min 作为实参,在 fun 函数内调用函数 min,求出两个整数的最小值。

6.8 main 函数的参数

C语言程序最大的特点就是所有的程序都是由函数组成的。main()称为主函数,是所有程序运行的入口。

在前面章节的实例中,main 函数都是不带参数的,因此 main 后的括号都是空括号()。main 函数始终作为主调函数处理,也就是说,允许 main 调用其他函数并传递参数。事实上,main 函数本身也可以是有参数的,可以认为是 main 函数的形式参数。由于 main 函数不能被其他函数调用,因此不可能在程序内部取得实际值。那么,通过什么途径将实参值赋予 main 函数的形参呢?

C语言规定 main 函数的参数只能有两个,习惯上这两个参数写为 argc 和 argv。C语言还规定 argc(第一个形参)必须是整型变量,argv(第二个形参)必须是指向字符串的指针数组。加上形参的 main 函数形式如下。

```
void  main(int argc,char * argv[ ])
{
    …
}
```

当一个C语言源程序经过编译、链接后,会生成扩展名为.exe 的可执行文件,此文件可以在操作系统下直接运行。实际上,main 函数的参数值是从操作系统命令行上获得的。要运行一个可执行文件时,在 DOS 提示符下输入文件名,再输入实际参数即可把这些实参传递给 main 函数的形参。

在操作系统环境下,一条完整的运行命令应包括两部分:命令与相应的参数。其格式为:

命令　参数1　参数2 …参数n

以上的运行命令称为命令行。命令行中的命令就是可执行文件的文件名,其后的参数需用空格分隔,是对命令的进一步补充,也是传递给 main 函数的参数。

例如,命令行:strcopy　Hangzhou　Jiaxing

其中,strcopy 为文件名,也就是一个由 strcopy.c 经编译、链接后生成的可执行文件 strcopy.exe,其后有两个参数 Hangzhou 和 Jiaxing。main 函数的参数 argc 记录了命令行中命令和参数的个数,共三个,指针数组的大小由参数 argc 的值决定,即为 char * argv[3],指针数组的指向情况如图 6-34 所示。数组 argv 的各元素分别指向一个字符串。值得一提的是,指针

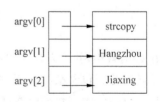

图 6-34　main 函数指针数组的指向

数组元素 argv[0]始终指向命令行中的命令,从 argv[1]开始其后的元素分别指向命令行中的各个参数。

以下用实例来说明带参数的 main 函数的使用。

【实例 6-23】 显示命令行中输入的参数。

/＊实例6-23＊/

```
#include <stdio.h>
void main(int argc,char *argv[ ])
{
    int i = 0;
    while(argc > 1)
    {
      printf("%s\n",argv[++i]);
     argc -- ;
    }
}
```

如果可执行文件名为 6_23.exe,存放在 D 盘根目录下,则输入的命令行为:

d:\6_23 Jiaxing Zhejing China

用命令行方式执行 6_23.exe 文件,输出结果如图 6-35 所示。

图 6-35   输出命令行中的参数

该命令行由 4 个字符串组成,执行 main 时,参数 argc 的初值为 4,指针数组 argv 的 4 个元素分别保存 4 个字符串的首地址。while 语句每循环一次,argc 的值减 1,当 argc 等于 1 时停止循环,共循环三次,因此共输出三个参数。在 printf 函数中,由于输出项为 argv[++i], 下标变量先加 1,再输出相应的数组元素,所以第一次输出的是 argv[1],其所指的字符串为 "Jiaxing"。

6.9   编译预处理

在 C 语言中,并没有任何内在的机制来完成如下一些功能:在编译时定义宏、根据条件决定编译时是否包含某些代码、包含其他源文件。要完成这些工作,就需要使用预处理程序。尽管目前绝大多数编译器都包含预处理程序,但通常认为它们是独立于编译器的。预处理过程读入源代码,检查包含预处理指令的语句和宏定义,并对源代码进行相应转换。预处理过程还会删除程序中的注释和多余的空白字符。

预处理指令是以 # 号开头的代码行。# 号必须是该行除了任何空白字符外的第一个字符。# 后是指令关键字,在关键字和 # 号之间允许存在任意个数的空白字符。一行只能书写一个预处理命令,该命令将在编译器进行编译之前对源代码做某些转换。

值得一提的是:预处理命令不是 C 语言的语句,该行末尾不加分号";"。

常用的 C 语言预处理指令如表 6-2 所示。

表 6-2　常用的 C 语言预处理指令

指令	用　　途
＃include	包含一个源代码文件
＃define	定义宏
＃undef	取消已定义的宏
＃if	如果给定条件为真，则编译下面代码
＃elif	如果前面的＃if指令的条件为假，当前条件为真，则编译下面代码
＃else	如果前面的＃if指令的条件不为真，编译其后面的代码
＃endif	结束一个＃if…＃else条件编译块
＃ifdef	如果宏已经定义，则编译下面的代码
＃ifndef	如果宏没有定义，则编译下面的代码

6.9.1　宏定义

宏定义了一个代表特定内容的标识符。预处理过程会把源代码中出现的宏标识符替换成宏定义时的值。宏最常见的用法是定义代表某个值的全局符号。宏的第二种用法是定义带参数的宏，这样的宏可以像函数一样被调用，但它是在调用语句处展开宏，并用调用时的实际参数来代替定义中的形式参数，与函数调用有本质区别。

使用宏的好处有以下 3 点。

（1）使用方便。例如，＃define PI 3.1415926

PI 显然比 3.1415926 写起来更方便。

（2）定义的宏有一定意义，可读性强。例如，＃define MAX_NUM 10

见文知意，MAX_NUM 是最大数量的意思，比单纯使用 10 这个数字可读性要强得多。

（3）便于修改。如果在程序的多次计算中使用到圆周率 PI，若原来圆周率的取值为 3.1415926，现要将其值修改为 3.14，只要修改宏定义为＃define PI 3.14 即可。

作为一种约定，宏标识符一般全部用大写字母来表示，这样便于在程序中把宏标识符和变量名从直观上区别开来。

1. 无参宏定义

无参宏定义的基本形式为：

＃define　标识符　字符串

功能：用字符串替代标识符。

【实例 6-24】　输入圆的半径，求圆的周长、面积和球的体积。

分析：根据题意，求圆的周长、面积和球的体积公式中都涉及圆周率 π。为了使程序更简洁，也便于维护，所以在程序中定义一个能替换成圆周率的宏。

程序代码如下。

```
/＊实例 6-24＊/
＃include < stdio.h>
＃define  PI  3.1415926
void main()
{
```

```
    double    l, s,r,v;
    printf("Input radius :");
    scanf("%lf",&r);
    l = 2.0 * r * PI;
    s = PI * r * r;
    v = 3.0/4 * PI * r * r * r;
    printf("l = %.4f\ns = %.4f\nv = %.4f\n",l,s,v);
}
```

程序运行结果如图 6-36 所示。程序中的宏标识符 PI 即 3.1415926。

图 6-36   求圆的周长、面积和球的体积

2. 带参宏定义

带参宏定义的基本形式为:

#define   标识符(参数表)   字符串

功能:先对字符串中出现的参数作替换,再替代标识符。

【实例 6-25】   用带参的宏编程,输入长方形的长与宽,求长方形的面积。

分析:

将求长方形的面积的表达式定义为一个带参的宏,有两个参数,分别是长方形的长和宽。

程序代码如下。

```
/* 实例 6-25 */
#include <stdio.h>
#define    AREA(x,y)    (x) * (y)
void main()
{
    float length,width;
    printf("Input length&width:\n");
    scanf("%f%f",&length,&width);
    printf("AREA = %.2f\n",AREA(length,width));
}
```

程序运行结果如图 6-37 所示。

图 6-37   求长方形的面积

注意,实例 6-25 带参宏定义中,字符串中出现的参数均加上括号"()"。尽管它们并不是必需的,但出于参数的完整性考虑,还是建议加上括号。

对于宏 AREA(length,width),预处理过程会把它转换成:(length) * (width)。如果没有括号,AREA(length+1,width+2)就将转换成:length+1 * width+2,计算结果完全不一样了。

带参宏与有参函数是有区别的,主要不同点如下。

(1) 调用有参函数时,是先求出实参的值,然后传递给形参。而展开带参宏时,只是将实参简单地置换形参。

(2) 在有参函数中,形参是有类型的,所以要求实参的类型与其一致;而在带参宏定义中,形参是没有类型信息的,用于置换的实参什么类型都可以。

6.9.2　文件包含

采用头文件的目的主要是为了使某些定义便于多个不同的 C 语言源程序使用。有了头文件,在需要用到这些定义的 C 语言源程序中,只需加上一条♯include 命令,将相应的头文件包含进来,而不必再在此文件中将这些定义重复一遍。预处理程序将头文件中的定义全部加入到它所产生的输出文件中,以供编译程序进行处理。

♯include 预处理指令的作用是在指令处展开被包含的文件。包含可以是多重的,也就是说一个被包含的文件中还可以包含其他文件。预处理过程不检查在转换单元中是否已经包含某个文件并阻止对它的多次包含。

在程序中包含头文件有两种格式:

```
# include <stdio.h>
# include "myfile.h"
```

第一种方法是用尖括号"<>"把头文件括起来。这种格式告诉预处理程序在编译器自带的或外部库的头文件中搜索被包含的头文件。在 Visual C++ 6.0 环境中可以修改编译器自带的头文件的搜索路径,在 IDE 中,选择菜单 Tools→Options 命令,打开 Options 对话框,打开 Directories 选项卡,即可查看、添加、修改编译器自带的头文件的搜索路径,如图 6-38 所示。

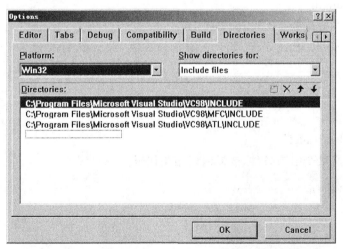

图 6-38　设置编译器自带的头文件的搜索路径

第二种方法是用双引号把头文件括起来。这种格式告诉预处理程序在当前被编译的应用程序的源代码文件中搜索被包含的头文件,如果找不到,再搜索编译器自带的头文件。

采用两种不同包含格式的理由在于,编译器是安装在公共子目录下的,而被编译的应用程序是在它们自己的私有子目录下的。一个应用程序既包含编译器提供的公共头文件,也包含自定义的私有头文件。采用两种不同的包含格式使得编译器能够在很多头文件中区别出一组公共的头文件。

6.9.3 条件编译

为了避免那些只能包含一次的头文件被多次包含,或者同样的定义多次出现,可以在头文件中用条件编译来进行控制。条件编译指令将决定哪些代码被编译,哪些不被编译。可以根据表达式的值或者某个特定的宏是否被定义来确定编译条件。

常见的条件编译指令如下。

1. ♯if 指令

♯if 指令检测其后的常量表达式。如果表达式为真,则编译后面的代码,直到出现 ♯else、♯elif 或 ♯endif 为止;否则就不编译。

2. ♯endif 指令

用于终止 ♯if 预处理指令。例如:

```
# include < stdio. h>
# define DEBUG 0                        /* 第2行 */
void main( )
{
    # if DEBUG
        printf("Debugging\n");
    # endif
    printf("Running\n");
}
```

由于程序定义 DEBUG 宏代表 0,所以 ♯if 条件为假,不编译后面的代码直到 ♯endif,所以程序输出 Running。

若将程序第 2 行改为:♯define DEBUG1

宏标识符 DEBUG 代表 1,♯if 指令的条件为真,编译其后的代码,所以程序执行后输出:

```
Debugging
Running
```

3. ♯ifdef 和 ♯ifndef

以是否已定义某个宏为条件,选择编译相关代码。

```
# include < stdio. h>
# define RUN                            /* 第2行 */
void main( )
{
    # ifdef RUN
```

```
        printf("YES\n");
    # endif
    # ifndef RUN
        printf("NO\n");
    # endif
}
```

程序中第 2 行定义了宏 RUN,所以编译♯ifdef 指令后的代码,程序输出 YES。若将程序中的第 2 行删除,因为程序中没有定义宏 RUN,所以编译♯ifndef 指令后的代码,程序执行后输出 NO。

在 C 语言程序中,为了避免头文件被多次包含后导致重复定义的问题,可以在头文件中用条件编译,常用以下格式对定义部分的内容进行控制。

```
/*  myfile.h  */
# ifndef MYFILE_H
# define MYFILE_H
    …                              /* 定义部分 */
# endif
```

6.10   函数应用实例

在本节中,将通过一个综合性实例进一步介绍函数在实际编程中的应用。

【实例 6-26】 编写程序,该程序能实现以下功能。

(1) 输入:输入 5 个学生的学号、姓名和数学课程成绩。

(2) 显示:输出所有学生的信息。

(3) 排序:按成绩降序排序,并显示排序后的结果。

分析:

(1) 根据题意,程序有三个功能模块,分别是输入、显示和排序,如图 6-39 所示。

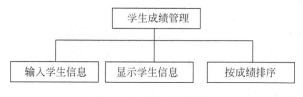

图 6-39   程序功能模块

(2) 学生的信息包括学号、姓名和数学成绩,所以需要定义三个一维数组,分别保存学号、姓名和数学成绩,为便于操作,将这三个数组定义为全局数组。

(3) 为便于用户操作,可以设计一个主菜单,包括如下菜单项:输入、显示、排序和退出。

(4) 根据程序功能模块,可以设计如下函数。

① main 函数。

功能:显示主菜单,根据用户的操作选择调用相关的函数。

② showMenu 函数。

功能：显示主菜单。

函数原型：void showMenu();

③ printHeader 函数。

功能：为了使数据显示更加直观和美观，打印一个表头。

函数原型：void printHeader();

④ input 函数。

功能：输入 5 个学生的信息，包括学号、姓名和数学成绩。

函数原型：void input();

⑤ disp 函数。

功能：显示 5 个学生的信息。

函数原型：void disp();

⑥ sort 函数。

功能：将学生的成绩进行降序排序，并显示排序后的结果。

函数原型：void sort();

源程序清单如下。

```c
#include<stdio.h>
#include<stdlib.h>
#include<string.h>
#define N 5                        /*学生数不超过 5*/
#define HEADER1 "------------ 学生成绩表 -------- \n"
#define HEADER2 "|   学号   |  姓名  |  数学   |\n"
#define HEADER3 "|---------- |-------- |-------- |\n"
#define FORMAT   "| %-10d| %-8s| %8d\n"
#define END      "------------------------------- \n"
/*定义全局数组,用于保存学生信息*/
int num[N];
char name[N][16];
int math[N];
/*函数原型声明*/
void input();
void disp();
void sort();
/*定义函数 printHeader*/
void printHeader()
{
    printf(HEADER1);
    printf(HEADER2);
    printf(HEADER3);
}
/*定义函数 showMenu*/
void showMenu()
{
    system("cls");
    printf("           学生成绩管理\n");
```

```
    printf("   *************** 菜单 ************** \n");
    printf("   *            1 输入           * \n");
    printf("   *            2 显示           * \n");
    printf("   *            3 排序           * \n");
    printf("   *            0 退出           * \n");
    printf("   ****************************** \n");
}
void showWrong()
{
    printf("\n ***** Error:输入错误! *** \n 请重新输入您的操作选择[0-3]:");
}
void main()                    /* 主函数 */
{
    int sel;
    showMenu();
    printf("请输入您的操作选择[0-3]:");
    do{
        scanf(" % d",&sel);
        if(sel == 0)
            break;
        switch(sel)
        {
            case 1:input();break;
            case 2:disp();break;
            case 3:sort();break;
            default:showWrong();
        }
    } while(1);
    printf("操作结束,再见!\n");
}
void input()                    /* 输入 */
{
    int i,j;
    system("cls");
    for(i = 0;i < N;i++)
    {
        printf("请输入第 % d 条记录数据: \n",i + 1);
        printf("输入学号:");
        scanf(" % d",&num[i]);
        for(j = 0;j < i;j++)
            while(num[j] == num[i])
            {
                printf("学号已存在,请重新输入!\n");
                printf("输入学号:");
                scanf(" % d",&num[i]);
            }
        printf("请输入姓名 :");
        scanf(" % s",name[i]);
        printf("请输入数学成绩:");
        scanf(" % d",&math[i]);
    }
```

```
        showMenu();
        printf("请输入您的操作选择[0-3]:");
    }
    void disp()                          /*显示*/
    {
        int i;
        showMenu();
        printHeader();
        for(i=0;i<N-1;i++)
        {
            printf(FORMAT,num[i],name[i],math[i]);
            printf(HEADER3);
        }
        printf(FORMAT,num[i],name[i],math[i]);
        printf(END);
        printf("请输入您的操作选择[0-3]:");
    }
    void sort()                          /*排序*/
    {
        int i,j,temp;
        char str[16];
        for (i=1; i<N-1; i++)
            for(j=0;j<N-i;j++)
                if(math[j]<math[j+1])
                {
                        /*交换学号*/
                    temp=num[j];
                    num[j]=num[j+1];
                    num[j+1]=temp;
                        /*交换姓名*/
                    strcpy(str,name[j]);
                    strcpy(name[j],name[j+1]);
                    strcpy(name[j+1],str);
                        /*交换数学成绩*/
                    temp=math[j];
                    math[j]=math[j+1];
                    math[j+1]=temp;
                }
        disp();                          /*显示排序后的结果*/
    }
```

可以对程序操作流程作如下设计：输入学生的信息→显示学生的信息→按成绩降序排序→显示排序后的学生信息。

程序运行后显示主菜单如图 6-40 所示。

首先选择"1"，输入学生的信息，如图 6-41 所示；然后选择"2"，显示学生的信息，如图 6-42 所示；接着选择"3"，对学生的数学成绩进行降序排序，输出排序后的结果，如图 6-43 所示；最后选择"0"，退出程序。

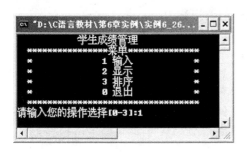

图 6-40　主菜单

图 6-41　输入学生的信息

图 6-42　显示学生的信息

图 6-43　输出排序后的结果

习　　题

1. 填空题

（1）C 语言程序是由_____构成的。一个 C 源程序中至少应包含一个_____函数。

（2）C 程序中一个函数由_____和_____两部分组成。

（3）C 语言允许函数值类型缺省定义,此时该函数值隐含的类型是_____。

（4）用数组元素作为实参调用函数时,与用普通变量作实参一样,是将其_____传递给被调函数。

（5）函数调用时,实际参数与形式参数在_____、_____和_____上要保持一致。

(6) 在 C 语言程序中,若被调用函数的定义出现在主调函数的_____,其函数声明可以省略。

(7) 从作用域角度考虑,形式参数属于_____变量。

(8) 如果一个函数直接或间接地调用自身,这样的调用称为_____。

(9) 引用 C 语言标准库函数,一般要用_____预处理命令将其头文件包含进来。

(10) 在 C 语言程序中,符号常量的定义要使用_____预处理命令。

2. 程序阅读题

(1) 指出下列程序的错误或不合理之处,并改正。该程序实现求 x 的 n 次方的值。

```c
#include <stdio.h>
void main()
{
  double s,x;
  int n;
  s = power(x,n);
}
power(y)
{
  int i,p = 1;
  for(i = 1;i <= n;i++)
    p = p * y;
}
```

(2) 阅读程序,分析运行结果。

```c
#include <stdio.h>
int fun1(int n)
{   if(n == 1)return 1;
    else   return   f1(n-1) + n;
}
int fun2(int n)
{   switch(n){
      case 1:
      case 2:return 1;
      default:return f2(n-1) + f2(n-2);
      }
}
void fun3(int n)
{   printf("%d",n%10);
    if(n/10 != 0) f3(n/10);
}
void fun4(int n)
{   if(n/10 != 0) f4(n/10);
    printf("%d",n%10);
}
#include <stdio.h>
void  main()
{   printf("%d\n",fun1(3));
    printf("%d\n",fun2(3));
```

```
        fun3(123);
        printf("\n");
        fun4(123);
        printf("\n");
}
```

（3）阅读程序，分析运行结果。

```
#include <stdio.h>
void  main()
{   int i,x1,x2;
    int a[5] = {1,2,3,4,5};
    void  fun1( int x, int y),fun2(int * x, int * y);
    x1 = x2 = 0;
    for(i = 0;i < 5;i++){
            if(a[i]> a[x1])
            x1 = i;
        if(a[i]< a[x2])
            x2 = i;
    }
    fun2(&a[x1],&a[0]);
    for(i = 0;i < 5;i++) printf(" % 2d", a[i]);
    printf("\n");
    fun1(a[x2],a[1]);
    for(i = 0;i < 5;i++) printf(" % 2d", a[i]);
    printf("\n");
    fun2(&a[x2],&a[4]);
    for(i = 0;i < 5;i++) printf(" % 2d", a[i]);
    printf("\n");
    fun1(a[x1],a[3]);
    for(i = 0;i < 5;i++) printf(" % 2d", a[i]);
    printf("\n");
}
void fun1(int x, int y)
{   int   t;
    t = x;x = y;y = t;
}
void fun2(int * x, int * y)
{   int   t;
    t = * x; * x = * y; * y = t;
}
```

3. 编程题

（1）对实数 x 和 y，编写比较两个数是否相等的函数 equal。若两个数相等，函数返回值为 1，否则，返回值为 0。

（2）给定圆的半径。编写一个函数 area()计算圆的面积，函数 volume()计算球的体积，球的体积计算公式为：$v = \frac{4}{3}\pi R^3$。编写 main()函数，输入圆的半径，然后调用函数 area()计算圆的面积，调用函数 volume()计算球的体积，并显示输出圆的半径、圆的面积和球的体积的值。

(3) 输入 n 个数,根据下式计算并输出 y 的值。

$$y=\begin{cases} x\times x-\sin x & x<-2 \\ 2x+x & -2\leqslant x\leqslant 2 \\ x+1+x\times x & x>2 \end{cases}$$

要求:①定义函数 f(x),计算分段函数值 y,函数类型是 double。

② 定义 main() 函数,输入 n 的值,然后输入 n 个数,调用函数 f(x) 计算并输出 y 的值。

(4) 有 5 个人在一起问年龄,第 5 个人比第 4 个人大两岁,第 4 个人比第 3 个人大两岁……第 2 个人比第 1 个人大两岁,第 1 个人为 10 岁。请编制一个程序求得他们的年龄。(提示:用递归程序实现。)

(5) 求 500 以内素数,每行输出 10 个数。要求定义和调用函数 prime(n) 判断 n 是否为素数,当 n 为素数时返回 1,否则返回 0。

(6) 编写程序,要求:

① 定义函数 fact(n),计算 n 的阶乘:n!$=1\times2\times\cdots\times n$,函数形参 n 的类型是 int,函数类型是 double。

② 定义函数 cal(x,e),计算下列算式的值,直到最后一项的绝对值小于 e,函数形参 x 和 e 的类型都是 double,函数类型是 double。要求调用自定义函数 fact(n) 计算 n 的阶乘,调用库函数 pow(x,n) 计算 x 的 n 次幂。

③ 定义函数 main(),输入两个浮点数 x 和 e,计算并输出下列算式的值,直到最后一项的绝对值小于精度 e。要求调用自定义函数 cal(x,e) 计算下列算式的值。

$$s=x+\frac{x^2}{2!}+\frac{x^3}{3!}+\frac{x^4}{4!}+\cdots$$

(7) 从 n 个不同的元素中,每次取出 k 个不同的元素,不管其顺序合并成一组,称为组合。组合种数计算公式如下:

$$C_n^k=\frac{n!}{(n-k)!\,k!}$$

① 定义函数 fact(n),计算 n 的阶乘 n!,函数返回值类型是 double。

② 定义函数 cal(k,n),计算组合数 C_n^k,函数返回值类型是 double,要求调用函数 fact(n) 计算 n 的阶乘。

③ 定义函数 main(),输入正整数 n,输出 n 的所有组合数 $C_n^k(1\leqslant k\leqslant n)$,要求调用函数 cal(k,n) 计算组合数。

(8) 用指针作为参数,自定义函数 stringcopy(char * ,char *),实现字符串的复制。

(9) 编写名为 sumpara 的程序,用来对命令行参数求和,假设参数都是整数。(提示:用 atoi 函数把每个命令行参数从字符串格式转换为整数格式,然后求和。)

(10) 输入两个整数,求它们相除的余数。用带参的宏来编程实现。

第7章 结构体与共用体

主要知识点：

◆ 结构体类型与结构体变量定义
◆ 结构体变量初始化与引用
◆ 结构体数组
◆ 结构体指针变量
◆ 结构体与函数
◆ 链表
◆ 共用体
◆ 枚举类型
◆ 用户自定义类型

在前面章节中，已经介绍了基本类型的变量，如整型、实型或字符型变量等，也介绍了一种构造类型的数据——数组，本章将引入 C 语言中另外几种构造类型的数据——结构体、共用体和枚举类型，并详细介绍这几种数据类型的定义、使用，以及在程序设计中的应用。

7.1 结构体类型与结构体变量定义

数组是一组同类型的数据的集合，但是在日常应用中有时需要将不同类型的数据组合成一个有机的整体，以便引用，而这些数据在一个整体中是相互联系的。例如，一个学生的基本信息，可能包括姓名、学号、年龄、性别、家庭住址等（见图 7-1）。它们属于同一个学生的基本属性，但各属于不同数据类型。如果将其分别定义为互相独立的简单变量，将无法反映它们之间的联系；若定义成数组，数据类型又各不相同。

在介绍结构体类型之前，下面先来讨论如何用数组实现既要区分不同类型的数据，又要兼顾它们的一致性。

num	name	sex	age	address
10203	Li Hua	M	20	Shanghai

图 7-1　学生基本属性

7.1.1 引例

【**实例 7-1**】　有两个学生，每个学生的信息包括学号、姓名、三门功课的成绩。学生的信息如表 7-1 所示，输出平均分最高学生的信息。

表 7-1　学生信息表

学号	姓名	语文	数学	英语
10203	Zhang	78	88	98
10204	Wang	60	70	80

考虑学号、姓名和课程成绩数据属性各不相同,定义不同类型的数组如下。

(1) int num[2];//保存学生学号;

(2) char name[2][10] ;//保存学生姓名;

(3) int score[2][3] ;//保存学生三门功课成绩;

```
/*实例 7-1*/
void main()
{
    int num[2] = {10203,10204};                    //保存学生学号;
    char name[2][10] = {"Zhang","Wang"};           //保存学生姓名;
    int score[2][3] = {{78,88,98},{60,70,80}};     //保存学生三门功课成绩;
    int i,id = 0;
    float avg, maxAvg = 0;
    for(i = 0;i < 2;i++)
    {
        avg = (score[i][0] + score[i][1] + score[i][2])/3.0;
        if(maxAvg < avg)
        {
            maxAvg = avg;
            id = i;
        }
    }
    printf("平均分最高学生信息(学号:%d,姓名:%s)\n",num[id],name[id]);
}
```

程序运行结果如图 7-2 所示。

图 7-2　输出平均分最高学生的信息

以上程序的问题在于同一个学生的不同信息分散在不同的数组中,割裂了它们之间的内在联系。如果需要某个学生的全部信息,如例题中的输出学生的学号和姓名,必须分别从不同的数组中提取,而且如果要按平均分从高到低排序,以上程序中所有的数组都需要修改。这样既不利于信息的表示,也不利于信息的存储和处理。

为了解决这个问题,C语言允许用户自己指定这样一种数据类型,称为结构体,相当于其他高级语言中的"记录"。

7.1.2　结构体类型的定义

结构体这种数据类型适合于将同一对象的不同方面的信息有机地组合起来,与数组相比,它提供了一种将不同数据类型的数据组合在一起的手段。但是结构体在 C 语言系统中没有预先定义,用户需要根据 C 语言提供的格式,自行定义结构体数据类型。一旦定义,其用法与其他数据类型的用法相同。

结构体数据类型定义的一般形式为:

```
struct   结构体名
{
    类型名   成员名 1;
    类型名   成员名 2;
      ⋮      ⋮
    类型名   成员名 n;
};
```

说明:

(1) struct 是声明结构体类型的关键字,结构体名是一个合法的 C 语言标识符,struct 和结构体名共同组成结构体类型名,它和系统提供的标准类型(如 int、float 等)一样,都可以用来定义变量的类型。

(2) { }中是该结构体中的各个成员,其数量和类型可根据实际需要定义,类型可以是 C 语言提供的任意数据类型,包括结构体类型。

(3) 所有的成员必须写在{ }内,注意不要忽略最后的分号。

例如:

```
struct student
{ int   num;
  char   name[20];
  char   sex;
  int    age;
  float  scroe; ;
  char   addr[20];
};
```

上面定义了一个结构体类型,其类型名为 struct student,其中有 6 个成员项。结构体类型定义之后,即可定义结构体变量。

7.1.3 结构体变量的定义

在 C 语言中数据类型是不能直接使用的,如 int 是一种数据类型,是不能单独使用的;而 int a;是先声明了一个整型的变量 a,之后才能对整型的变量 a 进行具体的操作。前面定义的 struct student 是结构体类型名,和其他数据类型一样是定义的抽象类型,不能使用,必须用 struct student 定义具有 struct student 类型的变量后才能使用。

结构体变量的定义有以下三种方法。

(1) 先声明类型,再定义变量名。

例如:

```
struct   student
{ int   num;
  char   name[20];
```

```
    char    sex;
    int     age;
    float   score;
    char    addr[20];
};
struct student student1,student2;
```

定义了一个结构体类型 struct student，并定义了 student1 和 student2 为 struct student 类型的变量。

在定义了结构体变量后，系统会为之分配一段地址连续的存储单元，其总长为结构体中各个成员项的数据长度之和。例如，在 Turbo C 和 Visual C++ 中，student1 和 student2 在内存中各占 49 个字节（2＋20＋1＋2＋4＋20＝49）。

（2）在声明类型的同时定义变量。

例如：

```
struct   student
{ int   num;
  char   name[20];
  char   sex;
  int    age;
  float  score;
  char   addr[20];
} student1, student2 ;
```

功能和第一种方法相同，定义了两个 struct   student 类型的变量 student1、student2。

（3）直接定义结构类型变量。

例如：

```
struct
{ int   num;
  char   name[20];
  char   sex;
  int    age;
  float  score;
  char   addr[20];
} student1, student2 ;
```

这种方法和前两种方法比较不同之处在于没有出现结构体名。

说明：

（1）结构体中的成员可以单独使用，作用相当于普通变量。成员名可以和程序中的变量名相同，但互不相干。具体引用方法见 7.2 节。

（2）成员也可以是一个结构体变量。例如：

```
struct   date                              /*声明一个结构体类型*/
{ int   month;
  int   day;
  int   year;
};
struct   student
```

```
{    int num;
     char name [20];
     struct  date  birthday;                              /* birthday 是 struct   date 类型 */
     float  scroe;
 }student1, student2;
```

定义了一个结构类型 struct   student,其中有成员项 birthday,而 birthday 是结构类型 struct date ,有三个成员项 month、day 和 year。同时定义了两个结构体类型变量 student1 和 student2,其中 student1 在内存中的存储形式如图 7-3 所示(student2 和 student1 相同)。

共 32 个字节

2 个字节	20 个字节	2+2+2=6 个字节			4 个字节
student1 的 num	student1 的 name	student1 的 birthday			student1 的 scroe
		month	day	year	

图 7-3   student1 在内存中的存储形式

7.2   结构体变量初始化与引用

与其他变量一样,结构体变量也必须先定义,然后才能引用。

7.2.1   结构体变量的初始化

结构体变量的初始化,是指在定义结构体变量的同时,对其各个成员指定初始值。例如:

```
struct   student
{    int   num;
     char   name[20];
     char   sex;
     int   age;
     float   score;
     char   addr[20];
} student1 = {10203,"Li Hua", 'M',20,561,"Shanghai"};
```

初始化后变量 student1 的值如图 7-4 所示。

num	name	sex	age	score	addr
10203	Li Hua	M	20	614	Shanghai

图 7-4   变量 student1 的值

注意:结构体类型变量的各成员的初始值按顺序放在{ }中,并用逗号分隔。

7.2.2   结构体变量的引用

在定义了结构体变量以后,就可以引用这个变量。结构体变量的引用可以分为对结构体变量中成员的引用和对整个结构体变量的引用,通常以结构体变量中成员的引用为主。

1. 对结构体变量中成员的引用

在数组中,如果要引用某个数组元素是通过数组名和下标来表示的。和数组类似,组成结构体变量的所有成员除了自己的名称外还有一个共同的名称即结构类型变量名。引用结构体变量中成员的方式为:

结构体变量名.成员名

例如:student1.num 表示 student1 变量中的 num 成员。可以对结构体变量的成员赋值,例如:

```
student1.num = 10203;
```

"."是成员运算符,在所有运算符中优先级别最高。因此上面赋值语句的作用是将 10203 赋给 student1 变量中的成员 num。

因为只能对最低级的成员进行赋值、存取和运算,所以如果成员本身也属于一个结构体类型,则要一级一级地找到最低的一级的成员。例如,在 7.1.2 节中定义了结构体变量 student1,可以这样表示各成员:

```
student1.name
student1. birthday. year
```

结构体变量的成员可以像普通变量一样进行各种运算。例如:

```
strcpy(student1.name, "Li Hua");          /* 给结构体变量 student1 的成员 name 赋值 */
student1.sex = 'M';
student1. birthday. year++;
```

由于"."优先级别最高,student1. birthday. year＋＋相当于(student1. birthday .year)＋＋。

2. 对整个结构体变量的引用

ANSI C 标准允许相同类型的结构体变量相互赋值。例如:

```
struct   student student1,student2;
student1 =  student2;
```

赋值语句的作用是将 student2 的全部内容赋给 student1,即 student1 和 student2 的每个成员具有相同的值。

虽然相同类型的结构体变量可以整体赋值,但是不能将一个结构体变量作为一个整体进行输入输出。例如:

```
printf("%d,%s,%c,%d,%f,%s\n", student1);
```

而只能对结构体变量中的各个成员分别进行输入和输出。例如:

```
printf("%d,%s,%c,%d\n", student1.num,student1.name,student1.sex,student1.age);
```

【实例 7-2】 已知两个学生的信息,其中包括学号、姓名、出生日期、成绩,将学生信息按成绩从低到高排序输出。

```
/ * 实例 7-2 * /
# include < stdio. h>
void main()
{
    struct date
    {
        int month;
        int day;
        int year;
    };
    struct  student
    {   int   num;
        char   name[20];
        struct date birthday;
        float    score;
    };
    struct   student student1 = {10203,"Li Hua",10,22,1988,614};
    struct   student student2 = {10223,"Zhang Mei",10,22,1990,561};
    struct   student temp;
    if(student1. score > student2. score)                    / * 实现两个结构体变量的整体交换 * /
    {
        temp = student1;
        student1 = student2;
        student2 = temp;
    }
    printf(" % d    % 10s    % 2d/2 % d/ % 4d    % 6.2f\n", student1. num, student1. name,
        student1. birthday. month, student1. birthday. day, student1. birthday. year,
        student1. score);
    printf(" % d    % 10s    % 2d/2 % d/ % 4d    % 6.2f\n", student2. num, student2. name,
        student2. birthday. month, student2. birthday. day, student2. birthday. year,
        student2. score);
}
```

程序运行结果如图 7-5 所示。

图 7-5　结构体变量的引用

7.3　结构体数组

　　一个结构体变量中可以存放一个整体的数据(如一个学生的姓名、学号等数据),如果有
多个学生的数据需要参加运算,则应该用数组,这就是结构体数组。结构体数组与数值型数
组类似,都是由同类型的数组元素组成,不同之处在于每个数组元素都是一个结构体类型的
数据,它们都分别包含每个成员项。

7.3.1 结构体数组的定义

和定义结构体变量的方法类似,只需说明其为数组即可。例如:

```
struct    student              /* 先定义结构体类型 */
{  int   num;
   char   name[20];
   char   sex;
   int   age;
   float   score;
   char   addr[20];
};
struct    student    stu[10];/* 再定义数组 */
```

或

```
struct    student              /* 定义结构体类型的同时定义数组 */
{  int   num;
   …
} stu[10];
```

或

```
struct                         /* 直接定义结构体数组 */
{  int   num;
   …
} stu[10];
```

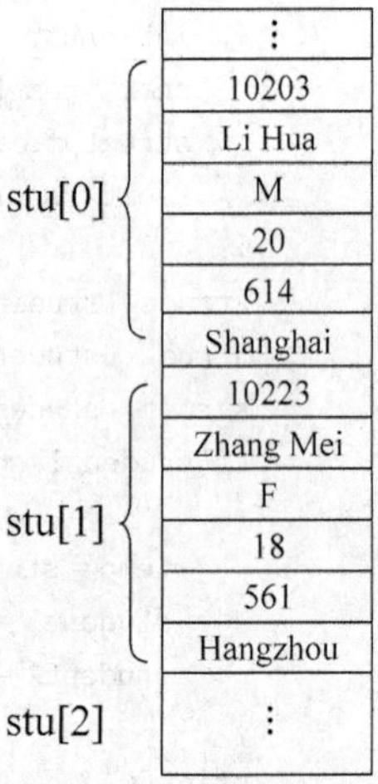

图 7-6　结构体数组的存储形式

结构体数组和数值型数组一样,在内存中占用一段连续的存储空间,见图 7-6。

7.3.2 结构体数组的初始化

和其他类型的数组一样,可以对结构体数组进行初始化。例如:

```
struct    student
{  int   num;
   char   name[20];
   char   sex;
   int   age;
   float   score;
   char   addr[20];
} stu[3] = {{10203,"Li Hua", 'M',20,614,"Shanghai"},
          {10223,"Zhang Mei", 'F',18,561,"Hangzhou"},
          {10235,"Zhou  Ke", 'M',21,456,"Beijing"}};
```

当对全部数组元素赋初值时,可以省略数组长度,即可写成:

```
stu[ ] = {{…},{…},{…}};
```

注意:如果在初始化的过程中,某个元素的某个成员暂不赋值,其分隔符逗号不能省略。

7.3.3 结构体数组的使用

结构体数组元素的引用和普通数组元素的引用类似。例如，stu[0]是结构体数组 stu 中下标为 0 的元素，它是一个结构体变量。因此可以像对普通结构体类型变量一样引用 stu[0]的成员。其使用的一般形式为：

结构体数组名[下标].成员项名

例如：

stu[0].name   表示下标为 0 的学生的姓名
stu[1].score   表示下标为 1 的学生的分数
stu[2].age   表示下标为 2 的学生的年龄

【实例 7-3】 输入 4 个学生的姓名、学号和数学、英语、语文三门功课的成绩，计算每个学生的总分，并将学生信息按总分成绩从低到高排序输出。

```c
/* 实例 7-3 */
# include < stdio. h >
void main()
{
    struct student              /* 定义结构体类型 */
    {
        char name[20];
        int num;
        float math;             /* 数学成绩 */
        float eng;              /* 英语成绩 */
        float cuit;             /* 语文成绩 */
        float sum;
    }stu[4];
    struct student temp;
    int i,j;
    for(i = 0;i < 4;i++)        /* 输入结构体数组 */
    {
        printf("input % d name = ?",i);
        gets(stu[i].name);
        printf("input % d num,math,eng,cuit = ?",i);
        scanf(" % d % f % f % f",&stu[i].num,&stu[i].math,
            &stu[i].eng,&stu[i].cuit);
        getchar();
        stu[i].sum = stu[i].math + stu[i].eng + stu[i].cuit;
    }
    for(i = 0;i < 3;i++)        /* 用冒泡法进行排序 */
    {
        for(j = 0;j < 3 - i;j++)
            if(stu[j].sum > stu[j + 1].sum)
            {
                temp = stu[j];
                stu[j] = stu[j + 1];
```

```
                        stu[j + 1] = temp;
                }
        }
    for(i = 0;i < 4;i++)              /* 输出结构体数组 */
    {
        printf("% - 10s % d % 8.2f % 8.2f % 8.2f % 8.2f\n",
              stu[i].name,stu[i].num,stu[i].math,
              stu[i].eng,stu[i].cuit,stu[i].sum);
    }
}
```

程序运行结果如图 7-7 所示。

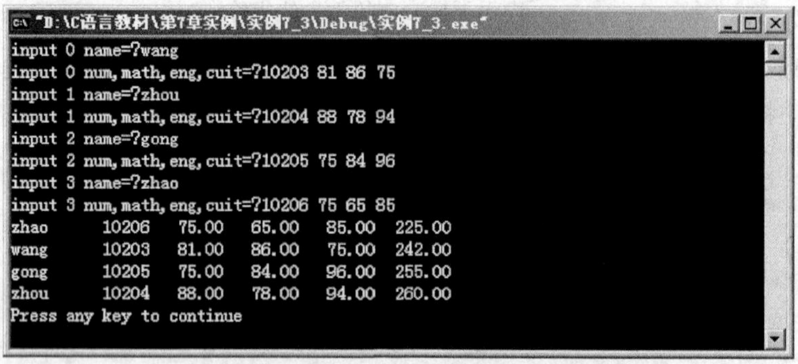

图 7-7　结构体数组排序

7.4　结构体指针变量

和其他指针对象一样,C语言允许指针指向结构体。一个结构体变量的指针是指该变量所占内存单元的起始地址。可以定义一个指针变量,用来指向一个结构体变量,该指针变量的值是结构体变量的起始地址。指针变量也可以用来指向结构体数组中的元素。

7.4.1　指向结构体变量的指针

结构体指针变量中的值是所指向的结构体变量的首地址,通过结构体指针可以访问该结构体变量。其说明的一般形式为:

struct 结构体名 * 结构指针变量名

例如:

```
struct student student1, * p;          //p 为指向结构体的指针,student1 为结构体变量
p = &student1;                         //将结构体变量 student1 的首地址赋给 p
```

注意:结构体变量的首地址实际指的是结构体变量的第一个成员的地址,将 student1 的起始地址赋给指针变量 p,也就是使 p 指向 student1(见图 7-8)。

在 7.2 节中已经了解,引用结构体变量中的成员,需使用结构成员运算符".",其使用形式为:结构体变量名.成员项名。通过结构体指针访问结构中的成员可使用以下两

种方法。

（1）通过指针运算符"＊"，例如：

(＊ p). num = 10203;

(＊ p)表示 p 所指向的结构体变量，(＊ p). num 是 p 指向的结构
体变量中的成员 num。注意 ＊ p 两侧的括号不能省略。因为成员运
算符"."的优先级别高于"＊"运算符，＊ p. num 等价于 ＊ (p. num)。

（2）通过指向运算符"->"，例如：

p - > num = 10203;

使用指向运算符表示 p 所指向的结构体变量中的 num 成员，非
常形象直观。

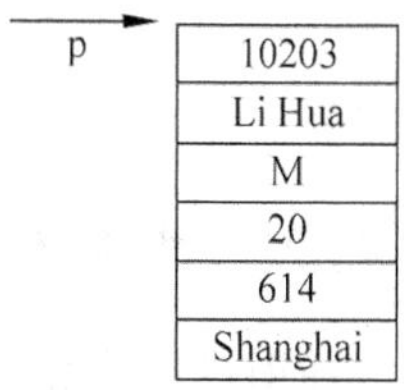

也就是说，以下三种形式是等价的。

图 7-8　示意图

```
结构体变量名.成员项名
( ＊ 结构指针名).成员项名
结构指针名 - > 成员项名
```

【实例 7-4】　利用结构体指针求一个学生的三门功课的平均成绩。

```
/ ＊ 实例 7-4 ＊ /
# include < stdio. h >
void main()
{
    struct student
    {
        char name[20];
        int num;
        float math;                        / ＊ 数学成绩 ＊ /
        float eng;                         / ＊ 英语成绩 ＊ /
        float cuit;                        / ＊ 语文成绩 ＊ /
        float aver;
    };
    struct student student1, ＊ p;         / ＊ 定义结构体指针 ＊ /
    p = &student1;                         / ＊ 将 p 指向结构体变量 student1 ＊ /
    printf("input   name = ?");
    gets(p - > name);
    printf("input   num, math, eng, cuit = ?");
    scanf(" ％ d ％ f ％ f ％ f", &p - > num, &p - > math, &p - > eng, &p - > cuit);
    p - > aver = (p - > math + p - > eng + p - > cuit)/3;
    printf(" ％ - 10s ％ d ％ 8.2f ％ 8.2f ％ 8.2f ％ 8.2f\n",    p - > name, p - > num, p - > math,
            p - > eng, p - > cuit, p - > aver);
}
```

程序运行结果如图 7-9 所示。

结构体与共用体

图 7-9　结构体指针的应用

7.4.2　指向结构体数组的指针

前面已经介绍过,结构体数组在内存中占用一段连续的存储空间,如果有同类型的指针指向结构体数组中的元素,就可以通过指针的移动来访问结构体数组中的所有元素,进而获取结构体中的成员。

【实例 7-5】 输入 4 个学生的姓名、学号和数学、英语、语文三门功课的成绩,计算每个学生的平均成绩。要求用结构体的指针实现。

```
/* 实例 7-5 */
#include<stdio.h>
void main()
{
  struct student
  {
        char name[20];
        int num;
        float math;
        float eng;
        float cuit;
        float aver;
  };
  struct student stu[4], *p;
  for(p=stu;p<stu+4;p++)
  {
      printf("input   name=?");
      gets(p->name);
      printf("input   num,math,eng,cuit=?");
      scanf("%d%f%f%f",&p->num,&p->math,&p->eng,&p->cuit);
      getchar();
      p->aver=(p->math+p->eng+p->cuit)/3;
  }
      for(p=stu;p<stu+4;p++)
      printf("%-10s%d%8.2f%8.2f%8.2f%8.2f\n",   p->name,p->num,p->math,
          p->eng,p->cuit,p->aver);
  }
```

程序运行结果如图 7-10 所示。

在实例 7-5 程序代码中,定义了结构体数组 stu[4] 和结构体指针 p,在循环中先使指针 p 指向结构体数组的首地址(p=stu)。接着通过 p++,使指针 p 指向结构数组的下一个元素的地址,从而获取结构体数组中各个元素的各个成员项的值。具体过程参见图 7-11。

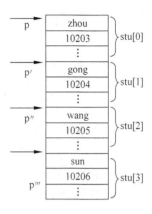

图 7-10　结构体指针在结构体数组中的应用　　　图 7-11　指针 p 移动示意

注意：结构体指针加 1，其移动的字节数为整个结构体类型所占的字节数。在实例 7-5 中，p＋＋实际移动的字节数为：20＋2＋4＋4＋4＋4＝38 个。

7.5　结构体与函数

和普通变量一样，结构体变量和指针也可以作为函数的参数，将一个结构体变量的值传递给另一个函数一般有下列三种方法。

7.5.1　结构体变量的成员作函数参数

例如，用 stu[0]. name 或 stu[1]. name 作函数实参，将实参的值传递给形参。用法和用普通变量作实参一样，属于"单向值传递"方式。要注意实参与形参的类型保持一致。

【实例 7-6】 已知两个学生的信息，其中包括学号、姓名、出生日期、成绩，将学生信息按成绩从低到高排序输出。要求用子函数实现两个学生成绩的比较。

```
/* 实例 7-6 */
# include < stdio. h>
int large(float x,float y)
{
    int flag;
    if(x > y) flag = 1;
    else flag = 0;
    return flag;
}
void main()
{
    int i;
    struct date
    {
        int month;
        int day;
        int year;
    };
```

结构体与共用体

```
struct  student
{  int   num;
   char   name[20];
   struct date birthday;
   float   score;
}stu[2]={{10203,"Li Hua",10,22,1988,614}, {10223,"Zhang Mei",12,10,1990,561}};
struct   student temp;
if(large(stu[0].score,stu[1].score))                    /*结构体成员作函数实参*/
{
    temp=stu[0];
    stu[0]=stu[1];
    stu[1]=temp;
}
for(i=0;i<2;i++)
printf("%d   %10s   %2d/%d/%4d   %6.2f\n",stu[i].num,stu[i].name,
    stu[i].birthday.month,stu[i].birthday.day,stu[i].birthday.year,stu[i].score);
}
```

程序运行结果如图 7-12 所示。

图 7-12 结构体变量的成员作函数参数

7.5.2 结构体变量作函数参数

用结构体变量作函数参数时,形参和实参必须是同类型的结构体变量。仍然采用的是"单向值传递"的方式,将实参结构体变量各成员项的值全部顺序传递给形参结构体变量的各成员项。因为实参和形参分别占用不同的存储单元,如果结构体的规模很大时,这种传递方式在空间和时间上开销是很大的。加上是"单向值传递"方式,如果在执行被调用函数期间改变了形参的值,该值是不能返回给主调函数的,所以一般较少用这种方法。

【实例 7-7】 已知一个学生的信息,内含学生学号、姓名、数学、英语和语文成绩。要求在主函数中赋值,在子函数中实现数据的输出。

```
/*实例 7-7*/
#include<stdio.h>
struct student                         /*函数体外定义结构体类型*/
{
    char name[20];
    int num;
    float math;
    float eng;
    float cuit;
    float aver;
};
void print(struct student);             /*函数原型声明*/
```

```
void main()
{
    struct student stu;
    printf("input name=?");
    gets(stu.name);
    printf("input num,math,eng,cuit=?");
    scanf("%d%f%f%f",&stu.num,&stu.math,&stu.eng,&stu.cuit);
    stu.aver=(stu.math+stu.eng+stu.cuit)/3;
    print(stu);                             /*结构体变量作函数参数*/
}
void print(struct student ss)   /*形参也为相同的结构体类型*/
{
    printf("%-10s%d%8.2f%8.2f%8.2f%8.2f\n",
        ss.name,ss.num,ss.math,ss.eng,ss.cuit,ss.aver);
}
```

程序运行结果如图 7-13 所示。

图 7-13   结构体变量作函数参数

实例 7-7 在函数体外定义结构体类型,从而使得各个函数均可使用 struct student 这种结构体类型。在 main 函数中定义了结构体变量 stu,并将 stu 作为函数实参传递给 print 函数中的参数 ss。形参 ss 和实参 stu 同属于 struct student 类型。由子函数 print 将结构体变量中的各成员的值输出。

7.5.3   指向结构体变量的指针作函数参数

用指向结构体变量(或数组)的指针作函数参数时,采用的是"地址传递"的方式,即将结构体变量(或数组)的地址传给形参,通过共享的方式实现数据的传递。用指针作函数参数比较好,能提高运行效率。

【实例 7-8】 将实例 7-7 改用指向结构体变量的指针作实参实现。

```
/*实例7-8*/
#include<stdio.h>
struct student                              /*函数体外定义结构体类型*/
{
    char name[20];
    int num;
    float math;
    float eng;
    float cuit;
    float aver;
};
void print(struct student *);               /*函数原型声明*/
void main()
```

```
{
    struct student stu, * p;                   /* 定义结构体指针 */
    p = &stu;                                  /* 将 p 指向结构体变量 stu */
    printf("input name = ?");
    gets(p->name);
    printf("input num,math,eng,cuit = ?");
    scanf("%d%f%f%f",&p->num,&p->math,&p->eng,&p->cuit);
    p->aver = (p->math + p->eng + p->cuit)/3;
    print(p);                                  /* 结构体指针作函数参数 */
}
void print(struct student * t)                 /* 形参 t 也为相同类型 */
{
    printf("%-10s%d%8.2f%8.2f%8.2f%8.2f\n",
        t->name,t->num,t->math,t->eng,t->cuit,t->aver);
}
```

运行结果与实例 7-7 相同。在实例 7-8 中,将 main 函数中的结构指针 p 传递给子函数 print 的结构指针 t,p 和 t 实际指向同一个内存单元,从而实现数据的传递。

7.6 链　　表

链表是一种重要的数据结构。它是动态进行存储分配的一种结构。在前面的介绍中知道,用数组存放数据时,必须事先定义好数组的长度(即数组中元素的个数),也就是说数组的长度是固定的。但是在日常应用中有些长度是事先难以确定的。例如,有些班级的人数是 100 人,有些班级的人数只有 50 人。如果要用同一个数组先后存放不同班级的学生数据,则必须定义长度为 100 的数组。如果要存放全校所有班级的学生数据,而事先又难以确定每个班的最多人数,则必须把数组长度定义的足够大,以便能存放任何班级的学生数据。但是这样做会造成内存空间的浪费。而且数组在内存中占用一段连续的存储空间,如果要进行插入或者删除操作,需移动大量的元素。采用链表就可以解决这些问题,因为链表是根据需要开辟内存空间。图 7-14 表示最简单的一种链表(单链表)的结构。

链表有一个“头指针”变量,图中以 head 表示,里面存放的是该链表中第一个元素存放的地址。链表中的每一个元素称为“结点”,它包括两个域:其中存放数据元素信息的域称为“数据域”;存储下一个结点地址的域称为“指针域”。结点的结构如图 7-15 所示。

图 7-14　单链表

图 7-15　结点的结构示意

从图 7-14 可以看出,链表中各个元素在内存中可以不是连续存放的。整个链表的存取必须从头指针开始进行,头指针 head 指示链表中第一个结点的存储位置。同时,由于最后一个数据元素不再需要指向其他元素,则链表中最后一个结点的指针域为“空”(NULL),表示链表到此结束。如果要找某个元素,必须先找到它前一个元素,以此类推,必须找到头指针。打个通俗的比方：老师带领学生出来散步，老师牵着第一个学生的手，第一个学生的另一只手牵着第二个学生的手……这样就构成了一个"链表"，最后一个学生有一只手是空着的。老师是这个"链表"的头，要找到这个队伍，必须先找到老师，再顺序找到每一个学生。

由上述可见，链表可由头指针唯一确定，在 C 语言中用"结构指针"来描述。例如，用链表处理学生信息，数据信息中含有学生的学号和成绩两个数据项，可定义这样一个结构体类型：

```
struct    student
{
  int num;
  float score;
  struct student * next;
};
struct    student * head;                    /* 定义 head 为链表的头指针 */
```

每个结点包含三个信息，其中两个表示数据信息，num 表示学生的学号，score 表示学生的成绩。next 是指针类型的成员，指向 struct student 类型数据，即存放的是下一个结点的地址。设计者可以不必知道各结点的具体地址，只要保证将下一个结点的地址放到前一个结点的 next 成员中即可。用这种方法就可以建立链表。

定义 head 为链表的头指针，它指向链表中的第一个结点。若 head 为"空"（head＝＝NULL），则表示为"空"表，其长度为"零"。有时，为了操作方便，在链表的第一个结点之前增加一个结点，称为头结点。头结点的数据域可以不存储任何信息，也可以存储一些附加信息（如链表长度等）。头结点的指针域存储指向第一个结点的指针（即第一个结点的存储位置），如图 7-16 所示，此时，链表的头指针 head 指向头结点。如果链表为空，则头结点的指针域为"空"（NULL），如图 7-17 所示。后面章节中如不加特别说明，链表均指附设头结点的链表。

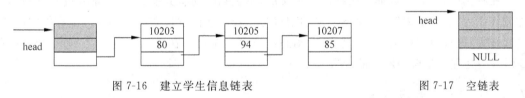

图 7-16　建立学生信息链表　　　　　　　图 7-17　空链表

7.6.1　静态链表

先通过一个例子来说明如何建立和输出一个静态链表。

【实例 7-9】　建立一个如图 7-16 所示的链表，它由三个学生数据的结点组成。输出各结点中的数据。

```
/* 实例 7-9 */
    # include < stdio. h >
    # define NULL 0
    struct student
    {
      int num;
        float score;
```

211

第 7 章

结构体与共用体

```
        struct student * next;
    };
    void main()
    {
    struct student n,a,b,c, * head, * p;
    a. num = 10203;a. score = 80;          /* 对三个结点 a、b、c 的 num 和 score 成员赋值 */
    b. num = 10205;b. score = 94;
    c. num = 10207;c. score = 85;
    head = &n;                             /* 使头指针 head 指向头结点 n */
    n. next = &a;                          /* 将 a 结点的起始地址赋给头结点 n 的 next 成员 */
    a. next = &b;                          /* 将 b 结点的起始地址赋给 a 结点的 next 成员 */
    b. next = &c;                          /* 将 c 结点的起始地址赋给 b 结点的 next 成员 */
    c. next = NULL;                        /* c 为最后一个结点,next 成员赋值为 NULL */
    p = head -> next;                      /* 使 p 指向 a 结点 */
    while(p)
    {
        printf(" % - 10d % 6.2f\n",p-> num,p-> score); /* 输出指针 p 所指向结点的数据 */
        p = p-> next;                      /* 使 p 指向下一个结点 */
    }
    }
```

程序运行结果如图 7-18 所示。

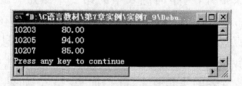

图 7-18   静态链表

在本例中,所有结点都是在程序中定义的,不是临时动态分配的,也不能用完后释放,这种链表称为"静态链表"。如果链表中的结点是在程序运行过程中通过动态分配存储空间建立起来的,这种链表称为"动态链表"。动态链表更为实用。在讲动态链表之前先介绍一下 C 语言中处理动态链表所需的函数。

7.6.2   动态内存函数

此前介绍过各种数据类型(如整型、实型、数组、指针等)的变量一经声明,系统会为其开辟相应字节的存储空间,用以存放此变量的值。在变量生存期结束后,系统回收相应的存储空间。在这种方式中内存的分配和回收是系统自动进行的,用户无权干涉。而链表是动态分配存储空间的,也就是说在需要的时候才开辟一个结点的存储空间。在 C 语言中提供了以下有关的函数来实现动态内存的分配和回收。这些函数包含在库函数 stdlib. h 或 malloc. h 中。如果程序需要使用动态内存的分配和释放函数,应包含相应的头文件:

```
# include < stdlib. h >
```

或

```
# include < malloc. h >
```

1. malloc 函数

其函数原型为：

void * malloc(unsigned int size);

功能：向系统申请长度为 size 个字节的存储空间。如果申请成功,返回所申请的存储空间的首地址(返回值为空类型 void);若申请不成功(如内存空间不足),则返回空指针(NULL)。

注意：因为返回值是空类型的指针,若要利用这段空间存储其他类型的数据,必须将其强制转换成其他类型的指针。例如：

struct student * pd;
pd = (struct student *)malloc(5 * sizeof(struct student));
              / * 申请 5 个存放 struct student 结构体变量的存储空间 * /
if(pd == NULL) printf("error\n");   / * 申请未成功 * /

2. calloc 函数

其函数原型为：

void * calloc(unsigned int n, unsigned int size);

功能：向系统申请 n 个长度为 size 个字节的存储空间。如果申请成功,返回所申请的存储空间的首地址(返回值为空类型 void);若申请不成功(如内存空间不足),则返回空指针(NULL)。

注意：因为返回值也是空类型的指针,若要利用这段空间存储其他类型的数据,必须将其强制转换成其他类型的指针。

3. free 函数

其函数原型为：

void free(void * p);

功能：释放由 p 指向的存储空间,函数无返回值。

注意：指针变量 p 是最近一次调用 malloc 或 calloc 函数时返回的值,不能是任意的地址。

有了本节所介绍的知识,下面就可以对链表进行操作了(包括链表的建立、插入或删除、遍历等)。以下各节中所提的链表都是指动态链表。

7.6.3　链表的基本操作

1. 链表的遍历

所谓遍历指如何按某条搜索路径巡访链表中每一个结点,使得每个结点均被访问一次,而且仅被访问一次。"访问"的含义很广,可以是对结点做各种处理。在此,遍历指的是输出链表中每个结点的数据信息,具体步骤如下。

(1) 因为头结点的信息是不用输出的,所以工作指针 p 应从链表头结点的后继结点开始：

p = head -> next;

(2) 如果后续结点存在(p!=NULL),则输出此结点的数据信息;然后工作指针 p 后移(p=p->next),指向下一个结点,流程转入步骤(2)。

(3) 如果后续结点不存在(p==NULL),结束循环,输出结束。

具体代码如下(用子函数实现)。

```c
void print(struct student * head)
/* 输出带头结点的链表 head 中的各结点的数据元素 */
{
    struct student * p;
    p = head->next;                    /* p 指向链表中第一个结点 */
    while(p)
    {printf("%-10d%6.2f\n",p->num,p->score);
     p = p->next;
     }
}
```

2. 链表的查找

在链表中如果要查找某个数据信息必须从头指针出发寻找,具体步骤如下。

(1) 得到待查找的数据信息,如学生学号。

(2) 工作指针 p 从链表头结点的后继结点开始(p=head->next)。

(3) 如果当前工作指针 p 指向的结点的数据信息与待查找的信息不相同,并且此结点存在后续结点,则工作指针 p 后移(p=p->next),指向下一个结点,继续查找。

(4) 循环结束后,如果找到,则输出相关信息;若没有找到,则输出"not found!"。

具体代码如下(用子函数实现)。

```c
void getelem(struct student * head, int n)
/* 在带头结点的链表 head 中查找学号等于 n 的学生的信息 */
{
    struct student * p;
    p = head->next;
    while(p&&p->num!= n)
        p = p->next;
    if(p->num == n)
        printf("%-10d%6.2f\n",p->num,p->score);
    else
        printf("not found!\n");
}
```

3. 链表的插入

若已存在一个学生链表,各结点是按其成员项 num(学号)的值由小到大顺序排列的,现要插入一个新生的结点,要求按学号的顺序插入。

要实现顺序插入,需要解决两个问题:①怎样找到插入的位置? ②怎样实现插入? 具体步骤如下。

(1) 得到待插入的数据信息,如学号和成绩,生成一个新的结点 s,其数据域存放的是待插入的数据信息。

(2) 工作指针 p 从链表的头结点开始(p=head)。

（3）如果当前工作指针 p 指向的结点有后续结点，并且此结点的后续结点 num 的值小于待插入结点 num 的值，则工作指针 p 后移（p＝p->next），指向下一个结点，继续查找。

（4）循环结束，工作指针 p 指向的结点 num 的值小于待插入结点 num 的值，而此结点的后续结点（p->next）的数据信息大于待插入结点的数据信息，新结点 s 应插在结点 p 和结点 p->next 之间。

（5）将新结点 s 插入到链表指定位置，插入过程如图 7-19 所示，要注意语句的顺序。
具体代码如下（用子函数实现）。

```
struct student *  insertlink (struct student * head, int no, float sc)
/* 在带头结点的链表 head 中插入一个新结点 */
{
  struct student  * p, * s;
  s = (struct student  * )malloc(sizeof(struct student)); /* 生成新结点 s */
  s -> num = no;
  s -> score = sc;
  p = head;
  while(p -> next&&p -> next -> num < no)
/* 寻找插入位置,并使 p 指向它 */
    {p = p -> next; }
  s -> next = p -> next;
/* 将新结点 s 插入到 p 指针所指向的结点之后 */
  p -> next = s;
  return head;
}
```

函数类型是指针类型，返回值是链表的起始地址 head。

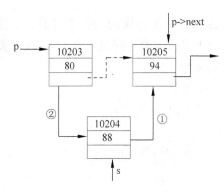

图 7-19　单链表插入过程示意

4. 链表的删除

和链表的插入类似，删除结点也需要确定位置，删除过程如图 7-20 所示。

从图 7-20 中可以看出，如果要删除结点 p，需要找到其前一个结点 q，将结点 q 的指针域改为 p 的后续结点的地址即可（q->next＝p->next）。

具体代码如下（用子函数实现）。

```
struct student *  deletlink(struct student * head, int no)
/* 在带头结点的链表 head 中删除学号为 no 的学生的信息 */
```

结构体与共用体

```
{
    struct student * p, * q;
    q = head;
    p = q -> next;
    while(p &&p -> num!= no)
/* 寻找要删除的位置 */
        {q = p;p = p -> next;}
    if (p)                              /* 找到删除位置,并使 p 指向它 */
    {
        q -> next = p -> next;
            free(p);                    /* 释放 p 结点的空间 */
    }
    else
        printf("not found! \n");
    return head;
}
```

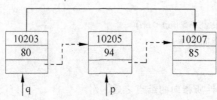

图 7-20　单链表删除过程示意

注意：删除后必须及时释放被删除结点的空间。

5. 链表的生成

前面讲的几个算法都是在已有一个链表的前提下进行的。因为链表是一个动态的结构,它不需要预分配空间,因此生成链表的过程是一个结点"逐个插入"的过程。根据插入的位置不同可将链表生成的算法分为头插法和尾插法。

(1) 头插法的具体生成过程如下。

① 建立一个"空"链表,如图 7-21(a)所示;

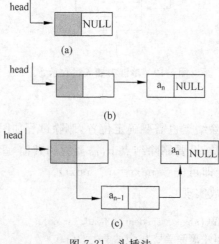

图 7-21　头插法

② 输入数据元素 a_n，建立结点并插入在表头，如图 7-21(b)所示；

③ 输入数据元素 a_{n-1}，建立结点并插入在表头，如图 7-21(c)所示；

④ 以此类推，直至输入 a_1 为止。

注意：所谓头插法指的是建立的新结点插入在表头位置，也就是插入点在头结点的后面。因此如果要建立一个顺序为 a_1、a_2、$\cdots$、a_{n-1}、a_n 的序列，需要逆序输入 n 个数据元素的值。如果不能确定 n 值的大小，则以某个结束标志(比如当输入值为 0 时)为止。

具体代码如下(用子函数实现)。

```
/* 用头插法建立一个带头结点的链表 head */
struct student * creat1()
{
    struct student * head, * p;
    head = (struct student * )malloc(sizeof(struct student));
    head -> next = NULL;
    p = (struct student * )malloc(sizeof(struct student));
    printf("input num and score:\n");
    scanf("% d % f",&p -> num,&p -> score);
    while(p -> num!= 0)                    /* 当输入 0 时循环结束 */
      {
        p -> next = head -> next;
        head -> next = p;
        printf("input num and score:\n");
        p = (struct student * )malloc(sizeof(struct student));
        scanf("% d % f",&p -> num,&p -> score);

      }
    return head;
}
```

(2) 尾插法的具体生成过程如下。

① 建立一个"空"链表，如图 7-22(a)所示；

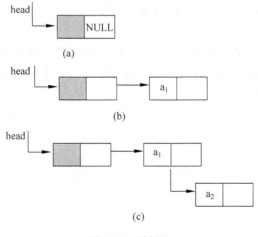

(a)

(b)

(c)

图 7-22　尾插法

② 输入数据元素 a_1，建立结点并插入在表尾，如图 7-22(b)所示；

③ 输入数据元素 a_2，建立结点并插入在表尾，如图 7-22(c)所示；

④ 以此类推，直至输入 a_n 为止。

⑤ 循环结束，将 a_n 结点的指针域置空。

具体代码如下（用子函数实现）。

```
/* 用尾插法建立一个带头结点的链表 head */
  struct student * creat2()
  {
  struct student * head, * p, * q;
  head = (struct student * )malloc(sizeof(struct student));
  head -> next = NULL;
  q = head;                          /* q 为尾指针,始终指向表尾结点 */
  p = (struct student * )malloc(sizeof(struct student));
  printf("input num and score:\n");
  scanf(" % d % f",&p -> num,&p -> score);
  while(p -> num!= 0)                /* 当输入 0 时循环结束 */
      {
      q -> next = p;
      q = p;                         /* q 指向新的表尾结点 */
      printf("input num and score:\n");
      p = (struct student * )malloc(sizeof(struct student));
      scanf(" % d % f",&p -> num,&p -> score);
      }
      q -> next = NULL;
      return head;
  }
```

注意：所谓尾插法，指的是始终在链表的尾部插入，因此引用尾指针的概念。程序中 q 即为尾指针，它始终指向当前链表中最后一个结点的位置。在循环结束后要将最后一个结点的指针域赋值为"空"（q->next＝NULL）。从图 7-22 可以看出，如果要建立一个顺序为 a_1、a_2、$\cdots$、a_{n-1}、a_n 的序列，顺序输入 n 个数据元素的值即可。如果不能确定 n 值的大小，则以某个结束标志（比如当输入值为 0 时）为止。

6. 链表综合操作

【实例 7-10】 上面介绍了链表的几个常用的操作，现采用 main 函数将它们合理地组合起来，共同实现对链表的综合操作，采用尾插法建立一个链表，对链表进行插入、删除和查找的操作。

```
/* 实例 7-10 */
# include < stdio. h>
# include < malloc. h>
# define NULL 0
struct student
{
  int num;
    float score;
  struct student * next;
};
```

```
struct student * creat2();                  /* 函数原型声明 */
void print(struct student * head);
void getelem(struct student * head, int n);
struct student *  insertlink(struct student * head, int no, float sc);
struct student *  deletlink(struct student * head, int no);
void main()
{
    struct student * head, stu;
    int del_num, sea_num;
    head = creat1();
    print(head);
    printf("\ninput the inserted record:");
    scanf("% d % f", &stu.num, &stu.score);
    head = insertlink(head, stu.num, stu.score);
    print(head);
    printf("\ninput the deleted record:");
    scanf("% d", &del_num);
    head = deletlink(head, del_num);
    print(head);
    printf("\ninput the searched record:");
    scanf("% d", &sea_num);
    getelem(head, sea_num);
}
void print(struct student * head){ … }
void getelem(struct student * head, int n){ … }
struct student *  insertlink(struct student * head, int no, float sc){ … }
struct student *  deletlink(struct student * head, int no){ … }
```

以上程序中的 print、getelem、insertlink 和 deletlink 函数详细算法描述参考链表的遍历、生成、查找和删除。

程序运行结果如图 7-23 所示。

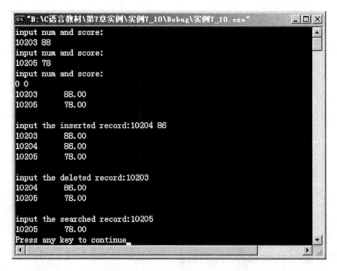

图 7-23   链表常用操作

第
7
章

结构体与共用体

7.7 共　用　体

7.7.1　共用体的概念

有时需要将几种不同类型的变量存放在同一段内存单元中,在实际问题中有很多这样的例子,比如学校的教师和学生填写如图 7-24 所示的表格。

姓名	年龄	性别	职业	所属部门

图 7-24　教师和学生信息表

其中"所属部门"一项学生应填入班级编号,教师应填入院系教研室。班级编号可以用整型量来表示,院系教研室只能用字符类型。要求把这两种不同类型的数据都填入"所属部门"这个变量中,就必须把"所属部门"定义为包含整型和字符型数组这两种类型的共用体。

"共用体"也是一种构造类型,它是使几个不同类型的成员共用同一段内存空间的数据类型。这几个成员放在同一个地址开始的内存单元中,使用覆盖技术使得在任一时间段只有一个成员起作用。如前面介绍的"所属部门"变量,如果定义了一个可装入"班级编号"和"院系教研室"的共用体后,就可以赋予整型值或字符串,但是不能把两者同时赋给它。

定义共用体类型变量的一般形式为

```
union 共用体名
{
    成员表列
}变量表列;
```

例如:

```
union data
{ int a;
  float b;
  char c;
}x,y;
```

也可以将类型声明和变量定义分开,即先声明一个 union data 类型,再将 x,y 定义为 union data 类型,如下:

```
union data
{    int a;
     float b;
     char c;
};
union data  x,y;
```

当然也可以直接定义共用体变量,例如:

```
union
{    int a;
```

```
        float b;
        char c;
}x,y;
```

从上面的定义可以看出,共用体和结构体的定义形式类似。但它们的含义是不同的。

结构体变量的每个成员占用独立的内存空间,所以,结构体变量所占内存长度是各成员占用内存长度之和。

共用体变量的所有成员共用一段内存,所以共用体变量所占内存长度是占用字节数最多的成员的长度。例如,上面定义的共用体变量 x,y 各占 4 个字节,而不是各占 2+4+1=7 个字节。

7.7.2 共用体变量的引用

共用体变量只有先定义了才能引用,而且不能使用共用体变量,只能引用共用体变量中的成员。引用共用体类型变量成员的一般形式为:

共用体类型变量名.成员名

例如,前面定义了 x,y 为共用体变量,下面的引用方式是正确的:

x.a(引用共用体变量 x 中的整型变量 a)
y.b(引用共用体变量 y 中的实型变量 b)

不能直接引用共用体变量,例如下面的引用方式是错误的:

printf("%d",x);

因为 x 的存储区有三种类型,分别占用不同长度的存储区,只写共用体变量名 x,系统难以确定究竟输出哪一个成员的值。应该写成 printf("%d",x.a)或者 printf("%f",x.b)等。

7.7.3 共用体类型数据的说明

共用体类型数据在使用时要注意以下 5 点。

(1) 几种不同类型的成员可以放在同一内存段中,但是在同一时刻只能存放其中的一种,也就是说,这些成员不会同时存在和起作用,而是在不同的时刻拥有不同的成员。

(2) 共用体变量中起作用的是最后一次存放的成员,在存入一个新的成员之后原来的成员就失去作用。例如有以下赋值语句:

x.a=12;
x.b=12.3
x.c='a';
printf("%d",x.a);

在执行完以上三条赋值语句后,只有最后的 x.c 有效,x.a 和 x.b 已经没有意义了。此时用 printf("%d",x.a)是得不到 12 这个结果的,但编译时是不会报错的。因此在引用共用体变量时应该特别注意当前有效的是哪个成员。

(3) 共用体变量的地址和它各成员的地址是相同的。如 &x、&x.a、&x.b、&x.c 都是同一地址值。

（4）共用体变量不能整体赋值，也不能对共用体变量进行初始化处理。例如以下语句都是错误的：

```
union data
{   int a;
    float b;
    char c;
}x = {12,12.3,'a'}; (不能对共用体变量进行初始化)
x = 12; (不能整体赋值)
i = x; (不能引用共用体变量来得到一个值)
```

（5）共用体变量不能作函数参数传递，也不能使函数返回一个共用体类型的数据，但可以使用指向共用体变量的指针。

【实例 7-11】 设有若干人员的记录，其中有教师和学生。教师记录包括：姓名、年龄、职业、系别 4 项。学生记录包括：姓名、年龄、职业、班级 4 项。要求编程输入人员数据，再以表格形式输出。

```
/* 实例 7-11 */
#include< stdio.h>
#define NUM 2
void main(){
    struct
    {
        char name[10];
        int age;
        char job;
        union
        {
            int classid;
            char dept[20];
        }category;
    }person[NUM];
    int i;
    for(i = 0;i < NUM;i++)
    {
        printf("please input name,age,job and category\n");
        scanf("%s %d %c",person[i].name,&person[i].age,&person[i].job);
        if(person[i].job == 's')   /* job 为 s 说明是学生,应输入班级编号 */
            scanf("%d",&person[i].category.classid);
        else
            scanf("%s",person[i].category.dept);          /* 为教师,应输入系别 */
    }
    printf("name\tage  job  class/dept\n");
    for(i = 0;i < NUM;i++)
    {
        if(person[i].job == 's')
            printf("%s\t%3d %3c %d\n",person[i].name,person[i].age,
            person[i].job,person[i].category.classid);
```

```
        else
            printf("%s\t%3d %3c %s\n",person[i].name,person[i].age,
            person[i].job,person[i].category.dept);
    }
}
```

程序运行结果如图 7-25 所示。

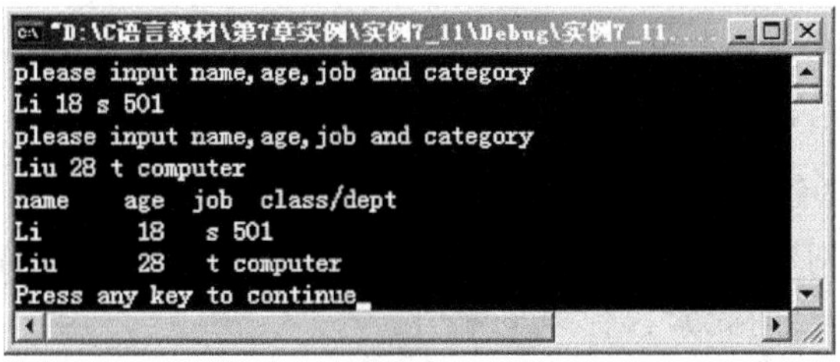

图 7-25　共用体变量基本应用

本程序中用一个结构体数组 person 来存放人员数据,该结构体中又包含共用体类型 category,在这个共用体中成员为 classid 和 dept,前者为整型表示班级编号,后者为字符数组存放系别。

7.8　枚　举　类　型

在前面章节中已经介绍过 C 语言中常用的几种基本数据类型,比如整型、实型、字符型。这些数据类型的取值范围各不相同,如整型数据的范围是 $-32\,768\sim32\,767$;实型数据的取值范围更大。但是在实际应用中也存在着另一种数据,它们的取值范围有限,只能在少数几个固定的数据中取值,如:性别信息只能在男和女中取一个值;星期信息只能在星期一到星期日中取一个值;月份信息只能在一月到十二月中取值。为了提高程序描述问题的直观性,ANSI C 标准增加了枚举类型。

所谓"枚举"是指将变量的值一一列举出来,变量的值只限于列举出来的值的范围内。需要说明的是,枚举类型也是一种基本数据类型,而不是构造类型,因为它不能再分解为任何基本类型。

1. 枚举类型定义和枚举变量的说明

枚举类型的定义与结构体的定义十分相似,用关键字 enum 来表示枚举,它的一般格式为:

enum 枚举名{枚举值表};

在枚举值表中应列出所有可用的值。这些值也称为枚举元素或枚举常量。
例如:

enum colorname{red,yellow,blue,white,black};

声明了一个枚举类型 enum colorname,可以用此类型来定义变量。设有变量 color 被说明为上述的 colorname 类型,可采用下述任一种方式:

```
enum colorname{red,yellow,blue,white,black};          /* 先声明一个枚举类型 enum colorname */
enum colorname color;                                  /* 再定义枚举变量 */
```

或

```
enum colorname{red,yellow,blue,white,black}color;      /* 声明枚举类型的同时定义枚举变量 */
```

或

```
enum {red,yellow,blue,white,black} color;              /* 直接定义枚举变量 */
```

2. 枚举类型变量的赋值和使用

枚举类型在使用时有以下规定。

（1）在 C 编译中，对枚举值按常量处理，不是变量，不能使用赋值语句对它们赋值。例如对枚举类型 colorname 的元素再作以下赋值：

```
red = 8; yellow = 9;
```

是错误的。

（2）枚举值作为常量，它们是有值的，C 编译系统按定义时的顺序使它们的值为 0,1, 2…。在上面定义的枚举类型 colorname 中，red 的值为 0，yellow 的值为 1……black 为 4。这些值是系统自动赋给的，可以输出。例如：

```
printf(" % d",black);
```

也可以用来给其他变量赋值，例如：

```
color_num = yellow;                      /* 相当于将 color_num 变量的值赋为 1 */
```

也可以改变枚举元素的值，在定义时由程序员指定，例如：

```
enum colorname{red = 4,yellow,blue,white = 9,black}color;
```

定义 red 为 4，以后顺序加 1，则 yellow 为 5，blue 为 6，white 被指定为 9，以后在此基础上顺序加 1，black 为 10。

（3）枚举值可以进行比较，例如：

```
if(color == blue) printf("blue!");
if(color > white) printf("it is black!");
```

枚举值是按其定义时的顺序号进行比较的。如果定义时未人为指定，则第一个枚举元素的值为 0，因此 yellow＞red，black＞white。

（4）整数不能直接赋给枚举变量。例如：

```
color = 2;
```

是错误的。因为它们属于不同的数据类型。应先强制类型转换才能赋值。例如：

```
color = (enum colorname)2;
```

它相当于将顺序号为 2 的枚举元素赋给 color，等价于：

```
color = blue;
```

【实例 7-12】　口袋中有红、黄、蓝、白、黑 5 种颜色的球若干个。每次从口袋中取出三个球,问得到三种不同颜色的球的所有可能取法,并输出每种排列的情况。

```c
/* 实例 7-12 */
# include < stdio. h>
void main()
{
    enum color {red,yellow,blue,white,black};
    enum color i,j,k,flag;
    int m,n = 0;
    for(i = red;i <= black;i = (enum color)(i + 1))
        for(j = red;j <= black;j = (enum color)(j + 1))        /* 强制类型转换 */
            if(i!= j)
            {for(k = red;k <= black;k = (enum color)(k + 1))
                if((k!= i)&&(k!= j))
                {
                    n = n + 1;
                    printf(" % - 6d",n);
                    for(m = 1;m <= 3;m++)        /* 循环三次分别输出枚举变量 i、j、k */
                    {
                        switch(m)
                        {
                        case 1: flag = i;break;
                        case 2: flag = j;break;
                        case 3: flag = k;break;
                        default:break;
                        }
                        switch(flag)
                        {
                        case red:printf(" % - 8s","red");break;
                        case yellow:printf(" % - 8s","yellow");break;
                        case blue:printf(" % - 8s","blue");break;
                        case white:printf(" % - 8s","white");break;
                        case black:printf(" % - 8s","black");break;
                        default:break;
                        }
                    }
                    printf("\n");
                }
            }
            printf("Total = % 4d\n",n);
}
```

程序运行结果如图 7-26 所示。

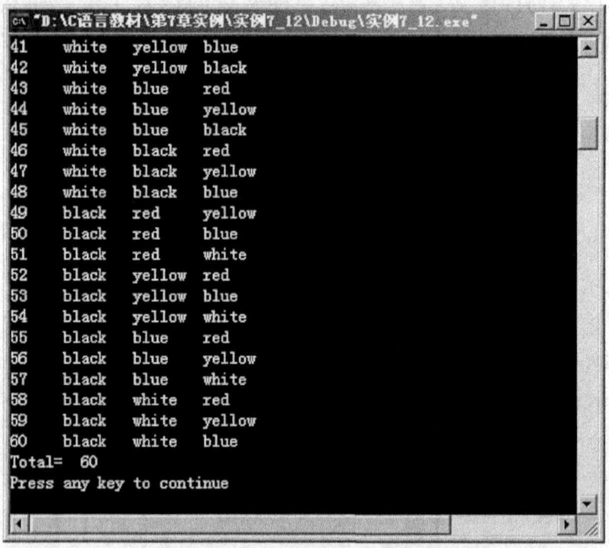

图 7-26　三种颜色排列情况

7.9　用户自定义类型

至此为止，我们可以直接使用 C 语言提供的各种标准类型名（如 int、float、char 等）和用户自己声明的结构体、共用体、指针、枚举类型等。除了这些数据类型以外，C 语言还提供了用户自定义类型，允许用户用 typedef 声明新的类型名来替代已有的数据类型名，主要有以下 3 种用法。

（1）说明一个等价的数据类型。例如：

```
typedef int elemtype;
elemtype i,j,k;(等同于 int i,j,k;)
```

以上语句将 int 数据类型定义成 elemtype，这两者等价，在程序中可以用 elemtype 定义整型变量。

（2）定义一个新的类型名代表一个结构体类型，例如：

```
typedef struct
{
  int num;
  char name[20];
  float score;
}STUDENT;
```

将一个结构体类型定义为 STUDENT，在程序中可以用它来定义结构体变量。

```
STUDENT student1, * p;
```

上面定义了一个结构体变量 student1 和一个指向该结构体类型的指针变量 p。同样可以用于共用体和枚举类型。

（3）定义数组类型，例如：

```
typedef char STRING[20];
STRING s1,s2;
```

定义一个可含有 20 个字符的字符数组名 STRING，并用 STRING 定义了两个字符数组 s1 和 s2。

习　　题

1. 编写一个函数 print，输出一个学生的成绩数组，该数组中有 5 个学生的数据记录，每个记录包括 num、name、score[3]，用主函数输入这些记录，调用 print 函数输出这些记录。

2. 有 10 个学生的数据记录，每个记录包括学号、姓名、三门课的成绩，从键盘输入 10 个学生的数据，要求输出三门课的总平均成绩，以及最高分的学生的数据。

3. 11 个学生围成一圈，从第一个人开始顺序报号 1、2、3。凡报到 3 的学生退出圈子。再依此循环，找出最后留在圈子中的人的原来的序号。

4. 已知两个有序链表 a、b，每个链表中的结点包括学号、成绩，并按学号由小到大排序，现要将 a、b 两个链表合并成一个有序链表。

5. 试编写一个程序，对链表实现就地逆置，即将链头当链尾，链尾当链头。

结构体与共用体

第8章　文　件

主要知识点：

◆ 概述

◆ 文件的打开与关闭

◆ 文件的读写

◆ 文件的其他操作

在 C 语言中，程序需要处理的数据可以来自于文件，程序运行产生的中间数据或者结果数据也可以永久保存在文件中。不仅如此，使用数据文件的好处还有：使程序与数据分离，文件中的数据可以反复使用；同一个数据文件中的数据可以被不同的程序使用，达到数据共享的目的。

C 语言中，对文件进行的所有操作通过 C 编译系统提供的标准函数完成。对文件的处理过程就是面向文件的输入和输出过程。文件的输入即从文件中读出信息，使用读函数。往文件中写入信息即面向文件的输出，使用写函数。本章将介绍文件的打开、关闭以及读写等操作。

8.1　概　述

前面章节中介绍的程序，数据一般是运行程序以后从键盘输入，计算结果从显示器中输出显示。每运行一次程序，就需要从键盘将数据重新输入一遍，增加了数据输入的负担，同时也不利于结果的保存。那么，如何让程序反复使用一组数据而不需要重复输入？如何将程序运行结果永久保存起来，而不是在显示屏幕上只显示一次呢？看下面一个例子。

【实例 8-1】 已知 20 个学生两门课程的成绩（保存在文件 stud_score. dat 中），分别计算两门课程的最高分，并将计算结果保存到文件 stud_maxscore. dat 中。

```
/* 实例 8-1 */
# include < stdio. h>
# include < stdlib. h>                    /* 使用函数 exit() */
int max( int score[ ], int n);
void main()
{
 int   score[20], i, maxscore1, maxscore2;
 FILE * fp1, * fp2;
  /* 打开文件 */
  if((fp1 = fopen("stud_score. dat", "r")) == NULL)
```

```
    {
        printf("File stud_score.dat open error!\n!");
        exit(1);
    }
    if((fp2 = fopen("stud_maxscore.dat","w")) == NULL)
    {
        printf("File stud_maxscore.dat open error!\n!");
        exit(1);
    }
    /* 从文件中读取数据 */
    for(i = 0;i < 20;i++)
        fscanf(fp1," % d",&score[i]);
    maxscore1 = max(score,20);            /* 求最大值 */
    /* 从文件中读取数据 */
    for(i = 0;i < 20;i++)
        fscanf(fp1," % d",&score[i]);
    maxscore2 = max(score,20);            /* 求最大值 */
    /* 将计算结果输出到文件 */
    fprintf(fp2, "maxscore1 = % d,maxscore2 = % d\n",maxscore1,maxscore2);
    printf("maxscore1 = % d,maxscore2 = % d\n",maxscore1,maxscore2);
    fclose(fp1);
    fclose(fp2);
}
int max(int score[],int n)                /* 定义 max 函数 */
{
    int i,maxscore;
    maxscore = score[0];
    for(i = 1;i < n;i++)
        if(maxscore < score[i])  maxscore = score[i];
    return maxscore;
}
```

程序运行结果如图 8-1 所示。文件 stud_score.dat 和文件 stud_maxscore.dat 的内容如图 8-2 所示。此题的解题思路与实例 6-2 差不多,但与实例 6-2 有两个不同点。

(1)实例 6-2 的源程序每运行一次,就要从键盘将学生的成绩逐个输入一遍,而实例 8-1 的源程序所需数据来自于一个数据文件 stud_score.dat,数据只要一次输入到文件中保存起来,可以反复使用。

(2)实例 6-2 的程序运行结果只在显示器上输出一次,而实例 8-1 的程序运行结果不仅在显示器上输出显示,而且还保存到数据文件 stud_maxscore.dat 中。打开文件随时可以查看程序的计算结果。

图 8-1　求两门课程的最高分

第 8 章

文件

图 8-2 两个数据文件的内容

文件是存储在外部设备上的一组相关数据的有序集合。这个数据集有一个名称，叫做文件名。

8.1.1　文件分类

文件可以分为多种类型，从不同的角度可对文件做不同的分类。

（1）从存储介质的角度看，文件可分为普通文件和设备文件两种。

普通文件是指驻留在外部介质（磁盘、U 盘等）上的一个有序数据集，可以是源程序文件、文档文件、可执行程序文件，也可以是一组待输入处理的原始数据，或者是一组计算结果的数据文件等。

设备文件是指与主机相连接的各种外部设备，如键盘、显示器和打印机等。在操作系统中，把外部设备也作为文件来进行管理，把对它们的输入、输出等同于对磁盘文件的读和写。通常键盘为标准的输入文件，显示器为标准输出文件。一般情况下，从键盘上输入数据就是从标准输入文件输入数据，如 scanf()函数就是指从标准输入文件上输入数据；在显示屏幕上显示有关信息就是向标准输出文件输出，如 printf()函数就是向标准输出文件输出。

（2）从文件编码的方式来看，文件可分为文本文件和二进制文件两种类型。

文本文件又称为 ASCII 文件，每一个字节中存放一个 ASCII 代码，代表一个字符。例如，一个整数 125，若用 ASCII 文件存放，占 3 个字节的存储单元，1、2、5 各用一个字节存储。而数字字符'1'、'2'、'5'的 ASCII 码分别为 49、50、53，故 125 用 ASCII 文件存放时，存放形式为 001100010011001000110101。

ASCII 码：00110001　　　00110010　　　00110101

十进制码：　　49　　　　　50　　　　　53

二进制文件是直接用数据的二进制形式存放。例如，对整数 125，二进制为0000000001111101，用二进制文件存放，需两个字节，存放形式为 0000000001111101。

使用 ASCII 文件，一个字节代表一个字符，便于对字符一一处理和输出，但占用较多的存储空间，并且要花费转换时间（ASCII 码与二进制之间的转换）。使用二进制文件，在内存中的数据形式与输出到外部文件中的数据形式完全一致，可以克服 ASCII 文件的缺点，但不直观，一个字节并不对应一个字符或一个数，不能直接输出字符形式，所以，二进制文件虽然也可在屏幕上显示，但通常显示为乱码，其内容无法读懂。一般中间数据用二进制文件保存，输入输出使用 ASCII 文件。

C 语言在处理文件时，并不区分类型，将文件看成是一个字符流（文本文件），或一个二进制流（二进制文件）。文件的存取是以字符（字节）为单位的。输入输出数据流的开始和结束只由程序控制而不受物理符号（如回车符）的控制，这种文件称作"流式文件"。

8.1.2 缓冲文件系统与非缓冲文件系统

目前 C 语言所使用的磁盘文件系统有两大类：一类称为缓冲文件系统，又称为标准文件系统；另一类称为非缓冲文件系统。

缓冲文件系统的特点是：系统自动在内存为每一个正在使用的文件开辟一个"缓冲区"。当执行读文件的操作时，先将数据从磁盘文件读入内存"缓冲区"，再从内存"缓冲区"依次读入指定的变量中；执行写文件的操作时，先将数据放入内存"缓冲区"，待内存"缓冲区"装满后再写入文件。由此可以看出，内存"缓冲区"的大小，影响着实际读写磁盘的次数，内存"缓冲区"越大，则读写磁盘的次数就少，执行速度快，效率高。"缓冲区"的大小由系统决定。

非缓冲文件系统不由系统自动设置缓冲区，而由用户自己根据需要设置。非缓冲文件系统依赖于操作系统，通过操作系统的功能对文件进行读写，是系统级的输入输出，只能读写二进制文件，但效率高、速度快。在传统的 UNIX 系统下，用缓冲文件系统来处理文本文件，用非缓冲文件系统处理二进制文件。

ANSI C 标准只采用缓冲文件系统，并对其进行扩展，既可以处理文本文件，也可以处理二进制文件。缓冲文件系统是借助文件结构体指针来对文件进行管理，通过文件指针来对文件进行访问的。

8.1.3 文件指针

C 语言中，有一个 FILE 结构体类型，其定义包含在 stdio.h 头文件中。结构体类型 FILE 的定义如下：

```
struct _iobuf {
        char * _ptr;
        int    _cnt;
        char * _base;
        int    _flag;
        int    _file;
        int    _charbuf;
        int    _bufsiz;
        char * _tmpfname;
        };
typedef struct _iobuf FILE;
```

该结构体中含有文件名、文件状态和文件当前位置等信息。系统通过建立 FILE 结构体变量存放文件相关信息，而程序则利用文件指针对指定文件进行操作。

文件指针的一般说明形式为：

FILE *指针变量名;

其中，FILE 应为大写。例如：FILE * fp; 表示 fp 是 FILE 结构体类型的指针变量，通过 fp 即可获得某个文件的信息，实施对文件的访问。在编写源程序时不必关心 FILE 结构体的细节。

8.2 文件的打开与关闭

文件在进行读写操作之前要先打开，使用完毕要关闭。

文件打开时，系统建立文件结构体，并返回指向该文件的文件指针，程序利用文件指针获得文件信息，对文件进行读写等操作。

关闭文件则断开指针与文件之间的联系，释放文件结构体。

8.2.1 文件的打开

fopen()函数用来打开一个文件，其调用的一般形式为：

文件指针变量名 = fopen(文件名,使用文件的方式);

其中，"文件指针变量名"必须是被说明为 FILE 类型的指针变量；"文件名"是指将被打开的文件的文件名，可以是一个字符串常量、字符数组名或指向字符串的指针变量。"使用文件的方式"是指文件的类型和操作要求。

例如：FILE * fp;
　　　　fp= fopen ("file1.dat","w");

表示在当前目录下打开或者建立一个文件 file1.dat，只允许写操作，并使文件指针变量 fp 指向该文件。

又如：

FILE * p;
p= fopen ("d:\\ file2.dat ","r");

其意义是打开 D 盘根目录下的文件 file2.dat,对该文件只允许读操作。注意两个反斜线'\\'是转义字符,表示一个反斜杠字符"\"。文件 file2.dat 的完整标识为：d:\file2.dat,那么在 C 语言中就表示为"d:\\ file2.dat"。

在 C 语言中,使用文件的方式如表 8-1 所示。

表 8-1　文件的使用方式

控制符	文件类型	使 用 方 式
"r"	文本	打开一个文本文件,只允许读数据
"w"		打开或建立一个文本文件,只允许写数据
"a"		打开一个文本文件,并在文件末尾追加数据
"rb"	二进制	打开一个二进制文件,只允许读数据
"wb"		打开或建立一个二进制文件,只允许写数据
"ab"		打开一个二进制文件,并在文件末尾追加数据
"r+"	文本	打开一个文本文件,允许读和写
"w+"		打开或建立一个文本文件,允许读和写
"a+"		打开一个文本文件,允许读,或在文件末追加数据
"rb+"	二进制	打开一个二进制文件,允许读和写
"wb+"		打开或建立一个二进制文件,允许读和写
"ab+"		打开一个二进制文件,允许读,或在文件末追加数据

文件使用方式的说明：

（1）文件使用方式由'r'、'w'、'a'、'b'和'+'共5个字符组成，各字符的含义如表8-2所示。

表 8-2　文件使用方式中各字符含义

字符	含义
r	读文件（read）
w	写文件（write）
a	在文件尾部追加数据（append）
b	二进制文件（binary）
+	打开后可同时读写数据

（2）若用"r"方式打开一个文件时，该文件必须已经存在，且只能从该文件读出数据。

（3）用"w"方式打开的文件只能向该文件写入数据。若打开的文件不存在，则以指定的文件名新建一个文件；若打开的文件已经存在，则先将该文件删除，再重新建立一个新文件，即将原有文件覆盖。

（4）用"a"方式打开文件可以向一个文件末尾添加新的数据，但此时该文件必须是存在的，否则将会出错。

（5）在打开一个文件时，如果出错，fopen()函数将返回一个空指针值NULL，所以，在程序中可以用fopen()函数的返回值来判别是否完成打开文件的工作，并做相应的处理。当文件打开错误时，程序不应继续执行，一般以如下方式打开文件：

```
if((fp = fopen("design.dat","w") == NULL)
{
    printf(" File  open  error!\n");
    exit(1);
}
```

这段程序的含义是，如果fopen()函数返回值为空指针NULL，表示不能打开当前目录中的文件design.dat，给出提示信息"File open error!"。exit()函数的作用是退出程序。一般exit(0)表示程序正常退出；exit(1)表示程序异常退出。程序中使用exit()函数，需要包含系统头文件"stdlib.h"。

（6）程序开始运行时，系统会自动打开三个标准终端文件：标准输入（键盘），标准输出（显示器）和标准出错输出。系统自动定义了三个文件指针stdin、stdout和stderr分别指向以上三个标准终端文件，可以直接使用。如果程序中向stdout所指的文件输出数据，则数据从显示器上显示出来。

8.2.2　文件的关闭

文件使用完毕后，应使用关闭文件函数fclose()把文件关闭，既可以保证数据不丢失，又可以避免对该文件进行误操作而造成不必要的损失。

fclose()函数用来关闭一个文件，其调用的一般形式为：

fclose(文件指针变量名);

例如：fclose(fp);

当文件正常关闭,fclose()函数返回值为 0；否则返回非 0 值。

8.3　文件的读写

对文件的读和写是最常用的文件操作。在 C 语言中提供了多种文件读写的函数。

(1) 格式化读写函数：fscanf 和 fprinf。

(2) 字符读写函数：fgetc 和 fputc。

(3) 字符串读写函数：fgets 和 fputs。

(4) 数据块读写函数：freed 和 fwrite。

下面分别予以介绍。使用以上函数都要求包含系统头文件"stdio. h"。

8.3.1　格式化读写函数

文件的格式化输入输出函数 fscanf()和 fprintf()与标准输入输出函数 scanf()和 prinf()的作用和使用方式相仿。这两个函数的一般调用形式如下。

```
fscanf (fp , format , &arg1 , &arg2 , …,&arg n ) ;
fprintf ( fp , format , arg1 , …,arg n ) ;
```

其中：

- fp 为文件指针变量；
- format 为格式说明字符串,由双引号括起来的一串符号,与 scanf 和 prinf 函数中的格式字符串相同；
- &arg1…&argn 为接收输入变量的地址列表；
- arg1…argn 为输出项表列。

例如：

```
char  s[80] ;
int  a ;
```

fscanf (fp , "%s %d" , s , &a) ;表示从 fp 所指的文件中输入(读出)一个字符串保存在字符数组 s 中,输入(读出)一个整数保存到变量 a 中。

fscanf (stdin , format , &arg1 , &arg2 , … &arg n) ;的功能与 scanf()函数一致,表示从键盘输入。

fprint(fp,"%d%c",123,'c');表示把一个整数 123 和一个字符'c'输出(写入)到 fp 所指的文件中。

fprintf (stdout , format , arg1 , …,arg n) ;的功能与 prinf()函数一致,表示从显示器屏幕上输出。

【实例 8-2】　编写函数 JSprime(),读取文件"d:\source. txt"中的整数数据,计算其中素数的个数 cnt 和素数之和 sum。编写 main()函数,调用函数 JSprime(),将计算结果保存到"d:\ result. txt"文件中,并从屏幕中显示出来。

分析：

(1) 在函数 JSprime()中以读的方式打开文件"d:\source. txt",用函数 fscanf()读数

据,并判断该数是否为素数,若是,用变量 cnt 计数,用变量 sum 求和;

(2) 在 main()函数中以写的方式打开文件"d:\ result. txt",将计算结果写入文件,然后关闭文件;

(3) 考虑到计数变量 cnt 和求和变量 sum 在函数 JSprime()中计算求值,在 main()函数中输出,所以将它们定义为全局变量。

程序代码如下。

```c
/* 实例 8-2 */
# include <stdio.h>
# include <math.h>
int cnt,sum;
void JSprime()
{
    int i,k,n;
    FILE * fp;
    if((fp = fopen("d:\\source.txt","r")) == NULL)
    {
        printf(" File  source.txt open  error!\n");
        exit(1);
    }
    cnt = sum = 0;
    fscanf(fp," % d",&n);
/* feof 函数用于判断文件是否结束. 返回值为"非 0"表示文件结束,0 表示文件未结束 */
    while(!feof(fp))
    {
        k = sqrt(n);
        for(i = 2;i <= k;i++)
            if(n % i == 0)break;
        if(i > k)
        {
            cnt++;
            sum += n;
        }
        fscanf(fp," % d",&n);
    }/* while */
    fclose(fp);
}

void main()
{
    FILE  * fp;
    if((fp = fopen("d:\\result.txt","w")) == NULL)
    {
        printf(" File  result.txt open  error!\n");
        exit(1);
    }
    JSprime();
    fprintf(fp,"cnt = % d,sum = % d",cnt,sum);      /* 将数据输出到文件 */
     printf("cnt = % d,sum = % d",cnt,sum);         /* 显示结果 */
    fclose(fp);
}
```

文件"d:\source. txt"和文件"d:\ result. txt"中的数据如图 8-3 所示。

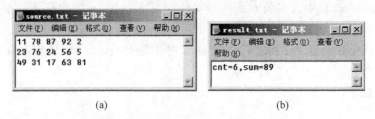

(a)   (b)

图 8-3 计算素数个数和素数之和

8.3.2 字符读写函数

字符读写函数是以字符(字节)为单位的读写函数。每次可从文件读出或向文件写入一个字符。字符读写函数的一般调用形式如下:

```
ch = fgetc(fp);
fputc (c , fp ) ;
```

其中:
- fp 为文件指针变量;
- ch 为字符型变量;
- c 为字符型变量或者字符常量。

文件中有一个位置指针,用来指向文件的当前读写位置。在文件打开时,该指针指向文件的起始位置。使用 fgetc()函数和 fputc 函数顺序读写完一个字符后,该位置指针将自动向后移动一个字节,指向下一个字符位置。

点拨

文件指针和文件内部的位置指针是两个概念。文件指针是指向整个文件结构体的,须在程序中定义,只要不重新赋值,文件指针的值是不变的。文件内部的位置指针用以指示文件内部的当前读写位置,无须在程序中定义,它是由系统自动设置的,每读写一次,该指针均向后移动。

【实例 8-3】 将磁盘文件"d:\file. txt"中的内容复制到另一个文件"d:\filecpy. txt"中,并把该文件内容显示在屏幕上。

分析:

(1) 将文件"d:\file. txt"以读的方式打开,文件"d:\filecpy. txt"以写的方式打开;

(2) 用 fgetc()函数从文件"d:\file. txt"中逐个读字符,用 fputc 函数将读出的字符写入文件"d:\filecpy. txt"中;

(3) 读写文件结束后,将文件关闭。

程序代码如下。

```
/ * 实例 8-3 * /
# include < stdio. h >
# include < stdlib. h >
void main ()
```

```
{
    FILE  * in , * out ;
     char   ch;
    if (( in = fopen ( "d:\\file.txt" , "r" )) == NULL )
    {
        printf ("File   file.txt   open   error!\n ") ;
        exit (1) ;
     }
    if (( out = fopen ("d:\\filecpy.txt" , "w" )) == NULL )
    {
        printf ("File   filecpy.txt   open   error!\n ") ;
        exit (1) ;
     }
    while ( (ch = fgetc(in))!= EOF)                  /* EOF 为文件结束标记 */
    {
            fputc(ch, out ) ;
            putchar(ch);
    }
    putchar('\n');                                   /* 输出换行 */
    fclose (in) ;
    fclose (out) ;
}
```

程序运行结果如图 8-4 所示。文件"d:\file.txt"和"d:\filecpy.txt"中的内容如图 8-5 所示。

图 8-4　文件内容的复制

(a)　　　　　　　　　　　　　　(b)

图 8-5　源文件和目标文件的内容

【实例 8-4】　把命令行参数中的前一个文件名标识的文件,复制到后一个文件名标识的文件中,若命令行中只有一个文件名,则把该文件内容从屏幕中显示出来。

分析:

(1) 使用带参数的 main()函数,参数 argc 记录命令行中命令和参数的个数,指针数组参数 argv 的元素 argv[0]指向命令行中的命令(即程序文件名),argv[1]和 argv[2]分别指向源文件名和目标文件名。

（2）根据题意，假设源程序文件名为 fcopy.c，编译、连接后生成可执行文件 fcopy.exe，存放在 D 盘根目录下，若命令行格式为：d:\fcopy source.txt dest.txt，则将文件 source.txt 的内容复制到文件 dest.txt 中；若命令行格式为：d:\fcopy source.txt，则将文件 source.txt 的内容显示输出。

（3）参照实例 8-3 完成文件内容复制操作。

程序代码如下。

```
/* 实例 8-4 */
# include < stdio.h >
# include < stdlib.h >
void main(int argc, char * argv[])
{

    FILE * fp1, * fp2;
    char ch;
    if(argc == 1)
    {
        printf("No file name!\n");
        exit(1);
    }
    if((fp1 = fopen(argv[1], "r")) == NULL)
    {
        printf("File % s open error!\n", argv[1]);
        exit(1);
    }
    if(argc == 3)                            /* 命令行中有两个文件名 */
    {
        if((fp2 = fopen(argv[2], "w + ")) == NULL)
        {
            printf("File % s open error!\n", argv[2]);
            exit(1);
        }
        while((ch = fgetc(fp1)) != EOF)
            fputc(ch, fp2);
        fclose(fp2);
    }
    if(argc == 2)                            /* 命令行中只有一个文件名 */
    {
        while((ch = fgetc(fp1)) != EOF)
            putchar(ch);
        /* 增加下面语句目的是显示输出窗口，否则运行程序后显示屏幕一闪而过 */
        getchar();
    }
    fclose(fp1);
}
```

程序运行命令如图 8-6 所示。文件"d:\source.txt"和"d:\dest.txt"中的内容如图 8-7 所示。

图 8-6　文件复制程序运行命令

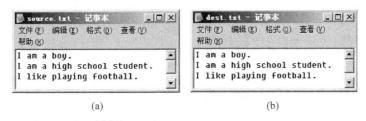

(a)　　　　　　　　　　　　　(b)

图 8-7　源文件和目标文件的内容

8.3.3　字符串读写函数

字符串读写函数 fgets()和 fputs()是以字符串(多字节)为单位的读写函数。每次可从文件读出或向文件写入一个字符串。字符串读写函数的一般调用形式如下:

```
fgets(str , n , fp);
fputs(str , fp);
```

其中:

- fp 为文件指针变量;
- str 为字符数组或者字符指针变量;
- n 为整型变量或者整型常量。

【实例 8-5】　从当前目录下的文件"stud_app.txt"中读入一个字符串(20 个字符),并将它添加到实例 8-3 中创建的文件"d:\filecpy.txt"中。

分析:

(1) 以读的方式打开文件"stud_app.txt",用 fgets()函数读取字符串;

(2) 以追加方式打开文件"d:\filecpy.txt",用函数 fputs()将字符串写入文件;

(3) 读写文件结束后,将文件关闭。

程序代码如下。

```
/ * 实例 * /
# include < stdio.h >
# include < stdlib.h >
void   main()
{
    FILE * in, * out;
    char str[30];
    if((in = fopen("stud_app.txt","r")) == NULL)
```

```
    {
        printf("File stud_app.txt open error!\n!");
        exit(1);
    }
    if((out = fopen("d:\\filecpy.txt","a")) == NULL)          /*  以追加方式打开文件  */
    {
        printf("File filecpy.txt open error!\n!");
        exit(1);
    }
    fgets(str,21,in);
    fputs(str,out);
    puts(str);
    fclose(in);
    fclose(out);
}
```

程序运行结果如图 8-8 所示。程序运行后，文件"d:\filecpy.txt"的内容如图 8-9 所示。

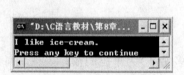

图 8-8　读出字符串并显示

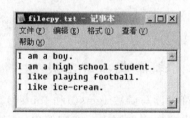

图 8-9　将字符串添加到文件中

8.3.4　数据块读写函数

有时候需要将一组数据（如一个结构体变量的值）一次性从文件中读出或写入文件，C 语言提供了用于读写一个数据块的函数 fread() 和 fwrite()。其一般调用形式如下：

```
fread(buffer,size,count,fp);
fwrite(buffer,size,count,fp);
```

其中：

- buffer 是一个指针，在函数中，它表示存放输入输出数据的首地址；
- size 为数据块的大小，以字节为单位；
- count 表示要读写的数据块的数量；
- fp 表示文件指针。

例如：

```
float  score[5];
fread(score,4,5,fp);
```

fread() 函数从 fp 所指的文件中，读 5 个数据存储到数组 score 中，每个数据占 4 个字节。

【实例 8-6】　从键盘输入三个学生的数据信息（包括学号，姓名和性别），写入一个文件中，再从该文件中读出这三个学生的信息并显示在屏幕上。

分析：

（1）定义结构体数组，用于保存学生的信息；

（2）每个学生的信息存储在结构体数组元素中，所以要一次性读写某个学生的数据，需要使用函数 fread() 和 fwrite()。

（3）输入三个学生的数据并写入文件后，考虑到位置指针已经移到文件末尾。在读学生数据前需要把文件内部位置指针移到文件起始位置。

程序代码如下。

```
/* 实例 8-6 */
# include < stdio.h >
# include < stdlib.h >
struct stu
{
    int num;
    char name[10];
    char sex;
}stud_in[3], stud_out[3], * p, * q;
void   main()
{
    FILE * fp;
    int i;
    p = stud_in;
    if((fp = fopen("stu_info.dat","wb + ")) == NULL)
    {
        printf("File open error!");
        exit(1);
    }
    printf("\nInput data of student\n");
    for(i = 0; i < 3; i++, p++)
    {
        printf("NO.: ");
        scanf("% d", &p -> num);
        getchar();                              /* 读取输入学号后回车 */
        printf("name:");
        gets(p -> name);
        printf("sex:");
        p -> sex = getchar();
    }
    fwrite(stud_in, sizeof(struct stu), 3, fp);
    rewind(fp);                                 /* 把文件位置指针移到文件起始位置 */
    q = stud_out;
    fread(q, sizeof(struct stu), 3, fp);
    printf("\nnumber\t name \tsex\n");
    for(i = 0; i < 3; i++, q++)
    printf("% d\t% s\t% c \n", q -> num, q -> name, q -> sex);
    fclose(fp);
}
```

程序运行结果如图 8-10 所示。

图 8-10　数据块的读和写

8.4　文件的其他操作

文件在读写的过程中，文件指针会自动向后移动，若要使文件指针定位到指定位置，可以使用定位函数。C语言也提供了一些函数用于检查读写函数调用中的错误。本节主要介绍定位函数和错误检测函数的使用。

8.4.1　文件的定位

C语言中提供了控制位置指针，使其定位到指定位置的函数。

1. rewind 函数

在实例 8-6 的程序中使用了函数 rewind()，该函数的作用是将文件内部的位置指针定位到文件的开头。

【实例 8-7】　将磁盘文件"d:\file.txt"中的内容在屏幕上显示两遍，如图 8-11 和图 8-12 所示。

图 8-11　file.txt 文件的内容

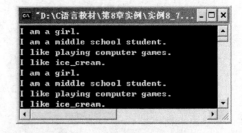

图 8-12　文件内容显示两遍

分析：

（1）将文件"d:\file.txt"以读的方式打开；

（2）用 fgetc() 函数从文件"d:\file.txt"中逐个读字符，用 putchar() 函数将读出的字符输出到显示器；

（3）文件输出一遍后，用 rewind()函数使文件指针定位到文件的起始位置，用同样的方法再输出一遍；

（4）读文件结束后，将文件关闭。

程序代码如下。

```
/* 实例 8-7 */
# include < stdio. h>
# include < stdlib. h>
void main ()
{
    FILE    * fp;
     char   ch;
    if ((fp = fopen ( "d:\\file.txt" , "r" )) == NULL )
    {
        printf ("File  open  error!\n ") ;
        exit  (1) ;
    }
    while ( !feof (fp))
    {
        ch = fgetc(fp);
        putchar(ch);
    }
    putchar('\n');
    rewind(fp);
    while ( !feof (fp))
    {
        ch = fgetc(fp);
        putchar(ch);
    }
    putchar('\n');
    fclose (fp) ;
}
```

2. fseek 函数

对流式文件可以进行顺序读写，也可以进行随机读写。如果文件的位置指针是按字节顺序向后移动的，就是顺序读写；如果位置指针按需要定位到指定位置，就可以对文件进行随机读写了。用 fseek()函数可以实现文件位置指针的定位。

fseek()函数的调用形式为：

fseek(fp,n,start);

其中：

• fp 为文件指针变量；

• start 为起始点，用数字 0,1,2 表示。0 代表文件开始，1 代表当前位置，2 代表文件末尾；

• n 为偏移量，表示位置指针相对于 start 移动的字节数，n 为正，向前移动；反之，向后退。n 要求是 long 型数据。

例如：

fseek(fp,20L,0);表示将位置指针移到离文件开始位置 20 个字节处。

fseek(fp,−5L,1);表示将位置指针定位到从当前位置向后退 5 个字节处。

fseek()函数一般用于二进制文件的读写定位。

【实例 8-8】 将实例 8-6 中建立的文件"stu_info.dat"中保存的第 1 个和第 3 个学生的信息输出到显示屏幕。

分析：

(1) 以"rb"方式打开文件"stu_info.dat"；

(2) 用 fread()函数将第一个学生的信息以数据块方式读取出来，存储到结构体变量中，并输出；

(3) 用 fseek()函数将文件位置指针定位到第 3 个学生数据的起始位置，用同样的方法读取数据信息并输出；

(4) 关闭文件。

若有更多学生信息需要读取并输出，可以考虑使用结构体数组。

程序代码如下。

```c
/* 实例 8-8 */
# include < stdio. h >
# include < stdlib. h >
struct stu
{
    int num;
    char name[10];
    char sex;
}stud, * p;
void   main()
{
    FILE  * fp;
    if((fp = fopen("stu_info.dat","rb")) == NULL)
    {
      printf("File open error!");
      exit(1);
    }
    p = &stud;
    fread(p, sizeof(struct stu),1,fp);
    printf("\nnumber\t name \tsex\n");
    printf(" % d\t % s\t % c \n", p-> num, p-> name ,p-> sex);
    fseek(fp,(long)2 * sizeof(struct stu),0);
    fread(p, sizeof(struct stu),1,fp);
    printf(" % d\t % s\t % c \n", p-> num, p-> name ,p-> sex);
    fclose(fp);
}
```

程序运行结果如图 8-13 所示。

3. ftell 函数

ftell()函数用于得到文件位置指针当前位置相对于文件首的偏移字节数。在随机方式存取文件时，由于文件位置频繁地前后移动，程序不容易确定文件的当前位置。调用函数 ftell()就能非常容易地确定文件的当前位置。

图 8-13　文件的随机读写

利用 ftell()函数和 fseek()函数能方便地知道一个文件的长度。如以下语句：

```
fseek(fp, 0L,SEEK_END);
len = ftell(fp);
```

首先将文件的当前位置移到文件的末尾,然后调用函数 ftell()获得当前位置相对于文件首的位移,该位移值即文件所含字节数。

8.4.2　文件的检测

C 语言提供了一些文件检测函数,常用的有以下 3 个。

1. feof 函数

feof()函数用于判断文件位置指针是否处于文件结束位置。若文件结束,函数返回非 0 值,否则返回 0。

feof()函数的一般调用形式为：feof(fp);

其中,fp 为文件指针变量。

2. ferror 函数

ferror()函数的作用是检查文件在用各种输入输出函数进行读写时是否出错。如果 ferror()函数的返回值为 0,表示未出错;否则,表示有错。

ferror()函数的一般调用形式为：ferror(fp);

其中,fp 为文件指针变量。

3. clearerr 函数

clearerr()函数用于清除出错标志和文件结束标志,使它们的值为 0。

clearerr()函数的一般调用形式为：clearerr (fp);

其中,fp 为文件指针变量。

执行语句 clearerr (fp);后,ferror(fp)的函数值为 0。

8.5　文件应用实例

在第 10 章的综合实例中,程序有将数据保存到磁盘文件中的功能,可以将所有学生的信息保存到一个磁盘文件"stud_info. dat"中。要实现此功能,程序中必须要有文件操作。第 10 章的综合实例程序中有一个函数 save 实现保存的功能。其程序源代码如下。

```
void save(STU * p)
{
    FILE * fp;
```

```
        if((fp = fopen("stud_info.dat","wb + ")) == NULL)      /* 打开文件 */
        {
            printf("File open error!\n");
            exit(1);
        }
        fwrite(p,sizeof(STU),stud_num,fp);                /* 将数据写入文件 */
        printf("保存成功!\n");
        fclose(fp);                                       /* 关闭文件 */
        printf("请输入您的操作选择[0 - 8]:");
    }
```

说明:

(1) 根据题意,函数 save 为一个无返回值的函数,函数返回值类型为 void。综合实例中用一个结构体数组保存学生的信息,且该数组在 main 函数中定义,程序代码如下。

```
typedef struct Student
{
    int num;
    char name[16];
    int score[3];
    int total;
    float ave;
    int rank;
} STU;
STU stud[N];                                       /* 在 main 函数中定义 */
```

(2) 因为要调用函数 save 将多个学生的信息保存到磁盘文件中,所以,主调函数中必须将结构体数组的首地址传递给 save 函数,函数的形参自然就是结构体类型指针 STU *。

(3) 文件操作有三个步骤:打开文件、读或写文件和关闭文件。函数 save 中用 fwrite 函数将数据输出到磁盘文件中,所以用 fopen 函数打开文件时,文件的打开方式选择"wb+"(也可以是"wb",参见表 8-1)。语句 fwrite(p,sizeof(STU),stud_num,fp);的含义是:从 p 所在位置开始,将 stud_num 个长度为 sizeof(STU) 的数据块写入 fp 所指的文件中。

(4) 为了验证数据保存到文件的操作是否成功,可以在函数 save 中定义一个结构体数组:STU student[N];,接着在语句"fclose(fp);"之前增加一个程序段,从文件 stud_info.dat 中将数据输入到一个结构体数组中,然后将该数组中的数据显示出来。程序代码如下。

```
rewind(fp);                             /* 将文件的位置指针定位到文件的开头 */
fread(student,sizeof(STU),stud_num,fp);   /* 将数据从文件中读出 */
disp(student);                          /* 调用函数 disp 显示数据 */
```

(5) 在 C 语言中文件的读写函数很多,也可以用 fprintf 函数将数据输出到文件中。可以将函数 save 定义为如下形式。

```
void save(STU * p)
{
    FILE * fp;
    int i;
    if((fp = fopen("stud_info.dat","w")) == NULL)    /* 打开文件 */
```

```
        {
            printf("File open error!\n");
            exit(1);
        }
        /*将学生的信息逐个写入文件*/
        for(i = 0;i < stud_num;i++)
        {
            fprintf(fp, "% - 10d% - 8s%8d%8d%8d%5d%7.2f%5d\n",DATA);
            p++;
        }
        printf("保存成功!\n");
        fclose(fp);                                    /*关闭文件*/
        printf("请输入您的操作选择[0 - 8]:");
    }
```

在函数 save 中,磁盘文件 stud_info.dat 的打开方式为"w",即打开或建立一个文本文件,只允许写数据。调用 save 函数后,读者可以用记事本打开文件 stud_info.dat,查看此文件的内容,以便验证 save 函数是否将数据正确保存到文件中。

习　　题

1. 填空题

(1) C 程序中调用_____函数打开文件,_____函数关闭文件。

(2) feof()函数用来判断文件是否结束。若 fp 是指向某文件的指针,且已读到此文件末尾,则函数 feof(fp)的返回值是_____。

(3) 若有语句 fp=fopen("design.dat","r"),文件 design.dat 属于_____文件,该文件的使用方式为_____。

(4) 已知函数的调用形式:fread(buffer,size,count,fp);其中 size 代表的是_____。

(5) 以"只写"的方式打开文本文件"d:\test.dat",fp 为文件指针,fopen 函数调用语句为:_____。

(6) fgets(str,n,fp)函数从文件中读入一个字符串,其中 str 表示_____。

(7) 要将一个单精度类型变量 x 的值以保留两位小数的格式保存到文件指针 fp 所指的文件中,fprintf 函数的调用语句写为:_____。

(8) fgetc 函数的作用是从指定文件读入一个字符,该文件的打开方式只能为_____。

(9) rewind 函数的作用是_____。

(10) 若执行 fopen 函数时发生错误,则函数的返回值是_____。

2. 编程题

(1) 对 $x=0,1,2,3,4,5,6,7,8,9$,求函数 $f(x)=10-\sqrt{x+1}+5\sin x$ 的最大值,并以%.3f 格式输出到文件"d:\result\design.dat"中。

(2) 文本文件 d:\file1.dat 中存有 10 个实数,现将它们按从小到大的顺序进行排序,结果存入文件 d:\file2.dat 中,并在屏幕上显示。

（3）有两个文本文件 A. txt 和 B. txt，各存放有一行字母，要求将两个文件中的字母统一排序并写到一个新文件 test. txt 中。

（4）从键盘输入一个字符串，将其中的大写字母全部转换成小写字母，然后输出到一个磁盘文件"uppstring. dat"中保存。

（5）有 5 个学生，每个学生的信息包括：学号，姓名，三门课的成绩和总成绩。从键盘输入每个学生的学号，姓名和三门课的成绩，计算每个学生的总成绩，并按总成绩降序将学生的信息（包括学号，姓名和总成绩）输出到文件"studinfo. txt"中。

第9章　位　运　算

主要知识点：

◆ 计算机中的数据表示

◆ 位运算符

◆ 位段

C语言是一种既有高级语言特点，又有低级语言功能的程序设计语言。不仅支持高级语言中包含的相应功能，还提供了数据的位运算等操作，这也是C语言能像汇编语言一样用于开发系统程序的原因之一。

本章主要对C语言的位运算操作进行介绍。

9.1　计算机中的数据表示

C语言中一般的运算都是以字节为基本单位进行的，如算术运算：加，减，乘，除等，但在如检测、控制等领域，常需要对数据进行以二进制位为单位的运算，即位运算。C语言就是一种支持位运算的程序设计语言。为了更加清晰地介绍位运算，有必要先回顾一下常用的十进制数如何表示为计算机中的二进制。

一个数在计算机中的二进制表示又称为这个数的机器数，当原始数据是有符号的数据时，对应的机器数也是有符号的，机器数中通常最高位用于存放数据的正负号，0表示正数，1表示负数。如在用8位二进制表示一个整数时，3对应的机器码为00000011，而−3对应的机器码为10000011，其中第一位二进制表示符号；当原始数据为无符号的整数时，则不必考虑符号位，所有的二进制位均用于表示数据的值。

在计算机中表示数据，总是以该数据的补码形式进行，而补码的计算又与数据的原码和反码有关。

原码即用第1位表示符号，其余位表示数据大小的二进制表示形式，如以8位二进制数表示的整数为例：

$$[+1]_原 = 0000\ 0001$$
$$[-1]_原 = 1000\ 0001$$

反码的计算与数据本身的符号相关：正数的反码就是其原码；负数的反码是在其原码的基础上，符号位不变，其余各位取反，例如：

$$[+1] = [00000001]_原 = [00000001]_反$$
$$[-1] = [10000001]_原 = [11111110]_反$$

补码的计算也与数据本身的符号相关：正数的补码就是其原码；负数的补码是在其反码的基础上再+1后得到的二进制数，例如：

$$[+1] = [00000001]_原 = [00000001]_反 = [00000001]_补$$
$$[-1] = [10000001]_原 = [11111110]_反 = [11111111]_补$$

9.2 位 运 算 符

在了解数据表示为计算机中二进制的过程后，即可对这些二进制数进行位运算，C语言中包含的位运算符分为：逻辑运算符和移位运算符，具体如表9-1所示。

表9-1 位运算符列表

符号	含义	符号	含义
&	按位与	~	取反
|	按位或	<<	左移
^	按位异或	>>	右移

下面介绍各运算符。

1. 与运算符(&)

与运算符(&)是双目运算符，功能为将参与运算的两个操作数中各对应二进制位相与。即只有两个对应的二进制位均为1时，结果位才为1，否则结果位为0，具体如表9-2所示，其中参与运算的数均以补码的形式表示。

表9-2 按位与运算真值表

二进制位(a)	二进制位(b)	结果位(a&b)
0	0	0
0	1	0
1	0	0
1	1	1

可以看出，与运算中只要a或b中有一个为0，结果即为0。

例如，以8位二进制数表示操作数，求十进制数表达式36&58的值，运算过程如下：

```
      36                      00100100
 &    58      等价于      &   00111010
 ─────────               ─────────────
      32                      00100000
```

即 36 & 58 = 32。

基于按位与运算的特点，该运算通常被用于清0或保留一个数中的某些位等。

1）全部清 0

$$
\begin{array}{cc}
& \text{AA48} \\
\& & \text{0000} \\
\hline
& \text{0000}
\end{array}
\qquad 等价于 \qquad
\begin{array}{c}
1010\ 1010\ 0100\ 1000 \\
\&\,0000\ 0000\ 0000\ 0000 \\
\hline
0000\ 0000\ 0000\ 0000
\end{array}
$$

即 0xAA48 & 0 = 0

2）部分清 0

$$
\begin{array}{cc}
& \text{AA48} \\
\& & \text{00FF} \\
\hline
& \text{0048}
\end{array}
\qquad 等价于 \qquad
\begin{array}{c}
1010\ 1010\ 0100\ 1000 \\
\&\,0000\ 0000\ 1111\ 1111 \\
\hline
0000\ 0000\ 0100\ 1000
\end{array}
$$

即 0xAA48 & 0x00FF = 0x0048

3）取某些位

若想取十六进制数 AA48 的 0,3,7,15 位,则运算如下:

$$
\begin{array}{cc}
& \text{AA48} \\
\& & \text{8089} \\
\hline
& \text{0048}
\end{array}
\qquad 等价于 \qquad
\begin{array}{c}
\textbf{1}010\ 1010\ \textbf{0}100\ \textbf{1}00\textbf{0} \\
\&\,\textbf{1}000\ 0000\ \textbf{1}000\ \textbf{1}00\textbf{1} \\
\hline
\textbf{1}000\ 0000\ \textbf{0}000\ \textbf{1}00\textbf{0}
\end{array}
$$

即 0xAA48 & 0x8089 = 0x8008。

2. 或运算符(|)

或运算符(|)是双目运算符,功能为将参与运算的两个操作数中各对应二进制位相或。即只要两个对应的二进制位中有一个为 1,结果位就为 1,只有两个位均为 0 时,结果位才为 0,具体如表 9-3 所示,其中参与运算的数均以补码的形式表示。

表 9-3　按位或运算真值表

二进制位(a)	二进制位(b)	结果位(a|b)
0	0	0
0	1	1
1	0	1
1	1	1

可以看出,无论当前位的值是什么,将其与 1 相或则结果为 1,与 0 相或则结果为其本身。利用这个性质,或运算符常被用于将操作数的某些位置 1,某些位保持不变的场合。

例如,以 8 位二进制数表示操作数,求十进制数表达式 36|58 的值,运算过程如下:

$$
\begin{array}{cc}
& 36 \\
| & 58 \\
\hline
& 62
\end{array}
\qquad 等价于 \qquad
\begin{array}{c}
00100100 \\
|\ 00111010 \\
\hline
00111110
\end{array}
$$

即 $36|58 = 62$。

3. 异或运算符(^)

异或运算符(^)是双目运算符,其运算规则为若两个操作数中对应的二进制位相同,则结果为 0,相异则结果为 1,具体如表 9-4 所示,其中参与运算的数均以补码的形式表示。

表 9-4　按位异或运算真值表

二进制位(a)	二进制位(b)	结果位(a ^ b)
0	0	0
0	1	1
1	0	1
1	1	0

例如,以 8 位二进制数表示操作数,求十进制数表达式 36 ^ 58 的值,运算过程如下:

$$
\begin{array}{r}
36 \\
^\wedge\ 58 \\
\hline
30
\end{array}
\qquad 等价于 \qquad
\begin{array}{r}
00100100 \\
^\wedge\ 00111010 \\
\hline
00011110
\end{array}
$$

即 $36|58 = 30$。

按位异或运算也有其自身的特点,通常被用于完成一些特殊的操作。

1) 清 0

$$
\begin{array}{r}
48 \\
^\wedge\ 48 \\
\hline
00
\end{array}
\qquad 等价于 \qquad
\begin{array}{r}
0011\ 0000 \\
^\wedge\ 0011\ 0000 \\
\hline
0000\ 0000
\end{array}
$$

即十进制数 48 ^ 48 = 0,起到了将 48 进行清 0 的效果。

2) 取反某些位,保留某些位

$$
\begin{array}{r}
48 \\
^\wedge\ 27 \\
\hline
43
\end{array}
\qquad 等价于 \qquad
\begin{array}{r}
\mathbf{0011}\ \mathbf{0000} \\
^\wedge\ \mathbf{0001}\ \mathbf{1011} \\
\hline
\mathbf{0010}\ \mathbf{1011}
\end{array}
$$

即十进制数 48 ^ 27 = 43,起到了将 48 中第 0,1,3,5 位进行取反,而 2,4 位进行保留不变操作的效果。

3) 数 1 连续两次异或数 2,结果仍为数 1

在此用 8 位二进制数表示操作数,求十进制数表达式 48 ^ 27 ^ 27 的值,运算过程如下:

	48			0011 **0000**
^	27	等价于	^	0001 **1011**
	43			0010 **1011**
^	27		^	0001 **1011**
	48			0011 0000

可以看出计算结果的值等于 48,即 48 两次异或 27 后的值为 48 本身。

4. 非运算符(～)

按位进行运算的非运算符(～)用于将操作数对应的二进制数逐位取反。即原始位为 1 时,结果为 0,否则结果为 1。这也是位运算符中的唯一一个单目运算符。它的优先级在位运算符中是最高的,为了和前面的实例对比,以下实例以 16 位二进制数表示操作数。

	～36			～0000 0000 0010 0100
	65 499	等价于		1111 1111 1101 1011

即～36 = 65 499。

5. 移位运算符(<<和>>)

移位运算符也是双目运算符,通常被用于通过移位实现乘 2 或除 2 运算,主要有两种移位运算符。

1) 左移运算(<<)

左移运算符的使用形式为:

运算数 << n;

其中运算数为要进行移位操作的数据,n 则为要移动的位数,如 a << 2 即表示将数值 a 左移两位,在移位过程中,高位丢失,末位补 0,使得每移一位相当将整个数据乘以 2。

如 int a = 36;则 a << 1 的值为 72,运算过程如下:

00100100 << 1,将所有数位向左移一位,且高位丢失,末位补 0 后得到 01001000,即十进制的 72。

2) 右移运算(>>)

右移运算符的使用形式为:

运算数 >> n;

其中相同部分的意义与左移运算数类似,只是右移运算中移位操作的方向是向右进行的,与左移运算的方向相反。如 a >> 2 即表示将数值 a 右移两位,在移位过程中,末位丢失,高位补 0 或 1(区别于数据的有符号和无符号,以及编译系统)。使得每移一位相当将整个数据的除 2 运算。

如 int a = 36;则 a >> 1 的值为 18,运算过程如下:

00100100 >> 1,将所有数位向右移一位,且末位丢失,高位补 0 后得到 00010010,即十进制的 18。

在了解 6 种位运算符的基本用法后,还需要注意以下 3 点。

（1）和算术运算符类似,位运算符中的双目运算符也可以和赋值运算符相结合构成复合赋值运算符,且用法和算术运算符也类似,见表 9-5。

表 9-5　位运算复合赋值运算符

复合赋值运算符	含义	举例
&=	位与赋值	a &= b 等价于 a = a & b
|=	位或赋值	a |= b 等价于 a = a | b
^=	位异或赋值	a ^= b 等价于 a = a ^ b
<<=	左移赋值	a <<= b 等价于 a = a << b
>>=	右移赋值	a >>= b 等价于 a = a >> b

（2）在对不同长度的数据进行位运算时,通常系统会将这些数据进行右对齐,若较短的数据是无符号数,则高位扩展位用 0 补齐;若较短的数据为有符号数据,则高位较短的数据通过扩展其符号位来进行补齐,一般正数补 0,负数补 1。

例如：0x34A1 ^ 0x7B 等价于 0x34A1 ^ 0x007B,而 0x34A1 ^ 0x9B 则等价于 0x34A1 ^ 0xFF9B,因为 0x7B 和 0x9B 中,后者的符号位为 1,而前者的符号位为 0。

（3）同一个表达式中出现多个位操作符时,需要根据这些操作符的优先级进行运算,位操作符的优先级分别为：取反运算符(～)优先级最高,且其优先级高于 C 语言中的其他运算符;移位运算符(<< 和 >>)优先级低于算术运算符,高于关系运算符;按位与(&)、或(|)、异或(^)运算符的优先级低于关系运算符,高于逻辑运算符;位运算复合赋值运算符的优先级与算术运算符的优先级相同。

小提示：运算符 & 和 &&、| 和 ||,以及 ～ 和 ! 是不同的,前面的三个运算符是针对二进制位而进行的位操作符,而后面的三个则为对一般表达式进行计算的逻辑运算符。

9.3　位　　段

有了位运算后,也可以将平时比较简单的运算通过位运算来代替,特别是在对内存空间要求较严格、运算过程较简单的程序中,如只用一位二进制位即可存放一个表示逻辑性质的量,因为其只有"真"和"假"两种状态。为了支持这种情况的处理并使得处理简单,C 语言中又提供了一种专门的数据结构,称为位段(又称为位域)。

位段就是对一个字节中的二进制位进行划分后得到的几个不同的二进制位区域,通过指定每个区域的位数、名称等,将这些区域当作一个特殊的量来进行操作,起到用一个字节来同时表示几个不同对象的值的效果。

1. 位段的定义

C 语言中位段是一个特殊的结构,它以位为单位进行定义,通常需要指明每个位段的长度和名称,一般的定义形式如下。

```
struct 位段结构名称
{
    类型说明    位段名称 1：位段长度 1;
    类型说明    位段名称 2：位段长度 2;
    类型说明    位段名称 3：位段长度 3;
```

```
  ⋮
};
```

上述结构体中的每一行表示一个位段，整个位段结构体的使用与一般结构体类似，不过每个位段的类型只能是 unsigned 或 int，通过使用位段的名称来访问所需要的二进制位。例如：

```
struct Test
{
    unsigned a : 2;
    unsigned b : 2;
    unsigned c : 2;
    unsigned d : 2;
}data;
```

其中，data 为 Test 类型的结构体变量，共占 1 个字节。其中位段 a、b、c、d 各占两个二进制位。

2. 位段说明

在使用位段进行程序设计时，需要注意以下 4 点说明。

（1）一个位段不能跨越两个"存储单元"，若一个"存储单元"所剩空间不够存放下一个位段时，应从下一个"存储单元"开始存放该位域，在此的"存储单元"视编译系统而异，可能为一个字节，也可能为两个字节。1 个字节时的情况如下：

```
struct Test1
{
    unsigned a : 6;
    unsigned b : 8;
}data1;
```

其中，data1 所占的字节数为两个，其中第一个字节中后两位以 0 来填充，表示不使用，而 b 从第二个字节开始；

（2）由于位段不允许跨越两个单元，因此位域的长度不能大于单元的长度，另位段定义中的第一个位段长度也不能为 0；

（3）位段总是无符号量，不能对位段使用指针，也不能定义位段数组；

（4）位段可以无位段名称，这时它只是用来作填充或调整位置，无名称的位段是不能使用的。

因此，可以看出，位域在本质上就是一种结构类型，不过其成员是按二进位分配的，在使用位域时和使用一般的结构体成员相同，且位段的输出允许使用各种格式，使用位段的一般形式为：

位段结构名称.位段名称；

9.4 位运算程序举例

【实例 9-1】 使用位操作符来参与简单运算。

/＊实例 9-1＊/

```
#include<stdio.h>
void main()
{
    unsigned short m = 36, n = 58, k = 0xAA48, a, b, c, d, e, f, g;
    a = m & n;
    b = m | n;
    c = m ^ n;
    d = m ^ n ^ n;
    e = ~m;
    f = m << 1;
    g = m >> 1;
    printf( "m = %d, %x, %o\n", m, m, m );
    printf( "n = %d, %x, %o\n", n, n, n );
    printf( "a = %d, %x, %o\n", a, a, a );
    printf( "b = %d, %x, %o\n", b, b, b );
    printf( "c = %d, %x, %o\n", c, c, c );
    printf( "d = %d, %x, %o\n", d, d, d );
    printf( "e = %d, %x, %o\n", e, e, e );
    printf( "f = %d, %x, %o\n", f, f, f );
    printf( "g = %d, %x, %o\n", g, g, g );
}
```

程序运行结果如图 9-1 所示。

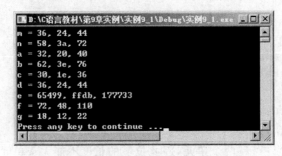

图 9-1　简单位操作实例

【实例 9-2】　取整数 n 二进制形式下的 2～5 位数字(最右端为第 1 位)。

分析：可以先对 n 的其他位进行清 0,只保留 2～5 位,再通过平移操作移去第 1 位,使得原来的 2～5 位移到结果数据的 1～4 位,即可直接输出结果数据。具体程序代码如下。

```
/* 实例 9-2 */
#include<stdio.h>
void main()
{
    unsigned n;
    printf( "Please input n: \n" );
    scanf( "%u", &n );
    printf( "Before: n = %d, %x, %o\n", n, n, n );
    n &= 0x1E;
    n >>= 1;
    printf( "After: n = %d, %x, %o\n", n, n, n );
}
```

程序运行结果如图 9-2 所示。

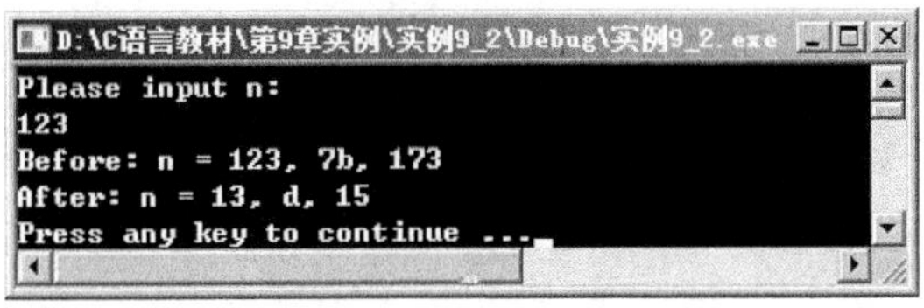

图 9-2　取二进制位中的某个区间

【实例 9-3】　将十六进制数据以二进制的形式输出。

分析：在计算机中数据以二进制表示，而 unsigned 对应的是两个字节的二进制位，即
16 位，如此可以用循环的方式每次只取其中的一位并输出，可知在 16 次循环结束时的输出
结果，即为要求的解，另外由于输出时总是从左往右输出，因此取每一位的顺序也应该为从
左往右，程序代码如下。

```
/*实例 9-3*/
#include <stdio.h>
void main()
{
    unsigned m = 0x8000;
    unsigned n, bit, i;
    printf( "Please input n: \n" );
    scanf( "%x", &n );
    for( i = 0; i < 16; ++i )
    {
        bit = ( m & n ) ? 1 : 0;              //通过判断,直接推出当前位的值
        printf( "%d", bit );
        m >>= 1;
    }
    printf( "\n" );
}
```

程序运行结果如图 9-3 所示。

图 9-3　进制转换实例

【实例 9-4】　使用位段来进行程序设计。

分析：在计算机中数据以二进制表示，而 unsigned 对应的是两个字节的二进制位，即
16 位，如此可以用循环的方式每次只取其中的一位并输出，可知在 16 次循环结束时的输出
结果，即为要求的解，另外由于输出时总是从左往右输出，因此取每一位的顺序也应该为从
左往右，程序代码如下。

```
/*实例 9-4*/
```

```
# include < stdio. h>
struct Data
{
    unsigned uON : 1;
    unsigned uState: 4;
    unsigned uProp : 3;
    double    fValue;
};
void main()
{
    Data data;
    data.uON = 0;
    data.uState = 5;
    data.uProp = 3;
    data. fValue = 121.68;
    printf( "%d,%d,%d,%lf\n", data.uON, data.uState, data.uProp, data. fValue);
}
```

程序运行结果如图 9-4 所示。

图 9-4　位段操作实例

习　　题

1. 输入任意一个无符号整数,取出后 4 位二进制数对应的值。

2. 输入任意一个无符号整数,将高字节偶数位取反,低字节只保留后两位,最后输出得到的结果值。

3. 借助移位操作符,实现简单的整数乘 2 和除 2 的操作。

第 10 章　综 合 实 例

前面章节介绍了 C 语言程序设计的基本概念和基本知识。如何将本课程的知识点融会贯通,加深实践与理解,以便提高综合运用所学知识的能力呢? 本章将通过一个综合案例,利用所学的基本知识来解决一个实际问题,目的在于加深对 C 语言程序设计基本理论和基本知识的理解,通过对问题需求的分析、程序算法的设计、程序调试及其测试分析,帮助读者掌握 C 语言应用程序开发的一般流程和基本的分析问题、解决问题的能力。

10.1　应用程序的开发流程

应用程序的开发流程即程序设计思路和方法的一般过程,包括设计应用程序的功能和实现的算法、程序的总体结构设计和模块设计、编程和调试、程序联调和测试以及提交程序等。

从软件工程的角度,一个应用程序的开发流程可以分为需求分析、概要设计、详细设计、编写代码、程序测试和文档编制等几个阶段。

1. 需求分析

需求分析是指深入了解和分析用户的需求,确定系统必须完成哪些工作,对目标系统提出完整、准确、清晰、具体的要求。要求清楚地列出系统大致的大功能模块,大功能模块有哪些小功能模块。

2. 概要设计

概要设计包括应用程序的基本处理流程、组织结构、模块划分、功能分配、接口设计、运行设计、数据结构设计和出错处理等,为软件的详细设计提供基础。

3. 详细设计

详细设计描述实现具体模块所涉及的主要算法、数据结构、主要函数及调用关系,即给出解决问题的具体方法和步骤,以便进行编码和测试。

4. 编写代码

根据详细设计中对数据结构、算法分析和模块实现等方面的设计要求,开始具体的编写程序工作,分别实现各模块的功能,从而实现对目标系统的功能、性能、界面等方面的要求。在编码阶段,不同模块之间的进度协调和协作很关键,相互沟通尤为重要。

5. 程序测试

程序测试同样是应用程序开发过程中一个相当重要的步骤。通过程序测试环节尽可能将程序中的错误和缺陷检查出来,以便对程序做进一步完善。每个应用程序都会有不可预料的问题存在,即便是已经交付使用的软件也免不了升级、修补等工作。

6. 文档编制

文档是应用程序开发使用和维护过程中的必备资料,是提高开发效率、保证应用程序质量的关键。而且在软件的使用过程中有指导、帮助、解惑的作用,尤其在维护工作中,文档是不可或缺的资料。文档可以分为开发文档和产品文档两大类。开发文档包括:需求分析、系统分析和界面文档等。产品文档包括:产品简介、测评报告和使用手册等。

10.2 综合应用程序实例

编写一个应用程序,用于管理学生成绩,该程序能实现以下功能。

(1) 输入:学生的学号、姓名以及三门课程成绩的输入,要求计算学生的总成绩和平均分。

(2) 显示:显示所有学生的信息。

(3) 修改:对学生的学号、姓名以及课程成绩进行修改。

(4) 添加:增加新的学生记录。

(5) 删除:输入学号或者姓名,删除指定的学生记录。

(6) 查询:根据给定的姓名或者学号,查询某个学生的信息。

(7) 排序:根据要求,能按学生的学号升序排序;或者按总成绩降序排序,给出名次,并显示排序后的结果。

(8) 保存:将所有学生的信息保存到一个磁盘文件"stud_info.dat"中。

1. 系统功能模块

根据题意,综合应用程序的功能模块如图 10-1 所示。

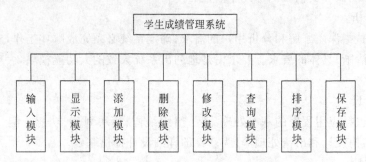

图 10-1 学生成绩管理系统功能模块

2. 系统解析

(1) 数据结构。

根据题意,学生的信息包括学号、姓名、三门课程成绩,以及总分、平均分和名次,所以构造结构体类型如下。

```
typedef struct Student
{
    int num;                        //学号
    char name[16];                  //姓名
    int score[3];                   //三门课程成绩
```

```
        int total;                              //总分
        float ave;                              //平均分
        int rank;                               //名次
    } STU;
```

用 typedef 将该结构体类型命名为 STU。

(2) 根据系统功能模块,可以设计如下函数。

① main 函数

功能:显示主菜单,根据用户的操作选择调用相关的函数。

② showMenu 函数

功能:显示主菜单。

函数原型:void showMenu();

③ printHeader 函数

功能:为了使数据显示更加直观和美观,打印一个表头。

函数原型:void printHeader();

④ input 函数

功能:输入学生的信息,包括学号、姓名和三门课成绩;根据三门课的成绩,计算总分和平均分,将名次初始化为 0。

函数原型:void input(STU *);

⑤ disp 函数

功能:显示所有学生的信息。

函数原型:void disp(STU *);

⑥ app 函数

功能:增加新的学生记录。

函数原型:void app(STU *);

⑦ del 函数

功能:输入学号或者姓名,删除指定的学生记录。

函数原型:void del(STU *);

⑧ modify 函数

功能:输入需要修改的记录的学号,找到该记录,对学生的学号、姓名以及课程成绩进行修改。

函数原型:void modify(STU *);

⑨ qur 函数

功能:根据给定的姓名或者学号,查询某个学生的信息。

函数原型:void qur(STU *);

⑩ sort 函数

功能:按学生的学号升序排序;或者按总成绩降序排序,给出名次,并显示排序后的结果。

函数原型:void sort(STU *);

⑪ save 函数

功能:将所有学生的信息保存到一个磁盘文件"stud_info. dat"中。

函数原型:void save(STU *);

第 10 章

综合实例

3. 主要功能介绍

为便于用户操作,结合系统主要功能,设计主界面如图 10-2 所示。

(1) 选择的操作是输入数据,键盘输入数字 1 后进入如图 10-3 所示的数据输入界面,依次输入学生的学号、姓名和三门课程成绩。

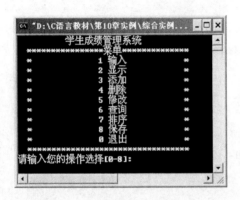

图 10-2　主界面

图 10-3　输入界面

(2) 数据输入结束,返回主界面,选择"显示"功能,即可将输入的信息及每个学生的总分和平均分显示出来,如图 10-4 所示。

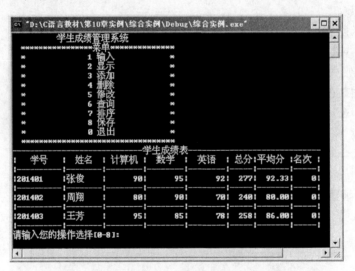

图 10-4　显示记录

(3) 输入 3,选择"添加"功能,进入如图 10-5 所示的添加新记录的界面。允许连续输入多条记录。

(4) 添加新记录后,选择"显示"功能,查看添加以后的结果,如图 10-6 所示。

(5) 输入 5,选择"修改"功能,要求进一步输入需要修改的记录的学号,找到该记录,则对相关信息进行修改,如图 10-7 和图 10-8 所示。

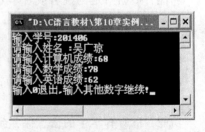

图 10-5　添加记录

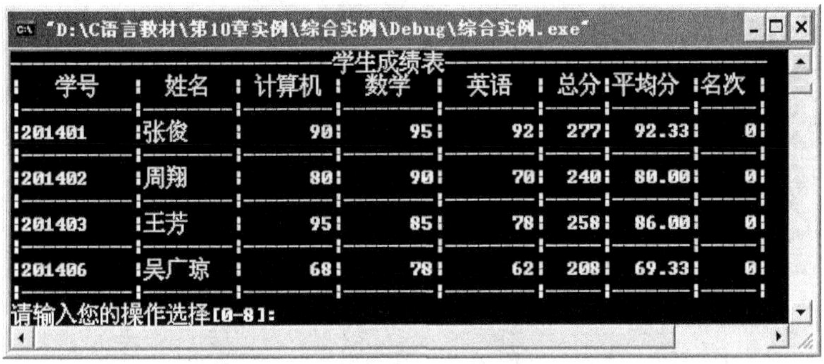

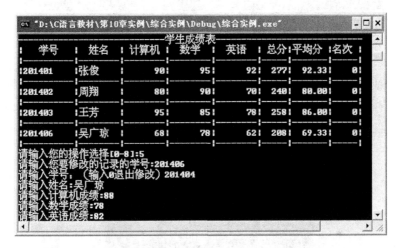

图 10-6　添加新记录后的结果

图 10-7　修改记录

图 10-8　修改记录后的结果

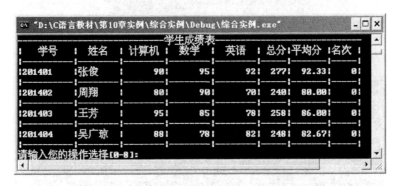

（6）输入 6，选择"查询"功能，要求选择按学号查询还是按姓名查询。按姓名查询结果如图 10-9 所示。

（7）输入 7，选择"排序"功能，要求选择按学号排序还是按总成绩排序。按总成绩排序结果如图 10-10 所示。

（8）输入 4，选择"删除"功能，要求选择根据学号删除还是根据姓名删除，根据输入的学号找到并且删除相应的记录，如图 10-11 和图 10-12 所示。

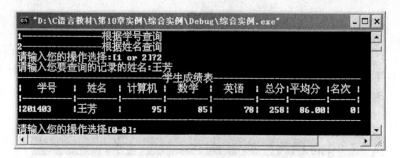

图 10-9　查询记录

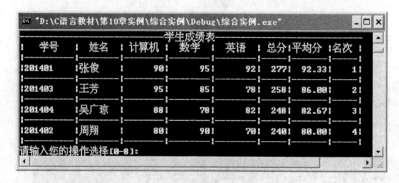

图 10-10　记录排序后的结果

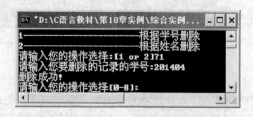

图 10-11　删除记录

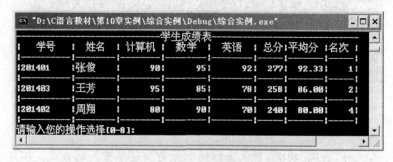

图 10-12　记录删除后的结果

　　(9) 选择 7 对记录进行重新排序后,输入 8,选择"保存"功能,将所有学生的信息保存到磁盘文件中,并且显示"保存成功!",如图 10-13 所示。

　　(10) 输入 0,选择"退出"功能,显示"操作结束,再见!",结束应用程序,如图 10-14 所示。

图 10-13　保存数据

图 10-14　退出应用程序

4. 源程序清单

```c
#include <stdio.h>
#include <stdlib.h>
#include <string.h>

#define N 1000                              /*学生数不超过1000*/
#define HEADER1  "------------------------学生成绩表----------------------\n"
#define HEADER2  "|   学号   |  姓名  | 计算机|  数学  |  英语  | 总分|平均分|名次 |\n"
#define HEADER3  "|-------|-----|-----|-----|-----|----|----|----|\n"
#define FORMAT   "|%-10d|%-8s|%8d|%8d|%8d|%5d|%7.2f|%5d|\n"
#define DATA     p->num,p->name,p->score[0],p->score[1],p->score[2],p->total,p->ave,p->rank
#define END      "-----------------------------------------------------\n"
typedef struct Student
{
    int num;
    char name[16];
    int score[3];
    int total;
    float ave;
    int rank;
} STU;
int stud_num = 0;                           /*变量stud_num用于保存总记录数*/

void input(STU *);
void disp(STU *);
void app(STU *);
```

```
    void del(STU * );
    void modify(STU * );
    void qur(STU * );
    void sort(STU * );
    void save(STU * );

    void printHeader()
    {
        printf(HEADER1);
        printf(HEADER2);
        printf(HEADER3);
    }
    void showMenu()
    {
        system("cls");
        printf("            学生成绩管理系统 \n");
        printf("    ***************** 菜单 ************** \n");
        printf("    *           1 输入           * \n");
        printf("    *           2 显示           * \n");
        printf("    *           3 添加           * \n");
        printf("    *           4 删除           * \n");
        printf("    *           5 修改           * \n");
        printf("    *           6 查询           * \n");
        printf("    *           7 排序           * \n");
        printf("    *           8 保存           * \n");
        printf("    *           0 退出           * \n");
        printf("    ******************************** \n");
    }
    void showWrong()
    {
        printf("\n ***** Error:输入错误！ *** \n请重新输入您的操作选择[0-8]:");
    }

    void main()                                    /*主函数*/
    {
        STU stud[N];                               /*结构体数组 stud 用于保存学生的信息*/
        int sel;
        showMenu();
        printf("请输入您的操作选择[0-8]:");
        do{
                scanf(" % d",&sel);
                if(sel == 0)
                    break;
                switch(sel)
                {
                        case 1:input(stud);break;
                        case 2:disp(stud);break;
                        case 3:app(stud);break;
                        case 4:del(stud);break;
```

```
                    case 5:modify(stud);break;
                    case 6:qur(stud);break;
                    case 7:sort(stud);break;
                    case 8:save(stud);break;
                    default:showWrong();
            }
        } while(1);
    printf("操作结束,再见!\n");
}

void input(STU * s)                              /* 输入 */
{
    int i,j,num,count;
    STU * pstu;
    system("cls");
    printf("请输入要录入的记录数: ");
    scanf(" % d",&count);
    for(i = 0;i < count;i++)
    {
        printf("请输入第 % d 条记录数据: \n",i + 1);
        printf("输入学号:");
        scanf(" % d",&num);
        for(j = 0;j < stud_num;j++)
            while(s[j].num == num)
            {
                printf("学号已存在,请重新输入!\n");
                printf("输入学号:");
                scanf(" % d",&num);
            }
        pstu = s + stud_num;                    /* 让结构体指针变量 pstu 指向 s[stud_num] */
        pstu -> num = num;
        printf("请输入姓名 :");
        scanf(" % s",pstu -> name);
        printf("请输入计算机成绩:");
        scanf(" % d",&pstu -> score[0]);
        printf("请输入数学成绩:");
        scanf(" % d",&pstu -> score[1]);
        printf("请输入英语成绩:");
        scanf(" % d",&pstu -> score[2]);
        pstu -> total = 0;
        for(j = 0;j < 3;j++)
            pstu -> total += pstu -> score[j];
        pstu -> ave = (float)(pstu -> total)/3;
        pstu -> rank = 0;
        stud_num++;
    }
    showMenu();
    printf("请输入您的操作选择[0 - 8]:");
    }
    void disp(STU * p)                          /* 显示 */
    {
```

```
        int i;
        showMenu();
        if(stud_num == 0)
        {
            printf(" 无此学生!");
            printf("\n 请输入您的操作选择[0-8]:");
            return;
        }
        printHeader();
        for(i = 0;i < stud_num;i++)
        {
            printf(FORMAT,DATA);
            printf(HEADER3);
            p++;
        }
        printf("请输入您的操作选择[0-8]:");
}
void app(STU * s)                              /* 添加 */
        {
        int num,n = 1,i;
        STU * pstu;
        do
        {
            system("cls");
            printf("输入学号:");
            scanf("%d",&num);
            for(i = 0;i < stud_num;i++)
                while(s[i].num == num)
                {
                    printf("学号已存在,请重新输入!\n");
                    printf("输入学号:");
                    scanf("%d",&num);
                }
            pstu = s + stud_num;               /* 让结构体指针变量 pstu 指向 s[stud_num] */
            pstu -> num = num;
            printf("请输入姓名 :");
            scanf("%s",pstu -> name);
            printf("请输入计算机成绩:");
            scanf("%d",&pstu -> score[0]);
            printf("请输入数学成绩:");
            scanf("%d",&pstu -> score[1]);
            printf("请输入英语成绩:");
            scanf("%d",&pstu -> score[2]);
            pstu -> total = 0;
            for(i = 0;i < 3;i++)
                pstu -> total += pstu -> score[i];
            pstu -> ave = (float)(pstu -> total)/3;
            pstu -> rank = 0;
            stud_num++;
            printf("输入 0 退出,输入其他数字继续!");
            scanf("%d",&n);
```

```
            if(n == 0)
            {
                showMenu();
                printf("请输入您的操作选择[0-8]:");
                break;
            }
    }while(1);
}
void del(STU * p)                           /* 删除模块 */
{
        int sel, i, j, num;
        char name[16];
        STU * s = p;                        /* 指针变量 s 用于保存结构体数组的首地址 */
        showMenu();
        printf("1 ---------------------- 根据学号删除\n");
        printf("2 ---------------------- 根据姓名删除\n");
        printf("请输入您的操作选择:[1 or 2]?");
        scanf(" % d", &sel);
        getchar();                          /* 读取输入操作数字后按回车键 */
        if(sel == 1)                        /* 根据学号删除模块 */
          {
                printf("请输入您要删除的记录的学号:");
                scanf(" % d", &num);
                for(i = 1; i <= stud_num; i++)
                {
                    if(num == p -> num) break;
                    p++;
                }
                if(i > stud_num)
                {
                    printf("无此记录!\n");
                    return;
                }
                else if(i == stud_num){
                    stud_num -- ;
                    printf("删除成功!\n");
                }
                else{
                    for(j = i - 1; j < stud_num - 1; j++)
                        s[j] = s[j + 1];
                    stud_num -- ;
                    printf("删除成功!\n");
                }
          }
        else if(sel == 2)                   /* 根据姓名删除模块 */
          {
                printf("请输入您要删除的记录的姓名:");
                gets(name);
                for(i = 1; i <= stud_num; i++)
                {
                    if(!strcmp(name, p -> name)) break;
```

```
                p++;
            }
        if(i > stud_num)
            printf("无此记录!\n");
        else if(i == stud_num){
            stud_num -- ;
            printf("删除成功!\n");
        }
        else{
            for(j = i - 1;j < stud_num - 1;j++)
                s[j] = s[j + 1];
            stud_num -- ;
            printf("删除成功!\n");
        }
    }
    printf("请输入您的操作选择[0 - 8]:");
}
void modify(STU * p)                            /*修改*/
{
    int num,i;
    STU * s = p;
    printf("请输入您要修改的记录的学号:");
    scanf(" % d",&num);
    for(i = 1;i < = stud_num;i++)
    {
        if(num == p - > num) break;
        p++;
    }
    if(i > stud_num)
        printf("无此记录!\n");
    else
    {
        printf("请输入学号:(输入 0 退出修改)");
        scanf(" % d",&num);
        if(num!= 0)
        {
            p - > num = num;
            printf("请输入姓名:");
            scanf(" % s",p - > name);
            printf("请输入计算机成绩:");
            scanf(" % d",&p - > score[0]);
            printf("请输入数学成绩:");
            scanf(" % d",&p - > score[1]);
            printf("请输入英语成绩:");
            scanf(" % d",&p - > score[2]);
            p - > total = 0;                    /*计算总分*/
            for(i = 0;i < 3;i++)
                p - > total += p - > score[i];
            p - > ave = (float)p - > total/3;  /*计算平均分*/
            p - > rank = 0;
        }
```

```c
        }
        disp(s);
}
void qur(STU * p)                               /* 查询 */
{
        int sel, i, num;
        char name[15];
        showMenu();
        printf("1-------------- 根据学号查询\n");
        printf("2-------------- 根据姓名查询\n");
        printf("请输入您的操作选择:[1 or 2]?");
        scanf(" % d", &sel);
        getchar();                              /* 读取输入操作数字后按回车键 */
        if(sel!= 1 && sel!= 2)
        {
                showMenu();
                printf("请输入您的操作选择[0-8]:");
                return;
        }
        if(sel == 1)
        {
                printf("请输入您要查询的记录的学号:");
                scanf(" % d", &num);
                for(i = 1; i <= stud_num; i++)
                {
                        if(num == p -> num)  break;
                        p++;
                }
                if(i > stud_num)
                {
                        printf("无此记录!\n");
                        return;
                }
                else
                {
                        printHeader();
                        printf(FORMAT, DATA);
                        printf(END);
                }
        }
        else if(sel == 2)
        {
                printf("请输入您要查询的记录的姓名:");
                gets(name);
                for(i = 1; i <= stud_num; i++)
                {
                        if(!strcmp(name, p -> name)) break;
                        p++;
                }
                if(i > stud_num)
                {
```

```
                    printf("无此记录!\n");
                    return;
                }
            else
                {
                    printHeader();
                    printf(FORMAT,DATA);
                    printf(END);
                }
        }
        printf("请输入您的操作选择[0-8]:");
}
void sort(STU * p)   /* 排序 */
{
        int i,j;
        int sel;
        STU temp, * s;
        s = p;
        printf("1 -------------------- 根据学号排序\n");
        printf("2 -------------------- 根据总成绩排序\n");
        printf("请输入您的操作选择:[1 or 2]?");
        scanf(" % d",&sel);
        getchar();                              /* 读取输入操作数字后按回车键 */
        if(sel == 1)
        {
            for(i = 1;i <= stud_num - 1;i++)
                for(j = 1;j <= stud_num - i;j++,p++)
                    if(p - > num >(p + 1) - > num)
                    {
                        temp = * p;
                        * p = * (p + 1);
                        * (p + 1) = temp;
                    }
        }
        else if(sel == 2)
        {

            for (i = 1; i <= stud_num - 1; i++)
                for(j = 1;j <= stud_num - i;j++,p++)
                    if(p - > total <(p + 1) - > total)
                    {
                        temp = * p;
                        * p = * (p + 1);
                        * (p + 1) = temp;
                    }
            p = s;
            for(i = 1;i <= stud_num;i++)
            {
                p - > rank = i;
                p++;
            }
```

```
        }
        disp(s);                          /* 显示排序后的结果 */
    }
    void save(STU * p)                     /* 保存 */
    {
        FILE * fp;
        if((fp = fopen("stud_info.dat","wb + ")) == NULL)              /* 打开文件 */
        {
            printf("File open error!\n");
            exit(1);
        }
        fwrite(p,sizeof(STU),stud_num,fp);       /* 将数据写入文件 */
        printf("保存成功!\n");
        fclose(fp);                          /* 关闭文件 */
        printf("请输入您的操作选择[0 - 8]:");
    }
```

在上述实例中,综合 C 语言中的基本数据类型、控制结构、数组、函数、结构体和文件等
主要知识点,实现了一个简单的学生成绩管理系统。在实际应用程序设计与开发的过程中,
会根据不同的需求做适当的补充或者修改。要设计和实现一个符合实际需求的应用程序,
不仅要求编程人员具备扎实的程序设计语言基础,还需要学习更多的专业知识,如数据结
构、软件工程等。

附录 A 运算符的优先级与结合性

优先级	运算符	含义	运算对象的个数	结合性
1	（ ）	圆括号		左结合
	[]	下标运算符		
	→	指向结构体成员运算符		
	.	结构体成员运算符		
2	!	逻辑非运算符	1	右结合
	~	按位取反运算符		
	++ −−	自增、自减运算符		
	−	负号运算符		
	（类型名）	强制类型转换运算符		
	*	指针运算符		
	&	取地址运算符		
	sizeof	求字节数运算符		
3	*	乘法运算符	2	左结合
	/	除法运算符		
	%	求余数运算符		
4	+	加法运算符	2	左结合
	−	减法运算符		
5	<<	按位左移运算符	2	左结合
	>>	按位右移运算符		
6	> >=	大于、大于等于运算符	2	左结合
	< <=	小于、小于等于运算符		
7	== !=	等于、不等于运算符	2	左结合
8	&	按位与运算符	2	左结合
9	^	按位异或运算符	2	左结合
10	|	按位或运算符	2	左结合
11	&&	逻辑与运算符	2	左结合
12	||	逻辑或运算符	2	左结合
13	? :	条件运算符	3	右结合
14	= += −= *= /= %= >>= <<= &= ^= |=	赋值运算符	2	右结合
15	,	逗号运算符		左结合

说明：

（1）不同的运算符对运算对象的个数要求不同。如＋＋、－－和！等运算符的运算对象只有一个，称为单目运算符，只能在运算符的一侧出现一个运算对象，如 i＋＋、! x 等；＋、－和＝等运算符的运算对象为两个，称为双目运算符，要求在运算符的两侧各有一个运算对象，如 a＋b、x＝3 等；条件运算符是唯一一个三目运算符，需要三个运算对象，如 x＞y？x：y。

（2）优先级数值越小，运算符的优先级越高。

（3）同一优先级别的运算符，其运算次序由结合性决定。左结合的运算符，运算顺序是从左到右，如表达式 2＊5％6 的求值顺序是先乘法后求余，其值为 4；右结合的运算符，运算顺序是从右到左，如表达式 ＊p＋＋，相当于 ＊(p＋＋)，而不是 (＊p)＋＋。

运算符的优先级与结合性

附录B C 语言中的关键字

由 ANSI 标准定义的 C 语言共有 32 个关键字(也称保留字),被赋予特定的含义,其不能在代码中用作标识符。

分类	关键字	说　明
数据类型	char	声明字符类型
	const	声明只读变量
	double	声明双精度类型
	enum	声明枚举类型
	float	声明单精度类型
	int	声明整数类型
	long	声明长整型
	short	声明短整型
	signed	声明有符号类型
	struct	声明结构体类型
	union	声明共用体类型
	unsigned	声明无符号类型
	void	空类型
	volatile	说明变量在程序执行中可被隐含地改变
程序控制	if	条件语句
	else	条件语句的分支(与 if 连用)
	switch	多分支语句
	case	switch 语句的分支
	default	switch 语句的其他情况分支
	do	do-while 循环语句的起始标识
	while	循环语句的标识
	for	for 循环的标识
	break	跳出当前循环或者 switch 语句
	continue	结束本次循环,继续下一次循环
	goto	无条件跳转
	return	函数返回语句
存储类别	auto	声明自动变量
	extern	声明外部变量
	register	声明寄存器变量
	static	声明静态变量或内部函数
求字节数	sizeof	求字节数运算符
声明类型别名	typedef	给某数据类型另取一个名字

附录 C

常用字符的 ASCII 码

目前计算机中用得最广泛的字符集及其编码,是由美国国家标准局(ANSI)制定的 ASCII 码(American Standard Code for Information Interchange,美国信息交换标准代码)。它已被国际标准化组织(ISO)认定为国际标准,称为 ISO646 标准。

ASCII 码使用指定的 7 位或 8 位二进制数组合来表示 128 或 256 种可能的字符。标准 ASCII 码也叫基础 ASCII 码,使用 7 位二进制数来表示所有的大写、小写字母,数字 0~9、标点符号,以及一些特殊控制字符。

码值 (十进制)	控制 字符	按键	码值 (十进制)	字符	按键	码值 (十进制)	字符	码值 (十进制)	字符
0	NUL	Ctrl+@	24	CAN	Ctrl+X	49	1	74	J
1	SOH	Ctrl+A	25	EM	Ctrl+Y	50	2	75	K
2	STX	Ctrl+B	26	SUB	Ctrl+Z	51	3	76	L
3	EXT	Ctrl+C	27	ESC	Esc	52	4	77	M
4	EOT	Ctrl+D	28	FS	Ctrl+A	53	5	78	N
5	END	Ctrl+E	29	GS	Ctrl+]	54	6	79	O
6	ACK	Ctrl+F	30	RS	Ctrl+=	55	7	80	P
7	BEL	Ctrl+G	31	US	Ctrl+-	56	8	81	Q
8	BS	Ctrl+H	32	(space)		57	9	82	R
		(Backspace)	33	!		58	:	83	S
9	HT	Ctrl+I	34	"		59	;	84	T
10	LF	Ctrl+J	35	#		60	<	85	U
11	VT	Ctrl+K	36	$		61	=	86	V
12	FF	Ctrl+L	37	%		62	>	87	W
13	CR	Ctrl+M	38	&		63	?	88	X
14	SO	Ctrl+N	39	'		64	@	89	Y
15	SI	Ctrl+O	40	(		65	A	90	Z
16	DLE	Ctrl+P	41	)		66	B	91	[
17	DC1	Ctrl+Q	42	*		67	C	92	\
18	DC2	Ctrl+R	43	+		68	D	93	]
19	DC3	Ctrl+S	44	,		69	E	94	^
20	DC4	Ctrl+T	45	—		70	F	95	_
21	NAK	Ctrl+U	46	.		71	G	96	`
22	SYN	Ctrl+V	47	/		72	H	97	a
23	ETB	Ctrl+W	48	0		73	I	98	b

码值 (十进制)	控制 字符	码值 (十进制)	字符	码值 (十进制)	字符	码值 (十进制)	字符
99	c	107	k	115	s	123	{
100	d	108	l	116	t	124	|
101	e	109	m	117	u	125	}
102	f	110	n	118	v	126	~
103	g	111	o	119	w	127	Del
104	h	112	p	120	x		
105	i	113	q	121	y		
106	j	114	r	122	z		

说明：

（1）ASCII 码值为 0～32 及 127(共 34 个)是控制字符或通信专用字符(其余为可显示字符)，控制字符如 LF(换行)、CR(回车)、FF(换页)、DEL(删除)、BS(退格)、BEL(振铃)等；通信专用字符如 SOH(文头)、EOT(文尾)、ACK(确认)等。

（2）ASCII 码值为 8、9、10 和 13 分别对应退格、制表、换行和回车字符。它们并没有特定的图形显示，主要用于控制文本显示。

（3）ASCII 码值为 33～126(共 94 个)是普通字符，其中 48～57 为 0～9 这 10 个阿拉伯数字；65～90 为 26 个大写英文字母，97～122 号为 26 个小写英文字母，其余为一些标点符号、运算符号等。

附录 D   C 语言常用库函数

库函数并不是 C 语言的一部分,它是由编译系统根据一般用户的需要编制并提供给用户使用的一组程序。每一种 C 编译系统都提供了一批库函数。不同的编译系统所提供的库函数的数量、函数名以及函数功能是不完全相同的。ANSI C 标准提出了一批建议提供的标准库函数,包括目前多数 C 编译系统提供的库函数,但也有一些是某些 C 编译系统未曾实现的。由于 C 库函数的种类和数目很多,限于篇幅,本附录只列出 ANSI C 建议的部分常用库函数。读者在编制 C 程序时如果需要使用更多的函数,请根据需要查阅相关系统的函数使用手册。

1. 数学函数

使用数学函数时,需要在源文件中使用预编译命令:

$\#$ include $<$ math. h$>$或 $\#$ include "math. h"

函数名	函数原型	功　　能	返回值及说明
abs	int abs(int num);	求整数 num 的绝对值	返回|num|的值
acos	double acos(double x);	计算 arccos x 的值	x 的取值范围$-1 \leqslant$x$\leqslant 1$
asin	double asin(double x);	计算 arcsin x 的值	x 的取值范围$-1 \leqslant$x$\leqslant 1$
atan	double atan(double x);	计算 arctan x 的值	
atan2	double atan2(double x, double y);	计算 arctan x/y 的值	
cos	double cos(double x);	计算 cos x 的值	x 的单位为弧度
cosh	double cosh(double x);	计算 x 的双曲余弦 cosh x 的值	
exp	double exp(double x);	求 e^x 的值	
fabs	double fabs(double x);	计算双精度实数 x 的绝对值	返回|x|的值
floor	double floor(double x);	求出不大于 x 的最大整数	返回最大整数的双精度值
fmod	double fmod(double x, double y);	求 x/y 的余数	返回余数的双精度值
frexp	double frexp (double val, int * eptr);	将 val 分解成小数部分(尾数)和以 2 为底的指数部分,即 val=$x \times 2^n$,并把 n 的值存放在 eptr 指向的变量中	返回 val 的尾数 x,且 x 的取值范围是 0.5$\leqslant$x$<$1 或 0
labs	long labs(long num);	求长整型数 num 的绝对值	返回|num|的值
log	double log(double x);	求 lnx 的值	
log10	double log10(double x);	求 $\log_{10}$ x 的值	

函数名	函 数 原 型	功　　能	返回值及说明
modf	double modf (double val, int * iptr);	将 val 分解成整数部分和小数部分,将整数值存放在 iptr 指向的变量中	返回 val 的小数部分
pow	double pow(double x, double y);	求 x^y 的值	
sin	double sin(double x);	求 sin x 的值	x 的单位为弧度
sinh	double sinh(double x);	计算 x 的双曲正弦函数 sinh x 的值	
sqrt	double sqrt (double x);	计算 $\sqrt{x}$	x≥0
tan	double tan(double x);	计算 tan x 的值	x 的单位为弧度
tanh	double tanh(double x);	计算 x 的双曲正切函数 tanh x 的值	

2. 输入输出函数

使用输入输出函数时,需要在源文件中使用预编译命令:

＃include < stdio.h>或 ＃include "stdio.h"

函数名	函 数 原 型	功　　能	返回值及说明
clearerr	void clearerr(FILE * fp);	使文件错误标志和文件结束标志置为 0	无
close	int close(int fp);	关闭文件(非 ANSI 标准)	关闭成功返回 0,不成功返回-1
fclose	int fclose(FILE * fp);	关闭 fp 所指的文件,释放文件缓冲区	关闭成功返回 0,否则返回非 0
feof	int feof(FILE * fp);	检查文件是否结束	文件结束,返回非 0,否则返回 0
ferror	int ferror(FILE * fp);	测试文件是否有错误	无错,返回 0,否则返回非 0
fflush	int fflush(FILE * fp);	清除读写缓冲区,当文件以写方式打开时,将缓冲区内容写入文件	成功刷新,返回 0,否则返回非 0
fgetc	int fgetc(FILE * fp);	从 fp 所指的文件中读取下一个字符	返回所读的字符,若出错,返回 EOF(-1)
fgets	char * fgets(char * buf, int n, FILE * fp);	从 fp 所指的文件读取长度为(n-1)的字符串,存入到起始地址为 buf 的存储空间	返回地址 buf,若遇文件结束或出错,返回 NULL
fopen	FILE * fopen(char * filename, char * mode);	以 mode 指定的方式打开名为 filename 的文件	返回一个文件指针,失败返回 0
fprintf	int fprintf(FILE * fp, char * format,args,…);	把 args 的值以 format 指定的格式输出到 fp 所指的文件中	返回实际输出的字符数,否则返回一个负数

函数名	函数原型	功　能	返回值及说明
fputc	int fputc(char ch, FILE * fp);	将字符 ch 输出到 fp 所指的文件中	成功,返回该字符,否则返回 EOF
fputs	int fputs(char * str, FILE * fp);	将 str 指向的字符串输出到 fp 所指的文件中	成功,返回 0,否则返回 EOF
fread	int fread(char * pt, unsigned size, unsigned n, FILE * fp);	从 fp 所指的文件中读取长度为 size 的 n 个数据项,存到 pt 所指向的内存区	返回所读的数据项个数,若文件结束或出错,返回 0
fscanf	int fscanf(FILE * fp, char * format,args,…);	从 fp 所指的文件中按 format 指定的格式将读出的数据保存到 args 所指向的内存单元中(args 为指针)	返回已输入的数据个数,否则返回 EOF
fseek	int fseek(FILE * fp, long offset, int base);	将 fp 指向的文件的位置指针移到以 base 所指的位置为基准、以 offset 为位移量的位置	返回当前位置,否则返回-1
ftell	longftell(FILE * fp);	返回 fp 所指的文件中的读写位置	返回文件中的读写位置,否则返回 0
fwrite	int fwrite(char * ptr, unsigned size, unsigned n, FILE * fp);	把 ptr 所指向的 n×size 个字节输出到 fp 所指向的文件中	写到 fp 文件中的数据项的个数
getc	int getc(FILE * fp);	从 fp 所指的文件中读出下一个字符	返回所读的字符,若文件结束或出错,返回 EOF
getchar	int getchar();	从标准输入设备中读取下一个字符	返回所读的字符,若出错,返回-1
gets	char * gets(char * str);	从标准输入设备中读取字符串存入 str 指向的数组	返回 str,若失败,返回 NULL
open	int open(char * filename, int mode);	以 mode 指定的方式打开已存在的名为 filename 的文件(非 ANSI 标准)	返回文件号(正数),如打开失败返回-1(一般用于操作设备文件)
printf	int printf(char * format,args,…);	按 format 指定的格式将输出列表 args 的值输出到标准输出设备	返回输出的字符个数,若出错,返回负数
putc	int putc(int ch, FILE * fp);	把一个字符 ch 输出到 fp 所指的文件中	返回字符 ch,若出错,返回 EOF
putchar	int putchar(char ch);	把字符 ch 输出到标准输出设备	返回输出的字符 ch,若出错,返回 EOF
puts	int puts(char * str);	把 str 指向的字符串输出到标准输出设备,将'\0'转换为回车换行	返回换行符,若失败,返回 EOF
read	int read(int fd, char * buf, unsigned count);	从文件号 fd 指定的文件中读 count 个字节到 buf 指向的缓冲区中(非 ANSI 标准)	返回读出的字节数,遇文件结束返回 0,出错返回-1

281

C 语言常用库函数

282

函数名	函数原型	功 能	返回值及说明
remove	int remove(char * fname);	删除以 fname 为文件名的文件	成功返回 0,失败返回－1
rename	int remove (char * oldname, char * newname);	把 oldname 所指的文件名改为由 newname 所指的文件名	成功返回 0,失败返回－1
rewind	void rewind(FILE * fp);	将 fp 指定的文件指针置于文件头,并清除文件结束标志和错误标志	无
scanf	int scanf (char * format, args, …);	从标准输入设备按 format 指定的格式将输入数据保存到 args 所指向的内存单元中(args 为指针)	返回读入并赋给 args 的数据个数;如遇文件结束返回 EOF,若出错返回 0
write	int write (int fd, char * buf, unsigned count);	从 buf 指示的缓冲区中输出 count 个字符到 fd 指定的文件中(非 ANSI 标准)	返回实际输出的字节数,若失败返回－1

3. 字符函数

使用字符函数时,需要在源文件中使用预编译命令:

＃include＜ctype.h＞或＃include "ctype.h"

函数名	函数原型	功 能	返回值及说明
isalnum	int isalnum(int ch);	检查 ch 是否字母或数字字符	是字母或数字,返回 1,否则返回 0
isalpha	int isalpha(int ch);	检查 ch 是否字母	是字母,返回 1,否则返回 0
iscntrl	int iscntrl(int ch);	检查 ch 是否为控制字符(其 ASCII 码值在 0~0x1f 之间)	是控制字符,返回 1,否则返回 0
isdigit	int isdigit(int ch);	检查 ch 是否为数字	是数字,返回 1,否则返回 0
isgraph	int isgraph(int ch);	检查 ch 是否为可打印字符(其 ASCII 码值在 0x21~0x7e 之间),不包括空格字符	是,返回 1,否则返回 0
islower	int islower(int ch);	检查 ch 是否是小写字母(a~z)	是小写字母,返回 1,否则返回 0
isprint	int isprint(int ch);	检查 ch 是否为可打印字符(其 ASCII 码值在 0x21~0x7e 之间),包括空格	是,返回 1,否则返回 0
ispunct	int ispunct(int ch);	检查 ch 是否为标点字符(不包括空格),即除字母、数字和空格以外的所有可打印字符	是,返回 1,否则返回 0
isspace	int isspace(int ch);	检查 ch 是否为空格、跳格符(制表符)或换行符	是,返回 1,否则返回 0
isupper	int isupper(int ch);	检查 ch 是否为大写字母(A~Z)	是大写字母,返回 1,否则返回 0

函数名	函数原型	功　能	返回值及说明
isxdigit	int isxdigit(int ch);	检查 ch 是否为一个十六进制数字字符(即 0～9,或 A～F,a～f)	是,返回 1,否则返回 0
tolower	int tolower(int ch);	将字符 ch 转换为小写字母	返回 ch 对应的小写字母
toupper	int toupper(int ch);	将字符 ch 转换为大写字母	返回 ch 对应的大写字母

4. 字符串函数

使用字符串函数时,需要在源文件中使用预编译命令:

＃include＜string.h＞或＃include "string.h"

函数名	函数原型	功　能	返回值及说明
strcat	char * strcat (char * str1, char * str2);	将字符串 str2 连接到 str1 后面,取消原来 str1 最后面的字符串结束标记'\0'	返回 str1
strchr	char * strchr(char * str, int ch);	找出 str 指向的字符串中第一次出现字符 ch 的位置	返回指向该位置的指针;若找不到,返回 NULL
strcmp	int strcmp(char * str1, char * str2);	比较字符串 str1 和 str2	若 str1＞str2,返回正数 若 str1＝str2,返回 0 若 str1＜str2,返回负数
strcpy	char * strcpy (char * str1, char * str2);	将 str2 指向的字符串拷贝到 str1 中	返回 str1
strlen	unsignedint strlen (char * str);	统计字符串 str 中字符的个数(不包括'\0')	返回字符个数
strncat	char * strncat(char * str1, char * str2, unsigned n);	把字符串 str2 指向的字符串中前 n 个字符连到 str1 后面	返回 str1
strncmp	int strncmp (char * str1, char * str2, unsigned n);	比较字符串 str1 和 str2 中最多前 n 个字符	若 str1＞str2,返回正数 若 str1＝str2,返回 0 若 str1＜str2,返回负数
strncpy	char * strncpy (char * str1, char * str2, unsigned n);	把 str2 指向的字符串中最多前 n 个字符复制到 str1 中	返回 str1
strstr	char * strstr (char * str1, * str2);	寻找 str2 指向的字符串在 str1 指向的字符串中首次出现的位置	返回指向该位置的指针;若找不到,返回 NULL

5. 动态存储分配函数

使用动态存储分配函数时,需要在源文件中使用预编译命令:

＃include＜stdlib.h＞或＃include "stdlib.h"

函数名	函数原型	功能	返回值及说明
callloc	void * calloc (unsigned n, unsigned size);	分配 n 个数据项的连续内存空间,每个数据项的大小为 size	返回所分配内存空间的起始地址;若失败,返回 NULL
free	void free(void * p);	释放 p 所指内存区域	无
malloc	void * malloc(unsigned size);	分配 size 个字节的内存空间	返回所分配内存空间的起始地址;若失败,返回 NULL
realloc	void * realloc (void * p, unsigned size);	将 p 所指的已分配的内存空间的大小改为 size。size 可以比原来分配的空间大或小	返回指向该内存区的指针;若重新分配失败,返回 NULL

6. 其他函数

还有一些常用函数,不能归入上述几类,所以单独列出。使用这些函数时,需要在源文件中使用预编译命令:

include < stdlib. h>或 # include "stdlib. h"

函数名	函数原型	功能	返回值及说明
atof	doubleatof(char * str);	将 str 指向的字符串转换为一个 double 型的值	返回双精度值
atoi	int atoi(char * str);	将 str 指向的字符串转换为一个 int 型的值	返回整型值
atol	longatol(char * str);	将 str 指向的字符串转换为一个 long 型的值	返回长整型值
exit	void exit(int status);	关闭所有文件,终止程序运行	一般 status 为 0,表示正常退出;status 非零,异常退出
itoa	char * itoa(int n, char * str, int radix);	将整数 n 的值按照 radix 进制转换为等价的字符串,并将结果存入 str 指向的字符串中	返回 str
ltoa	char * ltoa(long n, char * str, int radix);	将长整数 n 的值按照 radix 进制转换为等价的字符串,并将结果存入 str 指向的字符串中	返回 str
rand	int rand();	产生 0~RAND_MAX 之间的伪随机数	返回一个伪随机(整)数 RAND_MAX 定义在 stdlib. h 中
srand	void srand(unsigned seed);	初始化随机数发生器	通常使用时包括头文件 time. h

参 考 文 献

［1］ 仇芒仙等.C/C++程序设计案例教程[M].北京:清华大学出版社,2012.

［2］ 陈宝明等.C语言程序设计(第3版)[M].北京:人民邮电出版社,2013.

［3］ 谭浩强.C程序设计(第四版)[M].北京:清华大学出版社,2010.

［4］ 谭浩强.C语言程序设计教程(第二版)[M].北京:高等教育出版社,2001.

［5］ 恰汗·合孜尔.C语言程序设计(第二版)[M].北京:中国铁道出版社,2008.

［6］ 许勇.C语言程序设计应用教程[M].北京:科学出版社,2011.

［7］ 梁宏涛,姚立新.C语言程序设计与应用[M].北京:北京邮电大学出版社,2011.

［8］ 凌云,吴海燕,谢满德.C语言程序设计与实践[M].北京:机械工业出版社,2010.

［9］ 秦维佳等.C/C++程序设计教程[M].北京:机械工业出版社,2007.

［10］ 邵雪航,徐善针.C语言程序设计[M].北京:中国铁道出版社,2011.

［11］ 贾小军等.C语言程序设计[M].北京:人民邮电出版社,2014.

［12］ 严蔚敏,吴伟民.数据结构(C语言版)[M].北京:清华大学出版社,2000.

［13］ 李明.C语言程序设计教程[M].上海:上海交通大学出版社,2007.

［14］ 姚琳.C语言程序设计[M].北京:人民邮电出版社,2010.

［15］ E Balagurusamy.标准C程序设计[M].北京:清华大学出版社,2011.

［16］ Al Kelley,Ira Pohl.C语言教程:programming in C[M].北京:机械工业出版社,2007.

［17］ Yashavant P Kanetkar.C程序设计基础教程[M].北京:电子工业出版社,2010.